高等学校“十三五”规划教材

大学物理学

上册

母继荣　主　编
杨　坤　邵婷丽　副主编

化学工业出版社
·北京·

本书在编写时参照了教育部高等学校物理基础课程教学指导委员会编制的《理工科大学物理课程教学基本要求》(2010年版)。在内容选取上采用压缩经典、简化近代、突出重点的原则，涵盖了教学基本要求中的核心内容。在编写风格上遵循了理论与实践结合、教学与创新结合、注重学习方法的引导和培养原则，以适应当代社会环境对人才的需求。本书包括力学、狭义相对论、机械振动、机械波和热学等内容。

本书可作为高等院校理工科非物理专业大学物理课程教学用书。

图书在版编目(CIP)数据

大学物理学．上册/母继荣主编．—北京：化学工业出版社，2015.12 (2024.2重印)
高等学校“十三五”规划教材
ISBN 978-7-122-25545-7

Ⅰ.①大…　Ⅱ.①母…　Ⅲ.①物理学-高等学校-教材　Ⅳ.①O4

中国版本图书馆 CIP 数据核字（2015）第 258290 号

责任编辑：唐旭华　郝英华　　　　装帧设计：刘丽华
责任校对：王素芹

出版发行：化学工业出版社（北京市东城区青年湖南街 13 号　邮政编码 100011）
印　　装：三河市延风印装有限公司
787mm×1092mm　1/16　印张 $12\frac{3}{4}$　字数 306 千字　2024 年 2 月北京第 1 版第 7 次印刷

购书咨询：010-64518888　　　　售后服务：010-64518899
网　　址：http：//www.cip.com.cn
凡购买本书，如有缺损质量问题，本社销售中心负责调换。

定　价：28.00 元　

FOREWORD 前言

物理学是一门研究物质基本结构及其运动规律的基础科学，而大学物理是高等院校理工科各专业学生重要的通识性必修基础课程。当前，随着科学技术的发展，学科交叉越来越普遍并发展迅速，由此也诞生了许多新学科。物理学知识与化学、生物学、环境科学及材料科学等学科相结合，可以使相应学科的研究向更深层次发展。因此，可以毫不夸张地说，物理学的理论、规律等是学好其他自然科学和工程技术的基础，理工科学生掌握物理学知识的薄厚甚至能够影响其日后对工作的适应能力乃至发展的后劲。大学物理学教育在大学生素质教育、创新教育中有着其他学科无可替代的作用。

本书是根据教育部高等学校物理基础课程教学指导委员会编制的《理工科大学物理课程教学基本要求》(2010 年版）编写而成的，以培养应用型人才为主导方向，在保证大学物理基本要求的前提下，本着压缩经典、简化近代、突出重点的原则，涵盖了教学基本要求中的核心内容和部分扩展内容。另外，本书编写贯彻了 21 世纪教育发展的理念、贯彻了教学与实际相结合的指导思想，作为课程学习需要的常用物理单位、数表及必备的数学工具等在附录中列示，力求做到教师用之好教、学生用之好学。本套教材适合大学物理课程教学时数在 80～110 学时的高校使用。

本书编者全部为长期从事大学物理教学的一线教师，具有丰富的专业知识和教学经验，对大学物理课程在高等教育教学中的角色和作用要求把握准确。本书由母继荣主编，杨坤、邵婷丽任副主编，参加本书编写的还有祁烁、卢海云、郭晓娇、江铁臣、丁艳丽、王运滨、王春晖。本书的编写和出版得益于沈阳化工大学各级领导的支持，得益于广大同仁的大力支持，在此一并表示衷心的感谢！

由于编者水平有限，书中难免存在错误及疏漏之处，敬请读者批评指正。

编者

2015 年 8 月

CONTENTS 目录

第三章　力学定理与守恒定律　25

第四章　刚体的定轴转动　47

第一章

质点运动学

质点运动学研究描述质点运动的物理量以及这些物理量随时间而变化的规律。一般的物体是由大量的质点组成的，因此研究质点运动是了解一般运动物体的基础。

本章先介绍质点和参考系的概念，接着阐述描述质点运动的物理量——位置矢量、位移、速度和加速度，最后说明两个相对运动的参照系中同一质点位移、速度和加速度之间的关系。

第一节　质点　参考系　坐标系

一、 质点

在研究物体运动规律的时候，通常需要忽略次要的影响，用简化的物理模型来代替复杂的研究对象，从而更深刻地反映问题的本质。质点，就是力学中一个重要的物理模型。实际物体都有大小、形状，但是，若在所研究的问题中，物体的大小、形状对运动影响甚小，则可以将物体视为一个只有质量，而没有大小、形状的点，称为**质点**。

对一个物体而言，是否可以看作质点，要具体问题具体分析。例如，研究地球围绕太阳公转时，由于地球的线度远远小于地球和太阳之间的距离，地球上各点运动状态差别甚小，则可以把地球看作质点。但研究地球的自转时，就不能把地球当作质点了。一般情况下，平动的物体由于各个点运动状态完全相同，形状和大小不起作用，通常可以看作是质点。转动的物体由于物体上各点运动状态不尽相同，与物体的形状有关，则不可以看作质点。

二、 参考系

自然界中，一切的物体都在运动，绝对的静止是不存在的。要描述一个物体的运动状态，必须要找另外一个物体作为参照物。这个被选作参照的物体就称为**参考系**。例如，我们研究地面上物体的运动，就可以把地面或周围的建筑物作为参考系。

在运动学中参考系的选择是任意的，原则是使运动的描述尽量简单。例如，研究行星运动时，以太阳为参照系最为简单。然而，在动力学中，参照系的选择则不是任意的，因为某些动力学定律只有在惯性系中才成立。

三、 坐标系

为定量描述物体位置和运动，还需要在参考系上建立坐标系。**坐标系**是固结在参考系上的一组有刻度的射线、曲线或角度，原点选定在参考系的一个固定点上。坐标系是参考系的数学抽象，参考系选定后坐标系还可以任选常用的坐标系（图 1-1）有直角坐标系、球坐标系、极坐标系、自然坐标系等。

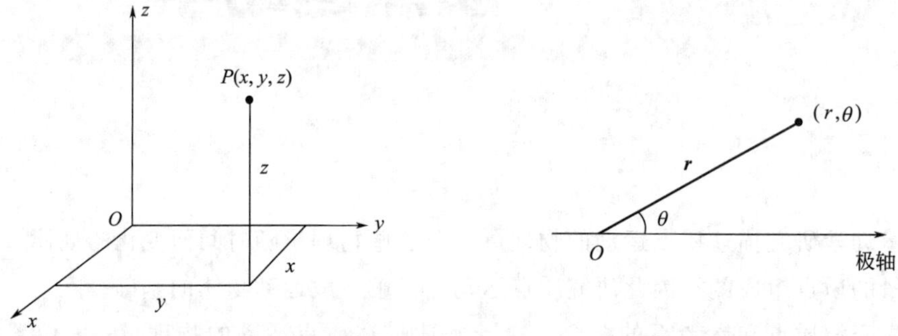

(a) 直角坐标系　　　(b) 极坐标系

图 1-1　常见坐标系

第二节　质点的位置矢量和位移

一、 位置矢量

为了描述质点 P 在选定参考系中的运动，把它每时每刻的具体位置定量描述，这就需要在参考系中建立固定的坐标系，最常用的是直角坐标系。选取了固定的坐标系，就可以定量描述质点的位置了。

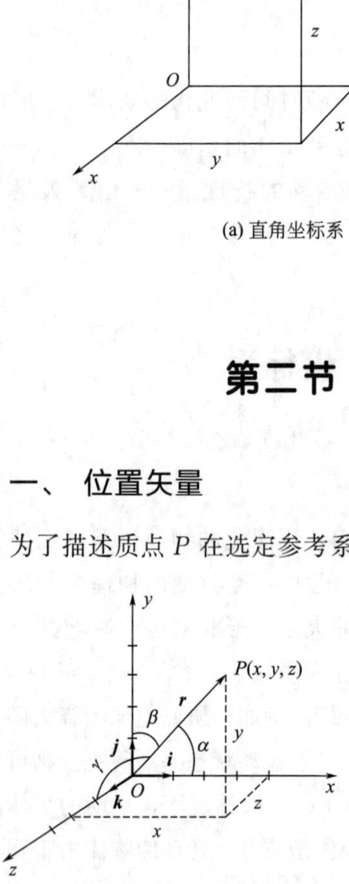

图 1-2　位置矢量

如图 1-2 所示，由坐标系原点 O 指向质点 P 的矢量，称为**位置矢量**，简称**位矢**，用符号 $\boldsymbol{r}$ 来表示。在直角坐标系中可以表达为

$$\boldsymbol{r}=\overrightarrow{OP}=x\boldsymbol{i}+y\boldsymbol{j}+z\boldsymbol{k} \tag{1.1}$$

式（1.1）中 x，y，z 为质点 P 的位置坐标，$\boldsymbol{i}$、$\boldsymbol{j}$、$\boldsymbol{k}$ 为 Ox 轴、Oy 轴和 Oz 轴正方向的单位矢量。位置矢量 $\boldsymbol{r}$ 定量地给出了质点的位置，它既有大小又有方向。

$\boldsymbol{r}$ 的大小为　$r=|\boldsymbol{r}|=\sqrt{x^2+y^2+z^2}$

$\boldsymbol{r}$ 的方向可由与 x，y，z 轴之间的夹角 α，β，γ 表示：

$$\cos\alpha=\frac{x}{r}，\cos\beta=\frac{y}{r}，\cos\gamma=\frac{z}{r}$$

二、 运动方程

当质点运动时，其位置矢量 $\boldsymbol{r}$ 随时间不断变化，即位置矢量 $\boldsymbol{r}$ 是时间 t 的函数

$$\boldsymbol{r}(t)=x(t)\boldsymbol{i}+y(t)\boldsymbol{j}+z(t)\boldsymbol{k} \tag{1.2}$$

式（1.2）定量描述了所有时刻质点的运动情况，称为质点的**运动方程**。明确了运动方程即可得出质点运动状态的几乎全部信息，从而得到速度加速度等物理量。运动方程也可以表示为分量式的形式，即

$$x=x(t) \tag{1.3}$$

$$y=y(t) \tag{1.4}$$

$$z=z(t) \tag{1.5}$$

式（1.3）、式（1.4）、式（1.5）分别为质点在 x，y，z 三个方向的分运动的运动方程。

由式（1.2）还可以看出，任意曲线运动都可以视为沿 x，y，z 轴的三个各自独立的直线运动的叠加（矢量加法）。这叫作运动的独立性原理或运动叠加原理 。

在直角坐标系中，将运动方程分量式(1.3) ～式（1.5）中的 t 消去，可以得到有关 x，y，z 的方程，即

$$\begin{cases}x=x(t)\\y=y(t)\\z=z(t)\end{cases} \quad 消去 t 得 f(x,y,z)=0 \tag{1.6}$$

式（1.6）代表了质点运动轨迹的曲线，称为质点运动的**轨迹方程**或者是轨道方程。

三、 位移

质点 t 时刻在 A 点，$t+\Delta t$ 时刻运动到 B 点。Δt 时间段内位置矢量的改变称为质点的位移，用 $\Delta\boldsymbol{r}$表示，如图 1-3 所示。

$$\Delta\boldsymbol{r}=\overrightarrow{AB}=\boldsymbol{r}_2-\boldsymbol{r}_1$$

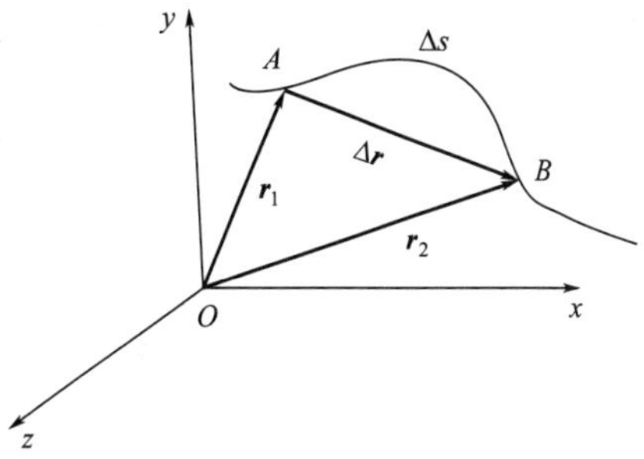

图 1-3 位移

位移 $\Delta\boldsymbol{r}$ 是矢量，既有大小又有方向。位移与运动的具体路径无关，只取决于始末位置。

路程是不同于位移的另一个物理量。路程表征质点走过轨道的长度，与运动路径有关。在图 1-3 中，t 到 $t+\Delta t$ 这段时间内质点的路程是弧长 Δs，路程是标量。一般情况下曲线运动的路程和位移大小并不相同。

注意：$|\Delta\boldsymbol{r}|\neq\Delta r$，$|\Delta\boldsymbol{r}|\neq\Delta s$ 。

第三节 质点的速度和加速度

一、 速度

为了研究质点任意时刻运动的快慢及运动方向，定义了速度这个概念。以质点 P 的运动为例，如图 1-4 所示，在 Δt 时间段内质点的位移为 $\Delta\boldsymbol{r}$，则 $\Delta\boldsymbol{r}$与 Δt 的比值表征了这段时间内大致的快慢，称为平均速度 $\bar{\boldsymbol{v}}=\dfrac{\Delta\boldsymbol{r}}{\Delta t}$，平均速度为矢量，方向是位移 $\Delta\boldsymbol{r}$的方向。

为了更加精确地描述某一时刻质点运动状态，令时间段 Δt 尽可能小，当 $\Delta t\to 0$ 时，平均速度即为 t 时刻的**瞬时速度**，简称速度，用$\boldsymbol{v}$表示

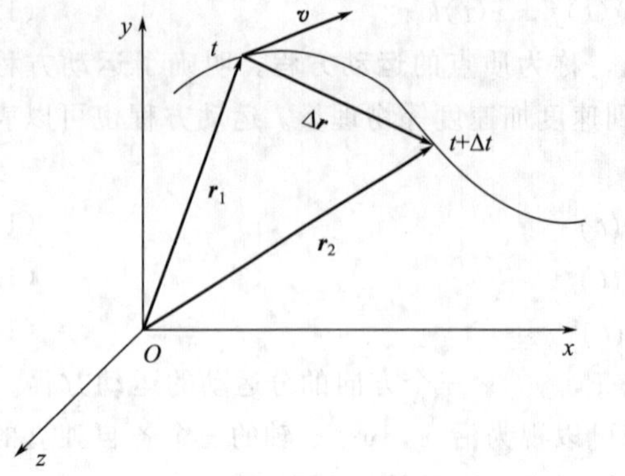

图 1-4 速度

$$\boldsymbol{v}=\lim_{\Delta t\to 0}\frac{\Delta \boldsymbol{r}}{\Delta t}=\frac{\mathrm{d}\boldsymbol{r}}{\mathrm{d}t} \tag{1.7}$$

由式 (1.7) 可知，速度是位置矢量对时间的一阶导数。

在直角坐标系中

$$\boldsymbol{v}=\frac{\mathrm{d}\boldsymbol{r}}{\mathrm{d}t}=\frac{\mathrm{d}x}{\mathrm{d}t}\boldsymbol{i}+\frac{\mathrm{d}y}{\mathrm{d}t}\boldsymbol{j}+\frac{\mathrm{d}z}{\mathrm{d}t}\boldsymbol{k}$$

于是速度沿坐标轴 3 个方向分量 v_x，v_y，v_z 分别为

$$v_x=\frac{\mathrm{d}x}{\mathrm{d}t},\ v_y=\frac{\mathrm{d}y}{\mathrm{d}t},\ v_z=\frac{\mathrm{d}z}{\mathrm{d}t}$$

$$\boldsymbol{v}=v_x\boldsymbol{i}+v_y\boldsymbol{j}+v_z\boldsymbol{k} \tag{1.8}$$

速度$\boldsymbol{v}$是矢量，方向为 $\Delta t\to 0$ 时 $\Delta \boldsymbol{r}$的方向，即质点在 t 时刻所处位置轨道的切线方向。速度的大小为$|\boldsymbol{v}|=\sqrt{v_x^2+v_y^2+v_z^2}$。

二、 速率

运动的质点 P 在 Δt 时间段内质点的路程为 Δs，则$\frac{\Delta s}{\Delta t}$称为这段时间内的平均速率，用 $\bar{v}$ 表示。当 $\Delta t\to 0$ 时，平均速率即为 t 时刻的瞬时速率，简称**速率**，即

$$v=\lim_{\Delta t\to 0}\frac{\Delta s}{\Delta t}=\frac{\mathrm{d}s}{\mathrm{d}t} \tag{1.9}$$

因 $\Delta t\to 0$ 时，位移的大小与路程相等$|\mathrm{d}\boldsymbol{r}|=\mathrm{d}s$。所以$|\boldsymbol{v}|=\left|\frac{\mathrm{d}\boldsymbol{r}}{\mathrm{d}t}\right|=\frac{\mathrm{d}s}{\mathrm{d}t}=v$，即速度的大小等于速率。

速率表征质点走过路程对时间的变化率，是标量。

三、 加速度

质点运动时，其速度的大小和方向都可能随时变化。为了研究速度的变化快慢和方向改变程度定义了加速度这个概念。设 t 时刻质点在 A 点，速度为 $\boldsymbol{v}_A$，$t+\Delta t$ 时刻运动到 B，此时速度为 $\boldsymbol{v}_B$，如图 1-5 所示，速度的改变

$$\Delta\boldsymbol{v}=\boldsymbol{v}_B-\boldsymbol{v}_A$$

则平均加速度

$$\bar{\boldsymbol{a}}=\frac{\Delta\boldsymbol{v}}{\Delta t}$$

为了更加精确地描述某一时刻质点的加速度，令时间段 Δt 尽可能小，当 $\Delta t\to 0$ 时，平均加速度即为 t 时刻的瞬时加速度，简称加速度，用$\boldsymbol{a}$表示，即

$$\boldsymbol{a}=\lim_{\Delta t\to 0}\frac{\Delta\boldsymbol{v}}{\Delta t}=\frac{\mathrm{d}\boldsymbol{v}}{\mathrm{d}t}=\frac{\mathrm{d}^2\boldsymbol{r}}{\mathrm{d}t^2} \tag{1.10}$$

加速度是矢量，既表示速度大小的变化，也反映速度方向的变化。具体来说，加速度的方向是 $\Delta t\to 0$ 时 $\Delta\boldsymbol{v}$ 的极限方向。加速度是瞬时速度对时间的一阶导数，也是位置矢量对时

间的二阶导数。由图 1-5 可以看出，质点作曲线运动时，加速度总是指向运动轨迹曲线的凹侧。

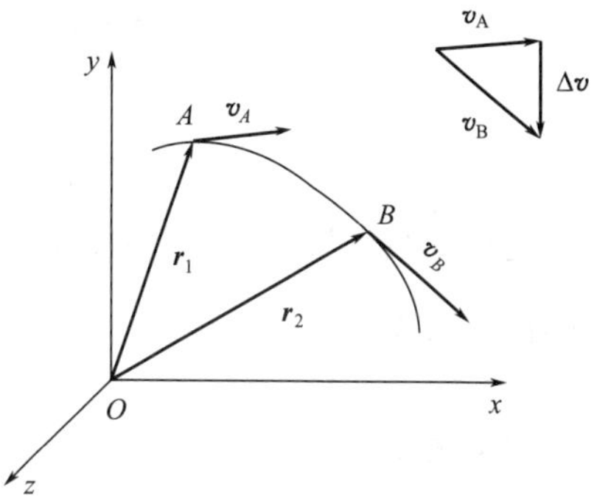

图 1-5 加速度

在直角坐标系中，因

$$\boldsymbol{v}=v_x\boldsymbol{i}+v_y\boldsymbol{j}+v_z\boldsymbol{k}$$

故

$$\boldsymbol{a}=\frac{dv_x}{dt}\boldsymbol{i}+\frac{dv_y}{dt}\boldsymbol{j}+\frac{dv_z}{dt}\boldsymbol{k}$$

于是加速度可以表征成直角坐标分量式形式

$$\boldsymbol{a}=a_x\boldsymbol{i}+a_y\boldsymbol{j}+a_z\boldsymbol{k} \tag{1.11}$$

沿坐标轴 3 个方向分量 a_x，a_y，a_z 分别为

$$a_x=\frac{dv_x}{dt}=\frac{d^2x}{dt^2}$$

$$a_y=\frac{dv_y}{dt}=\frac{d^2y}{dt^2}$$

$$a_z=\frac{dv_z}{dt}=\frac{d^2z}{dt^2}$$

加速度的大小可以由分加速度确定，即 $a=\sqrt{a_x^2+a_y^2+a_z^2}$，具体方向可由 $\boldsymbol{a}$ 与 a_x，a_y，a_z 各分量夹角表示。

四、 切向加速度和法向加速度

直角坐标系不一定是最好的坐标系，一些受约束的运动，加速度往往与轨迹上点的位置有关，此时沿轨迹的曲线坐标系有可能是更好的坐标系。自然坐标系是利用质点运动轨道本身的几何特性来描述质点运动规律的。在自然坐标系中研究曲线运动更有利于了解运动的一些物理细节，如加速度的方向及其对速度的影响。

如图 1-6 所示，质点 P 沿已知的轨道运动，在此轨道曲线上任意选一点 O 作为坐标原点。质点在轨道上的位置可以用从原点 O 算起的弧长度 s 来表示，则 $s=s(t)$ 为自然坐标系的运动方程。在此自然坐标系中，质点沿运动轨迹前进的切向方向定义为自然坐标系的切向，切向单位矢量为 $\boldsymbol{e}_t$；垂直于运动轨迹的切向并指向轨道凹侧的方向定义为法向，法向单位矢量为 $\boldsymbol{e}_n$。如图 1-7 所示。

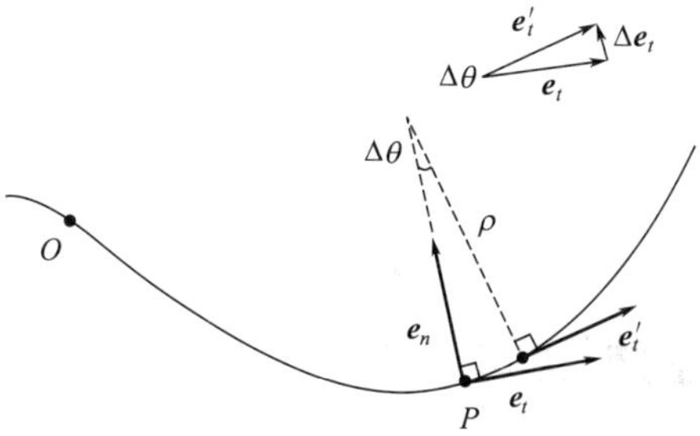

图 1-6 自然坐标系中的切向与法向

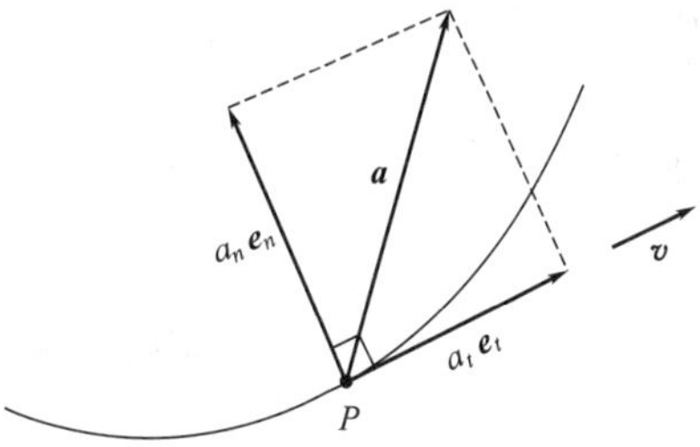

图 1-7 切向加速度与法向加速度

质点运动速度在其运动轨道的切向上，因此在自然坐标系中速度可表示为 $\boldsymbol{v}=v\boldsymbol{e}_t$。

$$\boldsymbol{a}=\frac{d\boldsymbol{v}}{dt}=\frac{d(v\boldsymbol{e}_t)}{dt}=\frac{dv}{dt}\boldsymbol{e}_t+v\frac{d\boldsymbol{e}_t}{dt}$$

$$\frac{\mathrm{d}\boldsymbol{e}_t}{\mathrm{d}t}=\lim_{\Delta t\to 0}\frac{\Delta \boldsymbol{e}_t}{\Delta t}=\lim_{\Delta t\to 0}\frac{\boldsymbol{e}_t'-\boldsymbol{e}_t}{\Delta t}=\lim_{\Delta t\to 0}\frac{\Delta\theta}{\Delta t}\boldsymbol{e}_n=\frac{v}{\rho}\boldsymbol{e}_n$$

$$\boldsymbol{a}=\frac{\mathrm{d}v}{\mathrm{d}t}\boldsymbol{e}_t+\frac{v^2}{\rho}\boldsymbol{e}_n$$

由此可见在自然坐标系中加速度可以分解成切向和法向两个方向，如图 1-7 所示。

切向加速度
$$a_t=\frac{\mathrm{d}v}{\mathrm{d}t} \tag{1.12}$$

法向加速度
$$a_n=\frac{v^2}{\rho} \tag{1.13}$$

切向加速度只改变速度的大小，法向加速度改变速度的方向。

自然坐标系中加速度可以表达为

$$\boldsymbol{a}=a_t\boldsymbol{e}_t+a_n\boldsymbol{e}_n \tag{1.14}$$

加速度大小

$$a=\sqrt{a_t^2+a_n^2}$$

【例 1-1】 已知质点位矢随时间变化的函数形式为$\boldsymbol{r}=4t^2\boldsymbol{i}+(3+2t)\boldsymbol{j}$，式中 r 的单位为米(m)，t 的单位为秒(s)。求：(1) 质点的运动的轨道方程；(2) $t=1$s 和 $t=2$s 两时刻的速度；(3) 从 $t=1$s 到 $t=2$s 的位移，这段时间内的平均速度；(4) t 时刻的切向加速度和法向加速度。

【解】 (1) 由$\boldsymbol{r}=4t^2\boldsymbol{i}+(3+2t)\boldsymbol{j}$可知 $\left.\begin{array}{l}x=4t^2\\ y=3+2t\end{array}\right\}$消去 t 得轨道方程为 $x=(y-3)^2$

(2)速度 $\boldsymbol{v}=\dfrac{\mathrm{d}\boldsymbol{r}}{\mathrm{d}t}=8t\,\boldsymbol{i}+2\,\boldsymbol{j}$

$\boldsymbol{v}(1)=8\,\boldsymbol{i}+2\,\boldsymbol{j}$， $\boldsymbol{v}(2)=16\,\boldsymbol{i}+2\,\boldsymbol{j}$

(3)位移 $\Delta\boldsymbol{r}=\boldsymbol{r}(2)-\boldsymbol{r}(1)=12\,\boldsymbol{i}+2\,\boldsymbol{j}$

平均速度 $\boldsymbol{v}=\dfrac{\Delta\boldsymbol{r}}{\Delta t}=\dfrac{\boldsymbol{r}(2)-\boldsymbol{r}(1)}{2-1}=12\,\boldsymbol{i}+2\,\boldsymbol{j}$

(4) 速率 $v=\sqrt{v_x^2+v_y^2}=2\sqrt{16t^2+1}$

总加速度大小 $a=\sqrt{a_x^2+a_y^2}=\sqrt{\left(\dfrac{\mathrm{d}^2x}{\mathrm{d}t^2}\right)^2+\left(\dfrac{\mathrm{d}^2y}{\mathrm{d}t^2}\right)^2}=8$

切向加速度 $a_t=\dfrac{\mathrm{d}v}{\mathrm{d}t}=\dfrac{32t}{\sqrt{16t^2+1}}$

法向加速度 $a_n=\sqrt{a^2-a_t^2}=\dfrac{8}{\sqrt{16t^2+1}}$

第四节 平面曲线运动

一、圆周运动

1. 角位置

在讨论圆周运动时，取圆心 O 为极点，过极点取一条射线 Ox 为极轴，方向始于极点，构成平面极坐标系。质点在作圆周运动时，半径 R 始终不变，因此质点任意时刻所在的位置就可以用位置矢量与 x 轴之间的夹角 θ 来描述。如图 1-8 所示，当质点绕 O 作圆周运动时，角度 θ 随时间 t 不断变化的函数 $\theta(t)$ 叫作**角位置方程**。$\theta(t)$ 所对应的弧长 $s(t)$ 也在随时间变化，$s(t)=R\theta(t)$ 称为弧方程。

2. 角速度

表征质点角位置变化快慢的物理量，称为**角速度**，用 ω 表示。质点 t 时刻运动到 A 点，$t+\Delta t$ 时刻运动到 B 点，转过的角位移为 $\Delta\theta$，则 Δt 时间内角位置变化速度的平均值为 $\bar{\omega}=\frac{\Delta\theta}{\Delta t}$，称为平均角速度。

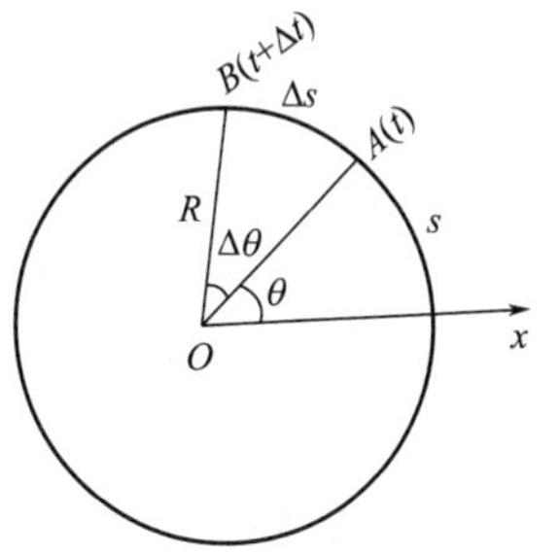

图 1-8 圆周运动

当 $\Delta t\to 0$ 时，平均角速度与 t 时刻的角速度近似相等，即角速度等于角位置 θ 对时间 t 的一阶导数

$$\omega=\lim_{\Delta t\to 0}\bar{\omega}=\lim_{\Delta t\to 0}\frac{\Delta\theta}{\Delta t}=\frac{\mathrm{d}\theta}{\mathrm{d}t} \tag{1.15}$$

在国际单位制中，角速度的单位是弧度每秒，用 rad / s 表示。

质点角位置发生变化的同时，相对应的弧长即 $s=R\theta$ 也随时间变化，弧长变化的快慢称作线速度。所以

$$v=\frac{\mathrm{d}s}{\mathrm{d}t}=\frac{\mathrm{d}(R\theta)}{\mathrm{d}t}=R\omega$$

3. 角加速度

反映质点角速度快慢变化的物理量，称为角加速度，用 β 表示

$$\beta=\frac{\mathrm{d}\omega}{\mathrm{d}t}=\frac{\mathrm{d}^2\theta}{\mathrm{d}t^2} \tag{1.16}$$

在国际单位制中，角速度的单位是弧度每秒方，用 rad/s^2 表示。

圆周运动的切向加速度 $$a_t=\frac{\mathrm{d}v}{\mathrm{d}t}=R\beta \tag{1.17}$$

圆周运动的法向加速度 $$a_n=\frac{v^2}{R} \tag{1.18}$$

4. 匀变速圆周运动

一质点作匀变速圆周运动，$t=0$ 时，初角位置为 θ_0，初角速度为 ω_0，角加速度为 β，由角加速度的定义可得

$$\beta=\frac{\mathrm{d}\omega}{\mathrm{d}t}$$

则

$$\mathrm{d}\omega=\beta\mathrm{d}t$$

对上式两边进行积分，得

$$\int_{\omega_0}^{\omega}\mathrm{d}\omega=\int_0^t\beta\mathrm{d}t$$

任意时刻角速度

$$\omega=\omega_0+\beta t$$

又

$$\omega=\frac{\mathrm{d}\theta}{\mathrm{d}t}$$

$$\omega\mathrm{d}t=\mathrm{d}\theta$$

则
$$\int_0^t (\omega_0 + \beta t)\,dt = \int_{\theta_0}^{\theta} d\theta$$
$$\theta = \theta_0 + \omega_0 t + \frac{1}{2}\beta t^2$$

【例 1-2】 一质点沿半径为 0.1m 的圆周运动，其角位置（以弧度表示）可用公式表示：$\theta = 2 + 4t^3$,式中 t 以秒计。求：

（1）$t = 1$s 时，它的法向加速度和切向加速度；

（2）当切向加速度恰为总加速度大小的一半时，θ 为何值？

（3）在哪一时刻，切向加速度和法向加速度恰有相等的值？

【解】（1）角速度为 $\omega = d\theta/dt = 12t^2 = 12\text{rad/s}$

法向加速度为 $a_n = r\omega^2 = 14.4\ \text{m/s}^2$

角加速度为 $\beta = d\omega/dt = 24t = 24\text{rad/s}^2$

切向加速度为 $a_t = r\beta = 2.4\text{m/s}^2$

（2）总加速度大小为 $a = (a_t^2 + a_n^2)^{1/2}$

当 $a_t = a/2$ 时，有 $4a_t^2 = a_t^2 + a_n^2$，即
$$a_n = a_t\sqrt{3}$$
由此得
$$r\omega^2 = r\beta\sqrt{3}$$
即
$$(12t^2)^2 = 24t\sqrt{3}$$
解得
$$t^3 = \sqrt{3}/6$$
所以
$$\theta = 2 + 4t^3 = 3.15\text{rad}$$

（3）当 $a_t = a_n$ 时，可得 $r\beta = r\omega^2$，即
$$24t = (12t^2)^2$$
解得
$$t = 0.55\text{s}$$

二、 抛体运动

物体以一定的初速度向空中抛出，仅在重力作用下物体所做的运动叫作**抛体运动**。在地球表面附近范围内，重力加速度 $\boldsymbol{g}$ 可以看成常量。忽略空气阻力的话，抛体在抛出后，水平方向将不受力，做匀速直线运动，竖直方向只受到重力，做加速度为 $\boldsymbol{g}$ 的加速运动，这两个分运动是相互独立的。

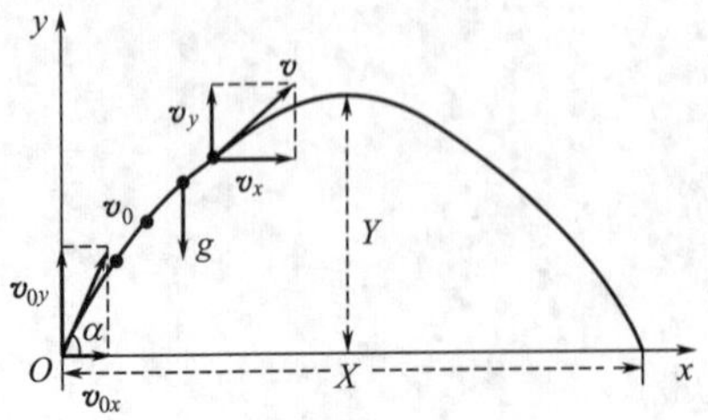

图 1-9 抛体运动

如图 1-9 所示，设抛体 $t=0$ 时以速度 $\boldsymbol{v}_0$ 抛出，$\boldsymbol{v}_0$ 与 x 轴夹角为 α，则在水平方向和竖直方向的速度分量分别为 v_{0x}，v_{0y}。
$$v_{0x} = v_0\cos\alpha$$
$$v_{0y} = v_0\sin\alpha$$
则任意时刻 t，抛体运动在水平方向和竖直方向的速度分量分别为 v_x、v_y。
$$v_x = v_0\cos\alpha$$
$$v_y = v_0\sin\alpha - gt$$

抛体在 x，y 轴上的坐标分别为

$$x=(v_0\cos\alpha)t$$
$$y=(v_0\sin\alpha)t-\frac{1}{2}gt^2$$

由上式消去 t，得轨道方程 $y=x\tan\alpha-\frac{g}{2v_0^2\cos^2\alpha}x^2$，这一函数恰好表示一条通过原点的二次曲线，在数学上叫“抛物线”，抛体运动就是由此得名的。

通过抛物线轨迹可以看出，当抛体竖直方向的分速度 $v_y=0$ 时，抛体能够达到最大的高度，称为射高 Y。

所以当 $t=\frac{v_0\sin\alpha}{g}$时，射高 $Y=\frac{v_0^2\sin^2\alpha}{2g}$，当 $\alpha=90°$时射高可以取最大值。

抛体能到达最远的水平距离称为射程，用 X 表示。当抛体回到地面时，即 $y=0$ 时射程最远，此时 $t=\frac{2v_0\sin\alpha}{g}$，因水平方向做匀速直线运动，故

$$X=v_0\cos\alpha\,\frac{2v_0\sin\alpha}{g}=\frac{v_0^2\sin2\alpha}{g}$$

从上式不难看出，在一定的初速度条件下，要使射程最大，应令抛射角 $\alpha=\frac{\pi}{4}$，这时最大射程为 $\frac{v_0^2}{g}$。

【例 1-3】 由楼窗口以初速率 v_0 水平抛出一小球，若水平抛出方向为 x 轴，竖直向下为 y 轴，不计空气阻力，由抛出瞬间开始计时，(重力加速度为 g) 求：

(1) 小球在任一时刻 t 的坐标及小球运动的轨迹方程；

(2) 小球在 t 时刻的速度、切向加速度和法向加速度。

【解】 (1) 根据题意小球的运动方程为

$$\begin{cases}x=v_0t\\ y=\frac{1}{2}gt^2\end{cases}$$

t 时刻的坐标为 $$\left(v_0t,\ \frac{1}{2}gt^2\right)$$

消去以上方程组中的 t，可得小球的轨迹方程 $y=\frac{gx^2}{2v_0^2}$。

(2) 速度 $$\boldsymbol{v}=v_x\boldsymbol{i}+v_y\boldsymbol{j}=\frac{\mathrm{d}x}{\mathrm{d}t}\boldsymbol{i}+\frac{\mathrm{d}y}{\mathrm{d}t}\boldsymbol{j}=v_0\boldsymbol{i}+gt\,\boldsymbol{j}$$

速率 $$v=\sqrt{v_x^2+v_y^2}=\sqrt{v_0^2+g^2t^2}$$

切向加速度 $$a_t=\frac{\mathrm{d}v}{\mathrm{d}t}=\frac{g^2t}{\sqrt{v_0^2+g^2t^2}}$$

法向加速度 $$a_n=\sqrt{a^2-a_t^2}=\sqrt{g^2-a_t^2}=\frac{gv_0}{\sqrt{v_0^2+g^2t^2}}$$

三、 运动学的两类问题

1. 运动学的第一类问题

质点的运动方程全面描述了运动的一切特征，由运动方程可以求出速度、加速度等相关

物理量，所用的办法是微分，称为运动学的第一类问题。

运算过程 $$\boldsymbol{r}(t)\rightarrow\boldsymbol{v}(t)=\frac{\mathrm{d}\boldsymbol{r}}{\mathrm{d}t}\rightarrow\boldsymbol{a}(t)=\frac{\mathrm{d}\boldsymbol{v}}{\mathrm{d}t}$$

2. 运动学的第二类问题

反之，如果已知速度或加速度，也可以通过积分的方法求运动方程，称为运动学的第二类问题。

运算过程 $$\boldsymbol{a}(t)\rightarrow\boldsymbol{v}(t)=\int\boldsymbol{a}(t)\,\mathrm{d}t\rightarrow\boldsymbol{r}(t)=\int\boldsymbol{v}(t)\,\mathrm{d}t$$

【例 1-4】 一质点在 y 轴上做直线运动，其瞬时加速度为 $a=A\omega^2\sin\omega t$。在 $t=0$ 时，$v=0$，$y=A$，其中 A，ω 均为正常数，求此质点的速度和运动学方程。

【解】

$$a=A\omega^2\sin\omega t\qquad\frac{\mathrm{d}v}{\mathrm{d}t}=A\omega^2\sin\omega t$$

$$\int_0^v\mathrm{d}v=\int_0^t A\omega^2\sin\omega t\,\mathrm{d}t$$

$$v=-A\omega\cos\omega t+A\omega$$

$$\frac{\mathrm{d}y}{\mathrm{d}t}=-A\omega\cos\omega t+A\omega$$

$$\int_A^y\mathrm{d}y=\int_0^t(-A\omega\cos\omega t+A\omega)\,\mathrm{d}t$$

$$y=A+A\omega t-A\sin\omega t$$

【例 1-5】 一物体从空中由静止下落，由于空气阻力影响，其下落的加速度 $a=A-Bv$，式中 A、B 为正常数，求物体下落的速率和运动方程。

【解】 选取物体下落方向为 y 轴正向，下落起点为坐标原点，则有

$$a=\frac{\mathrm{d}v}{\mathrm{d}t}=A-Bv$$

$$\frac{\mathrm{d}v}{A-Bv}=\mathrm{d}t$$

将上式两边积分，$t=0$ 时，$v=0$

所以 $$\int_0^v\frac{1}{A-Bv}\mathrm{d}v=\int_0^t\mathrm{d}t$$

得物体速度 $$v=\frac{A}{B}(1-\mathrm{e}^{-Bt})$$

$$v=\frac{\mathrm{d}y}{\mathrm{d}t}=\frac{A}{B}(1-\mathrm{e}^{-Bt})$$，且 $t=0$ 时 $y=0$

所以 $$\int_0^y\mathrm{d}y=\int_0^t\frac{A}{B}(1-\mathrm{e}^{-Bt})\,\mathrm{d}t$$

得物体运动方程 $$y=\frac{A}{B}t+\frac{A}{B^2}(\mathrm{e}^{-Bt}-1)$$

第五节 运动的相对性

描述物体运动时，常选地面或者河岸、房屋等与地面相对静止的物体作为参考系。但

是，为了方便起见，也可以选择相对地面运动的物体如航行的船只、行驶的汽车等作为参考系。在不同的参考系中，同一物体的运动就会有不同的描述。

如图 1-10 所示，参考系 $S'(O'x'y'z')$ 与参考系 $S(Oxyz)$ 各坐标轴分别相互平行，并且 S' 系以速度 $\boldsymbol{u}$ 相对 S 系平动。若质点 P 在 S 系和 S' 中的位矢分别为 $\boldsymbol{r}$ 和 $\boldsymbol{r}'$，速度分别为 $\boldsymbol{v}$ 和 $\boldsymbol{v}'$，加速度分别为 $\boldsymbol{a}$ 和 $\boldsymbol{a}'$，由图可知

$$\boldsymbol{r}=\boldsymbol{r}'+\boldsymbol{r}_0 \tag{1.19}$$

将式（1.19）对时间 t 求导，得

$$\frac{\mathrm{d}\boldsymbol{r}}{\mathrm{d}t}=\frac{\mathrm{d}\boldsymbol{r}'}{\mathrm{d}t}+\frac{\mathrm{d}\boldsymbol{r}_0}{\mathrm{d}t}$$

即

$$\boldsymbol{v}=\boldsymbol{v}'+\boldsymbol{u} \tag{1.20}$$

通常，把 $\boldsymbol{v}$ 称为绝对速度，$\boldsymbol{v}'$ 称为相对速度，$\boldsymbol{u}$ 称为牵连速度，所以绝对速度等于相对速度与牵连速度的矢量和，这一关系叫作伽利略速度变换。

同样道理，两个相对运动的参考系中，加速度也有相应的变换关系。将式(1-20）对时间 t 求导，可得

$$\frac{\mathrm{d}\boldsymbol{v}}{\mathrm{d}t}=\frac{\mathrm{d}\boldsymbol{v}'}{\mathrm{d}t}+\frac{\mathrm{d}\boldsymbol{u}}{\mathrm{d}t}$$

即

$$\boldsymbol{a}=\boldsymbol{a}'+\boldsymbol{a}_0 \tag{1.21}$$

所以绝对加速度等于相对加速度与牵连加速度的矢量和。

特殊地，如果两个坐标系相对作匀速直线运动，即 $\boldsymbol{u}$ 为恒量时，在参考系 S 和 S' 测得的加速度相同，即 $\boldsymbol{a}=\boldsymbol{a}'$。

【例 1-6】 如图 1-11 所示，汽车 A 以 $v_A=100\mathrm{km/h}$ 的速率沿高速公路向南行驶，同时另一辆汽车 B 以 $v_B=80\mathrm{km/h}$ 的速率沿东偏南 30°的公路行驶。求汽车 A 相对于汽车 B 的速度是多大，方向如何。

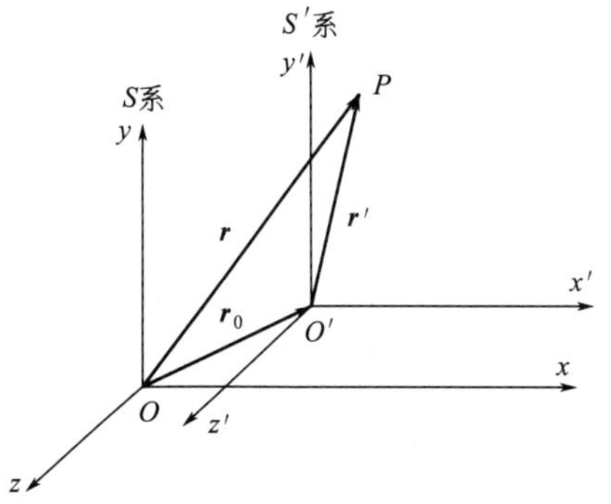

图 1-10 相对运动

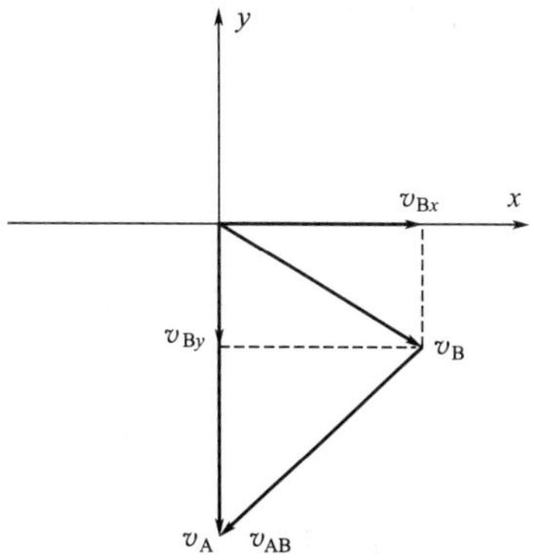

图 1-11 例 1-6 题图

【解】 汽车 A 的绝对速度 v_A 和汽车 B 的牵连速度 v_B，所以汽车 A 相对于汽车 B 的相对速为

$$\boldsymbol{v}_{AB}=\boldsymbol{v}_A-\boldsymbol{v}_B$$

所以

$$v_{ABx}=-v_{Bx}=-v_B\cos30^\circ=69.3\mathrm{km/h}$$

$$v_{ABy}=-v_A-v_{By}=-v_A+v_B\sin30^\circ=-60\mathrm{km/h}$$

因此，相对速度 $\boldsymbol{v}_{AB}$ 的大小为

$$v_{AB}=\sqrt{v_{ABx}^2+v_{ABy}^2}=91.7\text{km/h}$$

方向为向西偏南 θ 角，θ 的大小为

$$\theta=\tan^{-1}\left|\frac{v_{ABy}}{v_{ABx}}\right|=41^\circ$$

练习题

选择题

1-1 一质点沿 y 轴作直线运动，其 v-t 曲线如图 1-12 所示，如果 $t=0$ 时质点位于坐标原点，则 $t=4.5$s 时质点在 y 轴上的位置为（ ）。

(A) 0 (B) 5m (C) 2m (D) −2m

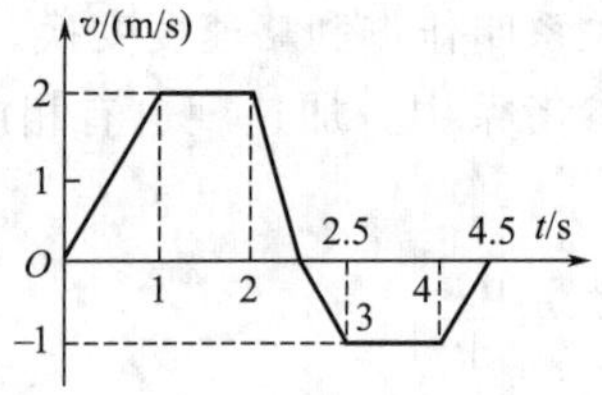

图 1-12 1-1 题图

1-2 某质点的运动方程为 $y=3t-5t^3+5$ (SI)，则该质点作（ ）。

(A) 匀加速直线运动，加速度沿 y 轴正方向

(B) 匀加速直线运动，加速度沿 y 轴负方向

(C) 变加速直线运动，加速度沿 y 轴正方向

(D) 变加速直线运动，加速度沿 y 轴负方向

1-3 某物体的运动规律为 $a=-kv^2t$，式中的 k 为大于零的常数。当 $t=0$ 时，初速为 v_0，则速度 v 与时间 t 的函数关系是（ ）。

(A) $v=\frac{1}{2}kt^2+v_0$ (B) $\frac{1}{v}=\frac{kt^2}{2}-\frac{1}{v_0}$

(C) $v=-\frac{1}{2}kt^2+v_0$ (D) $\frac{1}{v}=\frac{kt^2}{2}+\frac{1}{v_0}$

1-4 对于沿曲线运动的物体，以下几种说法中哪一种是正确的（ ）。

(A) 切向加速度必不为零

(B) 法向加速度必不为零（拐点处除外）

(C) 由于速度沿切线方向，法向分速度必为零，因此法向加速度必为零

(D) 若物体的加速度 $\boldsymbol{a}$ 为恒矢量，它一定做匀变速率运动

1-5 以下四种运动，加速度保持不变的运动是（ ）。

(A) 单摆的运动 (B) 圆周运动

(C) 抛体运动 (D) 匀速率曲线运动

1-6 质点沿半径为 R 的圆周作匀速率运动，每 T 秒转一圈。在 $2T$ 时间间隔中，其平均速度大小与平均速率大小分别为（ ）。

(A) $2\pi R/T$，$2\pi R/T$ (B) 0，$2\pi R/T$

(C) 0，0 (D) $2\pi R/T$，0

1-7 质点在 Oxy 平面上运动，t 时刻位置矢量为 $\boldsymbol{r}$ (x, y)，对其速度的大小有四种说法：

(1) $\frac{dr}{dt}$　(2) $\frac{d|\boldsymbol{r}|}{dt}$　(3) $\frac{ds}{dt}$　(4) $\sqrt{\left(\frac{dx}{dt}\right)^2+\left(\frac{dy}{dt}\right)^2}$

下述判断正确的是（　）。

(A) 只有 (1)、(2) 正确　(B) 只有 (2) 正确

(C) 只有 (2)、(3) 正确　(D) 只有 (3)、(4) 正确

1-8　一物体从某一确定高度以大小为 v_0 的初速度水平抛出，已知它落地时的速度值为 v_t，那么它的运动时间是（　）。

(A) $\frac{v_t-v_0}{g}$　(B) $\frac{v_t-v_0}{2g}$　(C) $\frac{\sqrt{v_t^2-v_0^2}}{g}$　(D) $\frac{v_t^2-v_0^2}{2g}$

1-9　如图 1-13 所示湖中有一小船，有人用绳绕过岸上一定高度处的定滑轮拉湖上的船向岸边运动，设该人以匀速率 v 收绳，绳长不变，湖水静止，则小船的运动是（　）。

(A) 匀加速运动　(B) 匀减速运动

(C) 变加速运动　(D) 变减速运动

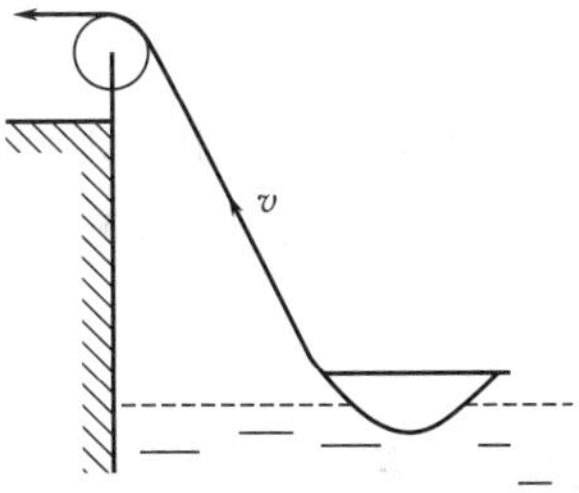

图 1-13　1-9 题图

填空题

1-10　两辆车甲和乙，在笔直的公路上同向行驶，它们从同一起始线上同时出发，并且由出发点开始计时，行驶的距离 x 与行驶时间 t 的函数关系式：甲为 $x_1=4t+t^2$ (SI)，乙为 $x_2=2t^2+2t^3$ (SI)

(1) 它们刚离开出发点时，行驶在前面的一辆车是______；

(2) 出发后，两辆车行驶距离相同的时刻是______；

(3) 出发后，甲车和乙车速度相同的时刻是______。

1-11　一质点的运动方程为 $x=6t-t^2$ (SI)，则在 t 由 0 到 4s 的时间间隔内，质点位移的大小为________，在 t 由 0 到 4s 的时间间隔内质点走过的路程为________。

1-12　半径为 R 的圆周上运动的质点，速率与时间的关系为 $v=bt^2$，则从 0 时刻到 t 时刻质点走过的路程是 $S(t)=$______，t 时刻质点的切向加速 $a_t=$______，法向加速度 $a_n=$______。

1-13　一质点 P 沿半径为 R 的圆周运动，质点所经过的弧长与时间的关系 $S=bt+\frac{1}{2}ct^2$ 其中 b、c 是大于零的常量，则 t 时刻质点 P 的速度大小为______，角加速度大小______，加速度大小为________。

1-14　飞轮作加速转动时，轮边缘一点的运动方程为 $\theta=0.04t^3$ (SI)，飞轮半径为 5m，当此点的速率 $v=60\text{m/s}$ 时，其切向加速度大小为________，法向加速度大小为________。

计算题

1-15　有一质点沿 y 轴做直线运动，t 时刻坐标为 $y=4.5t^2-2t^3$ (SI)

求：(1) 第 2s 内的平均速度；

（2）第 2s 末的瞬时速度；

（3）第 2s 内的路程。

1-16 已知质点的运动方程为$\boldsymbol{r}=a\sin\omega t\,\boldsymbol{i}+b\cos\omega t\,\boldsymbol{j}$，其中 a、b、ω 均为正的常数。

求：（1）质点的速度和加速度；

（2）运动轨迹方程。

1-17 一质点在 Oxy 平面上运动，运动方程 $x=2t+3$（SI），$y=\frac{1}{2}t^2+2t-4$（SI），则 $t=$ 2s 时，质点的位置矢量 $\boldsymbol{r}$、速率 v、加速度 $\boldsymbol{a}$ 各是多少？

1-18 一质点从静止出发沿半径为 $R=3\text{m}$ 的圆周运动，角加速度为 $\beta=1\text{rad/s}^2$，

求：（1）经过多长时间它的总加速度恰好与半径成 45°角？

（2）此时质点所经过的路程为多少？

1-19 一质点在 x 轴上运动，它的速度大小和时间的关系为 $v=2+3t^2$（SI）。当 $t=2\text{s}$ 时，质点在原点左边 5m 处。

求：（1）质点的加速度；

（2）质点的位置的表达式。

1-20 一汽车正以速度 v_0 行驶，发动机关闭后由于地面阻力得到与速度方向相反大小与速率平方成正比的加速度 $a=-kv^2$。试求汽车在关闭发动机后又行驶 x 距离时的速度。

思考题

1-21 质点运动时，瞬时速度与瞬时速率有什么区别？又有什么联系？

1-22 曲线运动中，质点运动速度方向沿轨道切线方向，所以加速度也沿轨道切向方向，这样说对吗？

1-23 质点沿 x 轴作直线运动，速度与时间关系如图 1-14 所示，速度曲线下阴影的面积表示什么？

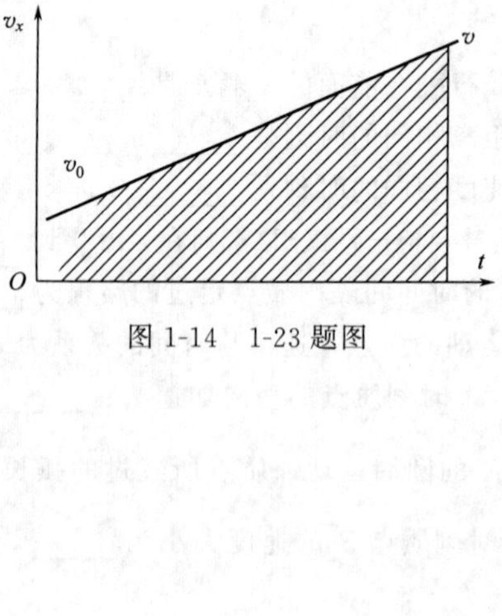

图 1-14 1-23 题图

第二章

牛顿运动定律

第一章质点运动学中只研究了质点运动的基本规律，但并未说明质点运动状态改变的根本原因。本章将要讨论物体间相互作用与其运动规律之间的关系，即质点动力学。

本章首先介绍质点动力学的基本定律——牛顿运动定律，其中特别提到惯性系这个概念，牛顿运动定律只在惯性系中成立。另外还介绍了几种常见的力并讨论了非惯性系与惯性力。

第一节　牛顿运动定律

英国物理学家牛顿在 1687 年发表了具有里程碑意义的《自然哲学的数学原理》一书，提出了牛顿三定律，完美阐述了物体所受外力与其运动规律之间的关系，奠定了经典力学的基础。

一、 牛顿第一定律

任何物体都保持静止或匀速直线运动状态，直到外力迫使它改变运动状态为止，这称为**牛顿第一定律**。

任何物体都有保持静止或匀速直线运动状态的性质，这种性质称为物体的惯性，牛顿第一定律也称为惯性定律。

数学表达式为

$$\boldsymbol{F}=0 \text{ 时}，\boldsymbol{v}=\text{恒量}$$

物体所受外力是其运动状态改变的原因，当物体不受外力或所受外力之和为零时，物体的运动速度保持不变。但当物体一旦受到外力，物体的运动速度就要发生改变。牛顿第一定律中的“物体”确切地说应该是质点，或者物体的质心。

描述质点的运动要选择确定的参考系，同样的，研究物体的受力也要在选定的参考系中说明才具意义。牛顿第一定律适用的参考系称为惯性参考系，简称**惯性系**。观察和实验表明，在没有外力的作用下，恒星具有保持静止和匀速直线运动的性质，所以恒星参考系是一个很好的惯性系。由于地球存在自转和公转，相对恒星参考系有加速度，严格来讲不是一个精确的惯性系，即在地面参考系中，牛顿第一定律有微小偏差。但是，地球相对恒星的参照系加速度非常小，因此一般情况下，地面参照系可以近似为惯性系。在实际的研究当中，与地球表面保持相对静止的楼房、路灯、车站，或者与地球相对做匀速直线运动的火车，飞机等都可以看作是惯性系。

二、 牛顿第二定律

运动的改变与所加的动力成正比，并发生在所加力的那个直线方向上，这称之为**牛顿第二定律**。

由牛顿第一定律可知，外力是改变物体运动状态的原因，即当物体受力$\boldsymbol{F}\neq 0$时，物体的速度$\boldsymbol{v}$将发生改变。当物体受到外力的时候，运动速度到底会发生怎样的改变呢？牛顿第二定律定量描述了物体受到外力与速度$\boldsymbol{v}$的改变之间的数学关系。

质量与速度的乘积定义为物体的动量，用符号$\boldsymbol{p}$表示。定义式为

$$\boldsymbol{p}=m\boldsymbol{v} \tag{2.1}$$

动量$\boldsymbol{p}$是矢量，方向和速度$\boldsymbol{v}$相同。在国际单位制中，动量的单位为千克米每秒，用符号kg·m/s表示。

在牛顿第二定律中，“运动的改变”具体应为质量与速度乘积的改变，“外加的动力”指的是物体所受的外力的作用。

牛顿第二定律指出，物体所受的外力等于物体的动量对时间的变化率

$$\boldsymbol{F}=\frac{\mathrm{d}\boldsymbol{p}}{\mathrm{d}t}=\frac{\mathrm{d}(m\boldsymbol{v})}{\mathrm{d}t}=m\frac{\mathrm{d}\boldsymbol{v}}{\mathrm{d}t}+\boldsymbol{v}\frac{\mathrm{d}m}{\mathrm{d}t} \tag{2.2}$$

需要说明的是，式（2.2）是牛顿第二定律的一般式，是适用于所有高速低速宏观和微观的各种情况的。在物体运动速度接近光速时也仍然成立。

在经典力学当中宏观低速的条件下，物体的质量是不随运动速度发生改变的，质量是常量。则有

$$\boldsymbol{F}=\frac{\mathrm{d}(m\boldsymbol{v})}{\mathrm{d}t}=m\boldsymbol{a} \tag{2.3}$$

式（2.3）表明物体的质量不变时，物体所受外力等于物体质量与加速度的乘积。换句话说，当物体受外力作用即会产生相应的加速度，产生加速度的大小与外力的大小成正比，产生加速度的方向与所受外力方向一致。由于外力与加速度的产生是同时发生的，所以牛顿第二定律具有瞬时性。一旦所受外力为零，加速度也随之消失。

经验表明，与牛顿第一定律一样，牛顿第二定律也只在惯性系中成立。

牛顿第二定律中的“外力”严格来讲应该是合外力。实验证明当质点受到两个以上力的同时作用时，受到的合力为质点受到各个力的矢量和，这一规律叫作力的叠加原理。

$$\boldsymbol{F}=\boldsymbol{F}_1+\boldsymbol{F}_2+\boldsymbol{F}_3 \tag{2.4}$$

力是矢量，研究的时候经常可以在直角坐标系中进行分解，根据力的叠加原理，在直角坐标系中可以写作

$$\boldsymbol{F}=F_x\boldsymbol{i}+F_y\boldsymbol{j}+F_z\boldsymbol{k} \tag{2.5}$$

$$F_x=ma_x,\ F_y=ma_y,\ F_z=ma_z$$

可见，物体在x方向的受力只决定x轴方向的加速度，y和z方向也同理。由于各个方向的力是线性独立的，和其他方向的力无关，所以各个方向的加速度也各自独立，与其他方向加速度互不影响。物体受力线性独立的性质决定了物体运动在各个方向上分运动也是线性独立相互不受影响的。

同样道理，在自然坐标系当中，作平面曲线运动的物体受力也可以分解为切向的力和法向的力

$$\boldsymbol{F}=F_t\boldsymbol{e}_t+F_n\boldsymbol{e}_n \tag{2.6}$$

$$F_t=ma_t,\quad F_n=ma_n$$

综上所述，牛顿第二定律不但适用于质点受到总的外力和总运动的关系，对某个方向上的所受分力与产生相应的分运动关系也是适用的。

三、 牛顿第三定律

两个物体之间的作用力和反作用力总是大小相等，方向相反，作用在一条直线上，这称之为牛顿第三定律。

两物体相互作用，当甲物对乙物施加力的作用的同时，也受到乙物对它施加方向相反的作用，因此，物体间的作用总是相互的、成对出现的。我们把两个物体间相互作用的这对相反的力叫作用力和反作用力。它们遵从的规律就是牛顿第三定律，又称作用力和反作用力定律。

$$\boldsymbol{F}_{12}=-\boldsymbol{F}_{21} \tag{2.7}$$

在牛顿第三定律中作用力和反作用力没有绝对意义，是相对而言的。我们可以把这一对力中任意一个叫作作用力，另一个力叫作反作用力，它们同时产生，同时消失，同时变化，是同一性质的力。但是要注意，作用力与反作用力总是作用在不同的物体上的，它们并不是一对平衡力。

第二节 几种常见的力

在自然界存在各种各样的力，地球表面物体要受到重力作用，宇宙天体之间存在引力，电梯升降需要拉力，带电的小球间存在电场力，磁铁之间存在引力和斥力，分子或原子之间也存在引力和斥力。所有这些力可以归结为四种基本的相互作用力，即引力、电磁力、强力和弱力。

表 2-1 列出了四种基本自然力的特征。

表 2-1 基本自然力

类型	相互作用的物体	强度/N	作用距离/m
万有引力	一切质点	10^{-4}	无限远
弱力	大多数微粒	10^{-2}	小于 10^{-17}
电磁力	电荷	10^{2}	无限远
强力	核子、介子等	10^{4}	小于 10^{-15}

自然界中只存在这四种基本的力，其他的力都是这几种力的不同表现。下面总结几种常见的力。

一、 万有引力

任意两个质点间均存在相互吸引的力，吸引力沿两质点的连线方向，吸引力的大小与两质点的质量的乘积成正比，与它们之间的距离平方成反比，这种力叫万有引力，即

$$F=G\frac{mM}{r^2} \tag{2.8}$$

式中，m、M 为两个质点的质量；r 为它们之间的距离；G 为万有引力常量，国际单位制中 $G = 6.6720\times10^{-11}\mathrm{N\cdot m^2/kg^2}$

万有引力定律原则上只适用于质点之间的相互作用。当研究对象不能抽象为质点时，就要把物体看成很多质点的集合，然后利用积分计算所有质点相互之间万有引力的矢量和，即可得这两个物体之间的万有引力。研究发现，若物体为球体，且密度均匀分布或按各球层均匀分布，它们之间的引力仍然可以用万有引力公式计算。其中 r 表示两球球心的距离，而引力则沿两球心的连线。例如求地球和月球间的引力，就以地球中心和月球中心计算距离。

讨论地球附近的物体受到地球的万有引力时，可把地球的质量集中在其中心，而对地面上的物体，因其线度比地球半径小得多，所以不论物体是什么形状，都可以直接当成质点来讨论。通常所说的物体的重量近似等于物体在地球附近受到地球的万有引力，一般也称作重力。由万有引力公式可知，质量为 m 的物体所受的重力 P 为

$$P=G\frac{mM_E}{R^2}=mg \tag{2.9}$$

式中，地球质量 $M_E=5.977\times10^{24}\mathrm{kg}$；地球半径 $R=6371\mathrm{km}$，可以得出重力加速度 $g=G\dfrac{M_E}{R^2}=9.8\mathrm{m/s^2}$。

二、 弹性力

相互接触的物体因彼此形变而产生欲使物体恢复其原来形状的力叫作弹性力。弹簧的弹力、正压力、支持力、绳子的张力等都是弹性力。

弹簧在弹性限度内被拉伸或者压缩 x 时，会产生与弹簧形变相反方向的弹性力 F，遵从胡克定律，即

$$F=-kx \tag{2.10}$$

式中，k 为弹簧的劲度系数；x 为离开平衡位置的位移；负号表示弹性力的方向与位移的方向相反。

三、 摩擦力

两个表面不光滑的物体相接触，并且有相对运动或者相对运动趋势的时候，在表面接触处会因摩擦而产生阻碍相对运动的力，这种力叫摩擦力。

两个物体尚未相对滑动前，虽然两个物体相对静止，但在接触面之间已经存在阻碍物体相对运动的力，这种力叫作静摩擦力，用符号 $\boldsymbol{f}_0$ 表示。当迫使物体发生相对运动的力逐渐增大时，终有一刻将会产生相对滑动，此时两物体间的静摩擦力达到最大值，称为最大静摩擦力，用 $\boldsymbol{f}_{\max}$ 表示。

实验研究表明，最大静摩擦力的大小和两物体接触面间的正压力的大小成正比。公式为

$$f_{\max}=\mu_0 N \tag{2.11}$$

式中，N 为正压力；μ_0 为静摩擦系数，μ_0 大小取决于接触面的材质、粗糙度、干湿等物体本身的性质。

当两个物体发生相对滑动后，接触面之间的摩擦力称为滑动摩擦力，用符号 $\boldsymbol{f}_\mu$ 表示。滑动摩擦力的大小与正压力的大小成正比。

$$f_\mu=\mu N \tag{2.12}$$

式中，μ 为滑动摩擦系数，在通常的速率范围内，μ 的大小取决于接触面的材质、粗糙度、干湿等。一般说来，对于相同的接触面，滑动摩擦系数总是略小于静摩擦系数 μ_0。

【例 2-1】 如图 2-1 所示定滑轮上悬挂一轻绳，绳与滑轮相对无摩擦，绳的两端挂有质量为 m_1 和 m_2 的物体（$m_1<m_2$），设轮轴光滑，绳子不能伸长，滑轮和绳子的质量忽略不计，试求物体的加速度 a 以及两端绳子上的张力 T 的大小。

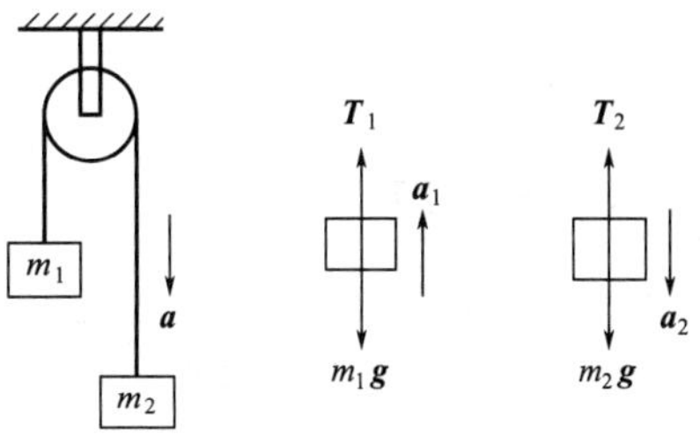

图 2-1 例 2-1 题图

【解】 在本题中，主要研究对象是 m_1，m_2 两个物体，它们之间是互相牵连的。这时，要分别研究每一个物体受力而运动的情况，然后根据相互间的联系求解。

分别对 m_1 和 m_2 受力分析，根据牛顿第二定律可以列出

$$T_1 - m_1 g = m_1 a_1$$
$$m_2 g - T_2 = m_2 a_2$$

因绳子不能伸长，所以认为绳子上各部分的张力值都相等，且 m_1 向上的加速度必须与 m_2 向下的加速度在量值上相等。所以有

$$T_1 = T_2 = T, \quad a_1 = a_2 = a$$

综合以上，解得

$$a = \frac{m_2 - m_1}{m_1 + m_2} g, \quad T = \frac{2m_1 m_2}{m_1 + m_2} g$$

【例 2-2】 如图 2-2 所示，有一竖立的圆筒形转笼半径为 $R = 0.49\text{m}$，一物体与转笼的内壁的静摩擦系数 $\mu_0 = 0.2$，若物体能附在内壁上随同转笼一起匀速率转动，求转笼的最小角速度。

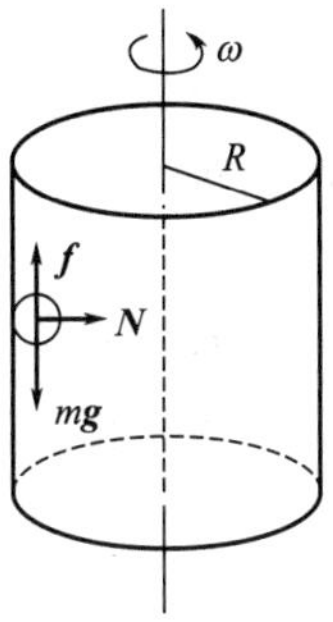

图 2-2 例 2-2 题图

【解】 以地面为参考系，选附在内壁转动的物体为研究对象，并设其质量为 m。物体能随转笼一起匀速率转动必然受到笼壁的法向力 $\boldsymbol{N}$，在竖直方向物体除受重力外，还因为相对转笼有下落趋势，故受静摩擦力 $\boldsymbol{f}$ 作用，其方向竖直向上。

根据牛顿第二定律 $N = mR\omega^2, f - mg = 0$

静摩擦力满足的关系为 $f \leqslant f_{\max} = \mu_0 N$

上述方程联立求解，可得 $\omega \geqslant \sqrt{\dfrac{g}{\mu_0 R}}$

ω 的最小值为 $\omega_{\min} = \sqrt{\dfrac{g}{\mu_0 R}} = \sqrt{\dfrac{9.8}{0.2 \times 0.49}} = 10\text{rad/s}^2$

第三节 非惯性系与惯性力

一、非惯性系

假设一个苹果放置于火车车厢里的光滑桌面上，当火车以加速度 $\boldsymbol{a}$ 加速前进时，坐在车厢里的乘客会观察到，苹果以加速度 $\boldsymbol{a}$ 向后运动。而在地面上的观察者看来，苹果是静止的。对地面观察者来说，苹果受到的合力为零，所以保持静止，这符合牛顿运动定律。可

是对车上的乘客来说，苹果受到合力也为零，但是却存在加速度，这显然违反了牛顿运动定律。也就是说，牛顿运动定律并不是所有参考系中都适用。

我们把牛顿运动定律成立的参考系称为惯性系，而把牛顿运动定律不适用的参考系称为非惯性系。常见的惯性系有太阳参考系、恒星参考系、地面参考系。可以证明，那些和地面相对静止或匀速直线运动的物体也都是惯性系。反之，与地面相比具有加速度的参考系就是非惯性系，比如加速运动的火车、游乐场中的旋转木马、正在加速上升或下降的电梯等。

二、惯性力

现实物理问题当中，不可避免会遇到一些非惯性参考系，此时牛顿运动定律不可以直接应用，那么怎样才能解决非惯性系中物体的受力与运动规律之间的关系呢？

习惯上，在非惯性系中仍可以借助牛顿运动定律求解物体运动，但需引进适当的虚拟力，我们把这种力叫**惯性力**。

假设参考系 S'以加速度$\boldsymbol{a}_0$相对惯性参考系 S 加速运动。测得某质点相对参考系 S'的加速度为$\boldsymbol{a}'$，而相对惯性系 S 的加速度为$\boldsymbol{a}$。为了在 S'系中运用牛顿定律，必须认为质点除受真实力$\boldsymbol{F}$的作用外，还受一虚拟的力的作用，由于这种作用是惯性引起的，所以叫惯性力，用$\boldsymbol{F}_i$表示。即质点所受实际的力为

$$\boldsymbol{F}+\boldsymbol{F}_i=m\boldsymbol{a}'$$

其中惯性力

$$\boldsymbol{F}_i=m\boldsymbol{a}'-\boldsymbol{F}=m\boldsymbol{a}'-m\boldsymbol{a}$$

又因为 S'系相对 S 系加速度为 $\boldsymbol{a}_0$，根据相对运动加速度关系有

$$\boldsymbol{a}=\boldsymbol{a}'+\boldsymbol{a}_0$$

所以

$$\boldsymbol{F}_i=-m\boldsymbol{a}_0 \tag{2.13}$$

这里要特别注意，惯性力与真实力是有区别的，惯性力是由非惯性参考系的性质特点所决定的，没有具体的施力者，也不存在反作用力。凡是在非惯性系中的质点，全部都受惯性力的作用。惯性力虽然是“虚拟出来的力”，但所产生的物理效果是真实的，可以由仪器测出。如果适当地选择参考系，即选择惯性系作为参考研究问题，惯性力即可消除。

【例 2-3】 如图 2-3 所示，电梯内固定一倾角为 α 的光滑斜面，当电梯以加速度 $\boldsymbol{a}_1$ 匀加速下降时，质量为 m 的物体从斜面的顶点沿斜面开始下滑，若斜面长为 l，则物体相对电梯的加速度 $\boldsymbol{a}$ 的值是多少？物体从斜面顶点滑到底部需要时间 t 为多少？

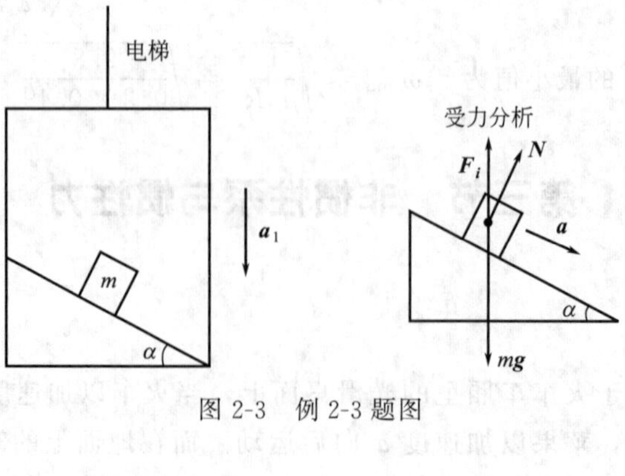

图 2-3 例 2-3 题图

【解】 以电梯为参考系，由于电梯相对地面以加速度 $\boldsymbol{a}_1$ 下降，所以电梯是一个非惯性系，物体在斜面上除受到重力 mg 和支持力 N 之外还受到惯性力 $\boldsymbol{F}_i$，在这三个力的作用下物体沿斜面以加速度 $\boldsymbol{a}$ 匀加速下滑。物体所受惯性力为

$$F_i = ma_1 \quad \text{方向向上}$$

以电梯为参考系，对物体进行受力分析：

垂直斜面方向上 $\qquad (mg - F_i)\cos\alpha = N$

沿斜面方向上 $\qquad (mg - F_i)\sin\alpha = ma$

$$(mg - ma_1)\sin\alpha = ma$$

所以 $\qquad a = (g - a_1)\sin\alpha$

根据匀加速直线运动公式 $\quad l = \frac{1}{2}at^2$ 可得

$$t = \sqrt{\frac{2l}{a}} = \sqrt{\frac{2l}{(g - a_1)\sin\alpha}}$$

此题中选定了电梯这个非惯性系为参考系进行求解，引入惯性力进行辅助分析。如果以地面为参考系，对斜面上的物体进行受力分析，也是可以求解的，同学可以自行分析解答。也就是说，参考系的选择是有灵活性的，对于相关非惯性系的物理问题可以具体问题具体分析，选择更为合适的参考系才能使问题简化。

练习题

选择题

2-1 如图 2-4 所示，质量相等的两物体 A 和 B，分别固定在弹簧的两端，竖直放在光滑水平面 C 上（弹簧的质量忽略不计），若把支持面 C 迅速移走，则在移开的一瞬间（　　）。

(A) $a_A = g, a_B = g$ (B) $a_A = 0, a_B = g$

(C) $a_A = g, a_B = 0$ (D) $a_A = 0, a_B = 2g$

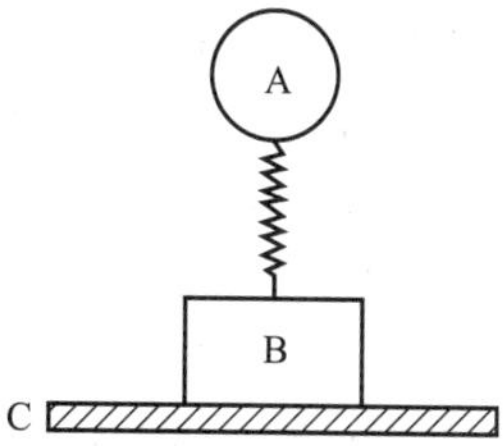

图 2-4 2-1 题图

2-2 如图 2-5 所示，质量为 m 的小球被竖直木板挡在光滑的斜面上，若把木板迅速拿开，则瞬间小球获得的加速度为（　　）。

(A) $g\sin\theta$ (B) $g\cos\theta$ 833 8 A 2 3 0

(C) $g/\sin\theta$ (D) $g/\cos\theta$ 833 8 A 2 3 0

2-3 如图 2-6 所示，质量为 M 的小球，放在光滑的木板和光滑的墙壁之间，并保持平衡。设木板和墙壁之间的夹角为 θ，当 θ 增大时，小球对木板的压力将（　　）。

(A) 增加 (B) 减少 (C) 不变 (D) 先是增加，后又减少，压力增减的分界角为 $\theta = 45°$

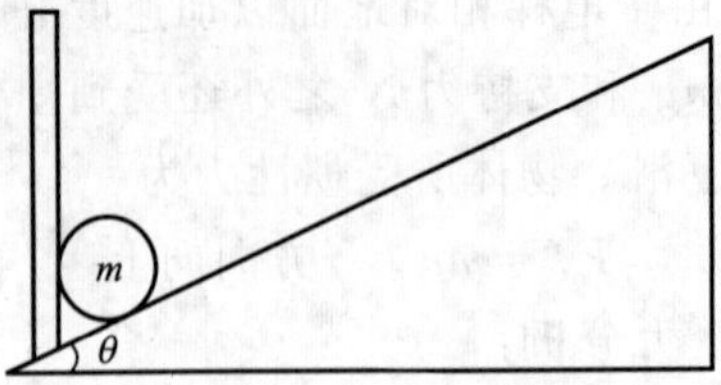

图 2-5　2-2 题图

2-4　如图 2-7 所示，竖立的圆筒形转笼，半径为 R，绕中心轴 OO' 转动，物块 B 紧靠在圆筒的内壁上，物块与圆筒间的摩擦系数为 μ，要使物块 B 不下落，圆筒的角速度 ω 至少应为（　　）。

(A) $\sqrt{\mu g}$　　(B) $\sqrt{g/(\mu R)}$　　(C) $\sqrt{\mu g/R}$　　(D) $\sqrt{g/R}$

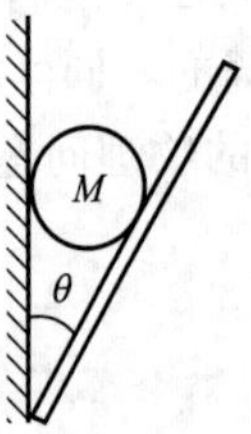

图 2-6　2-3 题图

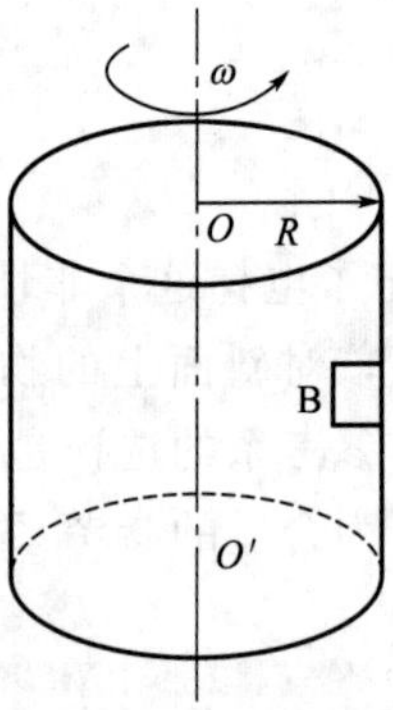

图 2-7　2-4 题图

2-5　体重、身高相同的甲乙两人，分别用双手握住无摩擦轻滑轮的绳子各一端。他们由初速度为零向上爬，经过一定时间，甲相对绳子的速率是乙相对绳子速率的三倍，则到达顶点的情况是（　　）。

(A) 甲先到达　　(B) 乙先到达

(C) 同时到达　　(D) 谁先到达不能确定

2-6　一圆锥摆的摆球在一水平面内作匀速圆周运动。细悬线长为 L，与竖直方向夹角为 θ，线的张力的大小为 T，小球的质量为 m，忽略空气阻力，则下述结论中正确的是（　　）。

(A) $T\cos\theta=mg$　　(B) 小球动量不变

(C) $T\sin\theta=mv^2/L$　　(D) $T=mv^2/L$

填空题

2-7　如图 2-8 所示，质量为 m 的钢球 A 自半径为 R 的光滑半圆形碗口处下滑。当 A 滑到碗内某处时其速率为 v，则这时钢球对碗壁的压力值为________。

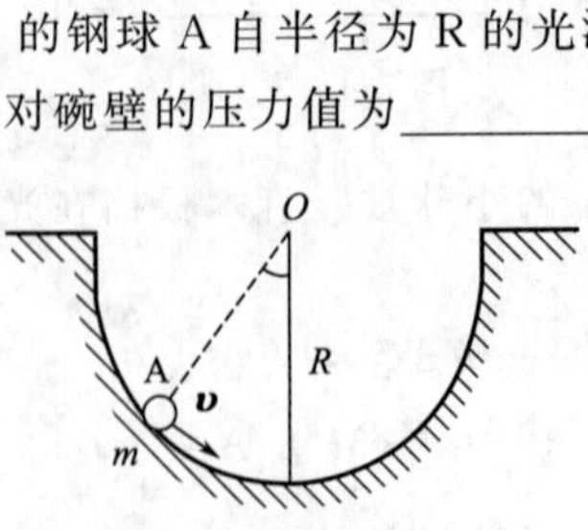

图 2-8　2-7 题图

2-8　如图 2-9 所示，滑轮、绳子质量忽略不计，忽略一切摩擦阻力，物体 A 的质量 m_1 大于物体 B 的质量 m_2。在 A、B 运动过程中弹簧秤的读数是________。

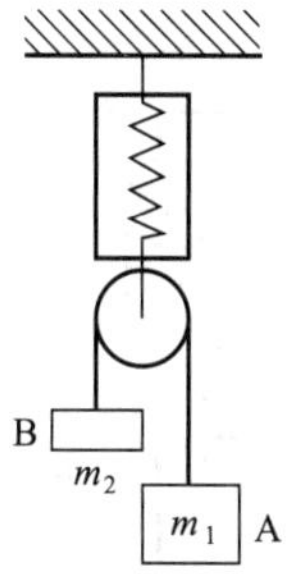

图 2-9 2-8 题图

2-9 如图 2-10 所示，质量为 m 的小球用轻绳 AB、BC 连接，剪断 AB 前后的瞬间，绳 BC 中的张力值的比 $T:T'=$________。

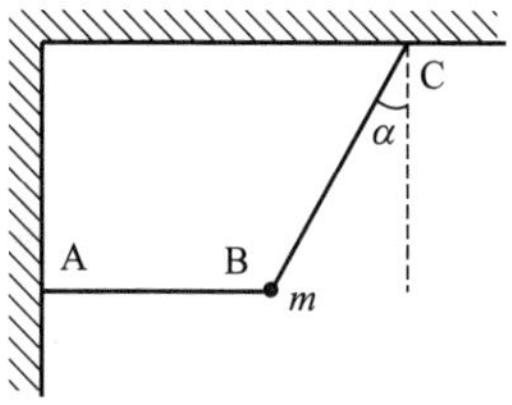

图 2-10 2-9 题图

计算题

2-10 如图 2-11 所示，一小珠可以在半径为 R 的铅直圆环上作无摩擦滑动，今使圆环以角速度 ω 绕圆环竖直直径转动，要使小珠离开环的底部而停在环上某一点，则角速度 ω 最小应为多少？

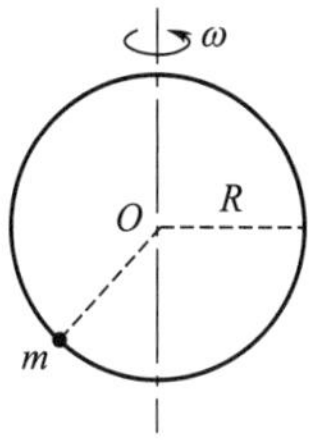

图 2-11 2-10 题图

2-11 如图 2-12 所示，质量为 M 的光滑斜面置于水平光滑桌面上，另一质量为 m 的木块放在斜面上。试求斜面对地的加速度以及 m 对 M 的加速度大小各为多少？

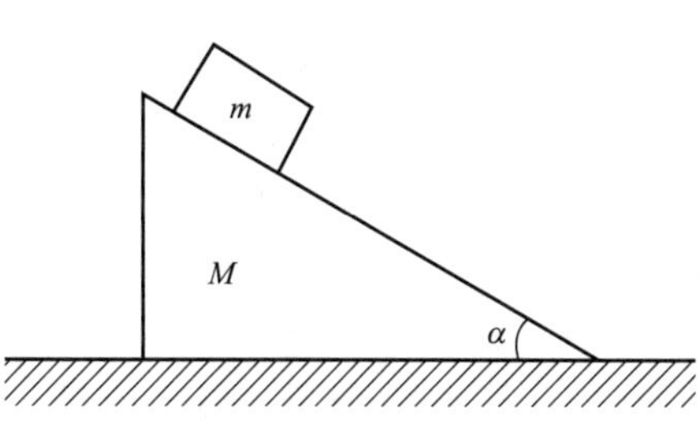

图 2-12 2-11 题图

2-12 如图 2-13 所示 A 为定滑轮，B 为动滑轮，三个物体质量 $m_1=2\text{kg}$，$m_2=1\text{kg}$，$m_3=0.5\text{kg}$，重力加速度为 g，滑轮及绳的质量以及摩擦均忽略不计。求：

(1) 三个物体 m_1，m_2，m_3 加速度的大小；

(2) 两根绳子的张力的大小 T_1 与 T_2。

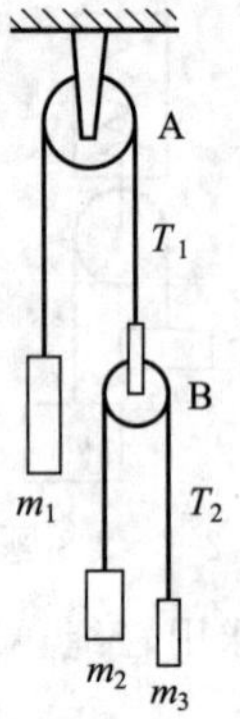

图 2-13　2-12 题图

思考题

2-13　在惯性系中质点所受合力为零，但质点不一定静止，对否？

2-14　对牛顿第二定律的表述，$\boldsymbol{F}=\dfrac{\mathrm{d}\,\boldsymbol{p}}{\mathrm{d}t}$与$\boldsymbol{F}=m\,\boldsymbol{a}$的适用范围相同么？有什么区别？

2-15　惯性力的大小和方向由什么决定？有没有反作用力？

第三章

力学定理与守恒定律

牛顿第二定律表明质点运动状态的变化与所受外界作用的瞬时关系，也可以用别的方式表述质点运动状态的变化与外界作用的关系，本章就具体探讨了力对时间的累积效应的规律及力对空间的累积效应的规律。

第一节　动量定理和动量守恒定律

一、质点的动量定理

由$\boldsymbol{F}=\frac{\mathrm{d}\boldsymbol{P}}{\mathrm{d}t}$可得 $\mathrm{d}\boldsymbol{P}=\boldsymbol{F}\mathrm{d}t$，两端对 t 积分，并设 t_1 到 t_2 的时间内质点的动量从$\boldsymbol{P}_1$变为$\boldsymbol{P}_2$，则力在这段时间内的积累效应为

$$\int_{t_1}^{t_2}\boldsymbol{F}\mathrm{d}t=\int_{\boldsymbol{P}_1}^{\boldsymbol{P}_2}\mathrm{d}\boldsymbol{P}=\boldsymbol{P}_2-\boldsymbol{P}_1 \tag{3.1}$$

称$\int_{t_1}^{t_2}\boldsymbol{F}\mathrm{d}t$ 为力$\boldsymbol{F}$ 在 t_1 到 t_2 的时间内对质点的冲量，记为$\boldsymbol{I}$，则

$$\boldsymbol{I}=\int_{t_1}^{t_2}\boldsymbol{F}\mathrm{d}t \tag{3.2}$$

冲量是矢量，方向取决于作用时间内力$\boldsymbol{F}$的变化情况，故冲量是过程量。在国际单位制中，冲量的单位是牛•秒，符号为 N•s。

由式（3.1）和式（3.2）得

$$\boldsymbol{I}=\boldsymbol{P}_2-\boldsymbol{P}_1=m\boldsymbol{v}_2-m\boldsymbol{v}_1 \tag{3.3}$$

在运动过程中，作用于质点的合力在一段时间内的冲量等于质点动量的增量，称为**动量定理**。

式（3-3）是矢量方程。处理具体问题时，常使用它的分量式

$$\begin{cases} I_x = \int_{t_1}^{t_2} F_x \mathrm{d}t = mv_{2x} - mv_{1x} \\ I_y = \int_{t_1}^{t_2} F_y \mathrm{d}t = mv_{2y} - mv_{1y} \\ I_z = \int_{t_1}^{t_2} F_z \mathrm{d}t = mv_{2z} - mv_{1z} \end{cases} \tag{3.4}$$

F_x, F_y, F_z 通常为变力，可用平均力表示，即

$$\begin{cases} \bar{F}_x = \dfrac{1}{t_2 - t_1}\int_{t_1}^{t_2} F_x \mathrm{d}t \\ \bar{F}_y = \dfrac{1}{t_2 - t_1}\int_{t_1}^{t_2} F_y \mathrm{d}t \\ \bar{F}_z = \dfrac{1}{t_2 - t_1}\int_{t_1}^{t_2} F_z \mathrm{d}t \end{cases}$$

或

$$\begin{cases} I_x = \overline{F}_x (t_2 - t_1) = \int_{t_1}^{t_2} F_x \mathrm{d}t \\ I_y = \overline{F}_y (t_2 - t_1) = \int_{t_1}^{t_2} F_y \mathrm{d}t \\ I_z = \overline{F}_z (t_2 - t_1) = \int_{t_1}^{t_2} F_z \mathrm{d}t \end{cases} \tag{3.5}$$

$\bar{F}_x, \bar{F}_y, \bar{F}_z$ 是在 t_1 到 t_2 的时间内 F_x, F_y, F_z 平均值。

打击、碰撞等实际问题中，物体相互作用的时间很短，力却很大，这种力称为冲力。冲力的方向一般不变，但大小很难测定，不易求出各个时刻的瞬时值，通常用平均力来表示。

【例 3-1】 如图 3-1 所示，质量 $m=0.15\mathrm{kg}$ 的小球以 $v_0=10\mathrm{m/s}$ 的速度射向光滑地面，入射角 $\theta_1=30°$，然后沿 $\theta_2=60°$的反射角方向弹出。设碰撞时间 $\Delta t=0.01\mathrm{s}$，计算小球对地面的平均冲力。

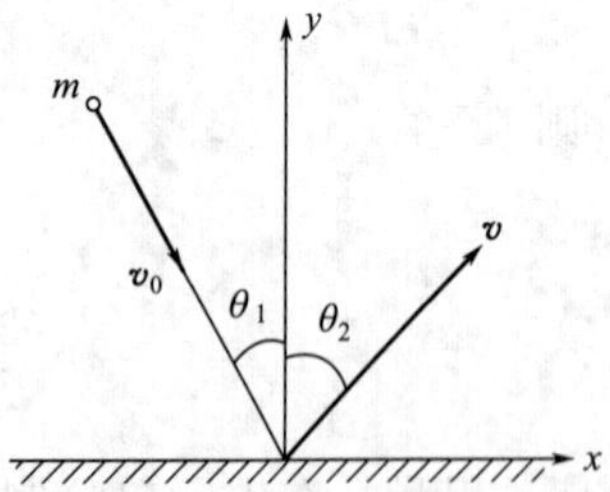

图 3-1 例 3-1 题图

【解】 因为地面光滑，地面对小球的冲力沿法线方向竖直向上，水平方向小球不受作用力，设地面对小球的平均冲力 $\bar{F}$，碰后小球速度为v。建立坐标如图 3-1，根据质点的动量定理有

$$I_x = 0 = mv\sin\theta_2 - mv_0\sin\theta_1$$

$$I_y = (\bar{F} - mg)\Delta t = mv\cos\theta_2 - (-mv_0\cos\theta_1)$$

由此得

$$v = v_0\frac{\sin\theta_1}{\sin\theta_2}$$

$$\bar{F} = \frac{mv_0\sin(\theta_1+\theta_2)}{\Delta t\sin\theta_2} + mg$$

代入数据，得

$$\bar{F} = \frac{0.15\times 10}{0.01\times\dfrac{\sqrt{3}}{2}} + 0.15\times 9.8 = 175(\mathrm{N})$$

小球对地面的平均冲力就是 $\bar{F}$ 的反作用力，与 $\bar{F}$ 大小相等，方向相反，即沿法线方向竖直向下。在本题中考虑了重力的作用，事实上重力 $mg=0.15\times9.8=1.47\text{N}$，不到 $\bar{F}$ 的 1%，因此完全可以忽略不计。

二、 质点系的动量定理

质点的动量定理描述的是一个质点在运动中动量的变化规律。实际问题中，常遇到由许多质点组成的系统，即质点系的运动问题。设一个由 n 个质点组成的质点系，在一般情况下，任意一个质点 i 受力可写为 $\boldsymbol{F}_i+\boldsymbol{f}_i$，其中，$\boldsymbol{F}_i$ 表示该质点受到的外力作用，$\boldsymbol{f}_i=\sum_{j=1}^{n}\boldsymbol{f}_{ij}(i\neq j)$ 表示该质点受到的系统内其他质点的作用，对该质点应用牛顿第二定律，有

$$\boldsymbol{F}_i+\boldsymbol{f}_i=\frac{\mathrm{d}(m_i\boldsymbol{v}_i)}{\mathrm{d}t}$$

对系统内所有质点求和，有

$$\sum_{i=1}^{n}\boldsymbol{F}_i+\sum_{i=1}^{n}\sum_{j=1}^{n}\boldsymbol{f}_{ij}=\sum_{i=1}^{n}\frac{\mathrm{d}(m_i\boldsymbol{v}_i)}{\mathrm{d}t}=\frac{\mathrm{d}}{\mathrm{d}t}\sum_{i=1}^{n}(m_i\boldsymbol{v}_i)$$

因内力是质点间相互作用力，根据牛顿第三定律，作用力与反作用力大小相等、方向相反，所以系统内力的矢量和等于零，即

$$\sum_{i=1}^{n}\sum_{j=1}^{n}\boldsymbol{f}_{ij}=0$$

故有

$$\sum_{i=1}^{n}\boldsymbol{F}_i=\frac{\mathrm{d}}{\mathrm{d}t}\sum_{i=1}^{n}(m_i\boldsymbol{v}_i) \tag{3.6}$$

可表示为

$$\boldsymbol{I}=\int_{t_1}^{t_2}\boldsymbol{F}\mathrm{d}t=\int_{\boldsymbol{P}_1}^{\boldsymbol{P}_2}\mathrm{d}\boldsymbol{P}=\boldsymbol{P}_2-\boldsymbol{P}_1 \tag{3.7}$$

$\boldsymbol{I}$ 为质点系的合外力在这段时间里的冲量，$\boldsymbol{P}_1$，$\boldsymbol{P}_2$ 分别表示质点系在初时刻和末时刻的总动量。表明在一个过程中，质点系动量的增量等于合外力的冲量，称为**质点系动量定理**。可见，系统总动量随时间的变化完全是外力作用的结果，系统的内力不会引起系统总动量的改变。

三、 动量守恒定律

由式（3.6），若质点系所受外力的矢量和为零，即

$$\sum_{i=1}^{n}\boldsymbol{F}_i=0$$

则

$$\sum_{i=1}^{n}(m_i\boldsymbol{v}_i)=\text{常矢量} \tag{3.8}$$

可见，如果一个质点系不受外力或合外力为零，则质点系的总动量保持不变，称为**动量守恒定律**。动量守恒定律是自然界最普遍的规律之一，不但适用于经典力学，也适用于高速与微观的情况。

【注意】 （1）质点系动量守恒的条件是 $\sum_{i=1}^{n}\boldsymbol{F}_i=0$，即系统所受外力的矢量和在整个过

程中始终为零。动量守恒是指质点系内所有质点的动量的矢量和不变，但系统内各个质点通过内力作用可以传递或交换动量，往往要运用动量守恒定律来求某个质点的动量。

(2) 动量守恒式 (3.8) 是矢量式，在处理具体问题时通常使用分量式。

$$\begin{cases}当\sum_{i=1}^{n}F_{ix}=0\text{ 时，}\sum_{i=1}^{n}(m_i v_{ix})=常量\\ 当\sum_{i=1}^{n}F_{iy}=0\text{ 时，}\sum_{i=1}^{n}(m_i v_{iy})=常量\\ 当\sum_{i=1}^{n}F_{iz}=0\text{ 时，}\sum_{i=1}^{n}(m_i v_{iz})=常量\end{cases}\tag{3.9}$$

可见，有时虽然质点系所受外力的矢量和不等于零，但可适当选择坐标轴，使合外力的矢量和在某方向上的分量等于零，那么动量在该方向上的分量守恒。

(3) 动量具有相对性，与惯性系选取有关，因此在计算系统动量时，各质点动量必须取同一个惯性系。动量还具有瞬时性，只要满足守恒条件，就不必知道系统内部质点间相互作用的细节，只需注意始末态的动量即可。

(4) 在打击、碰撞、爆炸等实际问题中，外力远远小于内力，因而外力可以忽略不计，守恒条件近似成立，仍然可应用动量守恒定律解决问题。

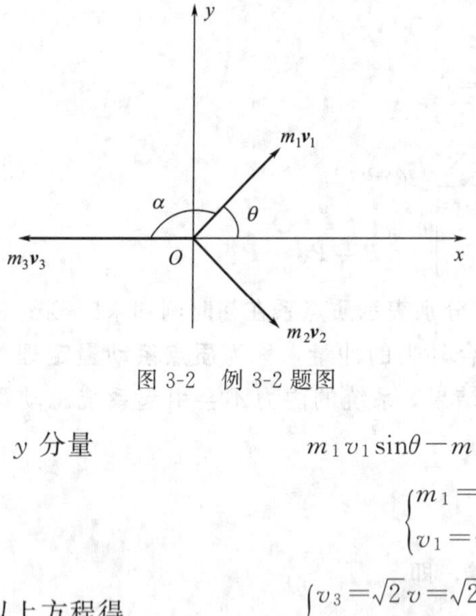

图 3-2 例 3-2 题图

【例 3-2】 如图 3-2 所示，质量为 m 的水银球，竖直地落到光滑的水平桌面上，分成质量相等的三等份，沿桌面运动。其中两等份的速度分别为$\boldsymbol{v}_1$，$\boldsymbol{v}_2$，大小都为 0.30m/s。相互垂直地分开，试求第三等份的速度。

【解】 小球 m 只受向下的重力和向上的桌面施加的正压力，即在水平方向不受力，故水平方向动量守恒。在水平面上选取坐标如图，设 $\boldsymbol{v}_1$ 与 x 轴成 θ 角，$\boldsymbol{v}_3$ 与 $\boldsymbol{v}_1$ 成 α 角，有 x 分量

$$m_1 v_1\cos\theta+m_2 v_2\cos(90°-\theta)-m_3 v_3=0$$

y 分量

$$m_1 v_1\sin\theta-m_2 v_2\sin(90°-\theta)=0$$

$$\begin{cases}m_1=m_2=m_3\\ v_1=v_2=0.30\text{m/s}\end{cases}$$

解以上方程得

$$\begin{cases}v_3=\sqrt{2}v=\sqrt{2}\times0.30=0.42\text{m/s}\\ \theta=45°\text{或}\alpha=135°\text{（即与}\boldsymbol{v}_1\text{成 }135°\text{）}\end{cases}$$

所以第三等份的速率是 0.42m/s，与$\boldsymbol{v}_1$成 135°角。

第二节 机械能和功

一、 功

1. 恒力的功

如图 3-3 所示，设恒力 $\boldsymbol{F}$ 作用在一个质点上，当质点沿直线运动且有位移 $\Delta\boldsymbol{r}$ 时，则功

定义为力在质点位移方向的分量与位移大小的乘积。即

$$A = F\cos\theta \cdot \Delta r = \boldsymbol{F} \cdot \Delta \boldsymbol{r} \tag{3.10}$$

式中 θ 是$\boldsymbol{F}$与 $\Delta \boldsymbol{r}$之间的夹角。

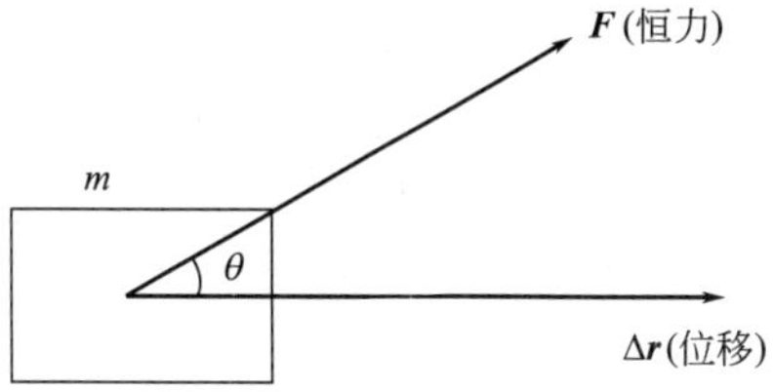

图 3-3　恒力的功

当 $0 \leqslant \theta < \frac{\pi}{2}$时，$A>0$，力$\boldsymbol{F}$对质点做正功，如重力对下落的物体做正功；当 $\theta = \frac{\pi}{2}$时，$A=0$，力 $\boldsymbol{F}$ 对质点不做功，如重力对水平方向运动的物体不做功；当$\frac{\pi}{2} < \theta \leqslant \pi$ 时，$A<0$，力$\boldsymbol{F}$对质点做负功，或质点反抗力 $\boldsymbol{F}$ 而做功，如摩擦阻力对运动物体做负功。功是标量，单位为焦耳，符号为 J。

2. 变力的功

若力为变力、质点运动轨迹为曲线，则不能直接应用式（3.10）来计算功，这时可将总位移分解成很多微小的位移元 d$\boldsymbol{r}$，如图 3-4 所示。每个位移元内，认为$\boldsymbol{F}$是恒定的，轨迹也看成是一段直线。这样，可应用式（3.10）来计算力在该位移元内的功，称为元功，表示为

$$\mathrm{d}A = \boldsymbol{F} \cdot \mathrm{d}\boldsymbol{r} = F\cos\theta \cdot \mathrm{d}r \tag{3.11}$$

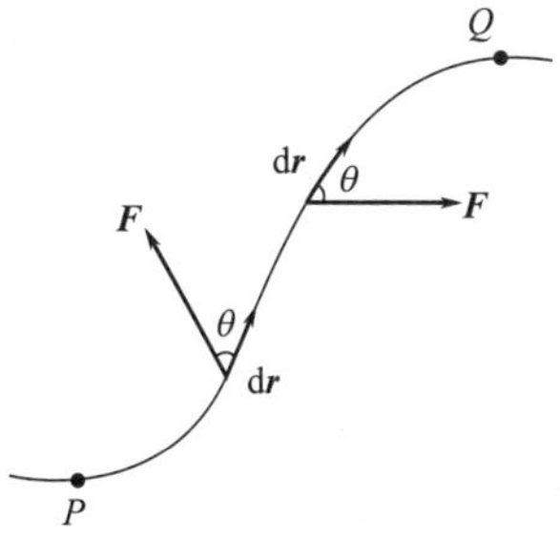

图 3-4　变力的功

式中，θ 是 d$\boldsymbol{r}$与$\boldsymbol{F}$之间的夹角，设质点沿如图 3-4 的轨道运动，在质点从点 P 到达点 Q 的过程中，总功表示为

$$A = \int_P^Q \mathrm{d}A = \int_P^Q \boldsymbol{F} \cdot \mathrm{d}\boldsymbol{r} = \int_P^Q F\cos\theta\,\mathrm{d}r \tag{3.12}$$

上式表明，力的功可看成是力对空间的积累。

一般$\boldsymbol{F}$是作用于质点的合力，即

$$\boldsymbol{F} = \boldsymbol{F}_1 + \boldsymbol{F}_2 + \cdots + \boldsymbol{F}_n = \sum_{i=1}^{n} \boldsymbol{F}_i$$

代入功的表达式，得

$$\begin{aligned} A &= \int_P^Q \boldsymbol{F} \cdot \mathrm{d}\boldsymbol{r} = \int_P^Q (\boldsymbol{F}_1 + \boldsymbol{F}_2 + \cdots + \boldsymbol{F}_n) \cdot \mathrm{d}\boldsymbol{r} \\ &= \int_P^Q \boldsymbol{F}_1 \cdot \mathrm{d}\boldsymbol{r} + \int_P^Q \boldsymbol{F}_2 \cdot \mathrm{d}\boldsymbol{r} + \cdots + \int_P^Q \boldsymbol{F}_n \cdot \mathrm{d}\boldsymbol{r} \\ &= A_1 + A_2 + \cdots + A_n \end{aligned} \tag{3.13}$$

上式表明，合力对某质点所做的功，等于在同一过程中各分力所做功的代数和。

直角坐标系中，合力$\boldsymbol{F}$可写为

$$\boldsymbol{F} = F_x \boldsymbol{i} + F_y \boldsymbol{j} + F_z \boldsymbol{k}$$

位移元 d$\boldsymbol{r}$可写为

$$\mathrm{d}\boldsymbol{r} = \mathrm{d}x\,\boldsymbol{i} + \mathrm{d}y\,\boldsymbol{j} + \mathrm{d}z\,\boldsymbol{k}$$

同时代入功的表达式，得常用计算式

$$A = \int_P^Q \boldsymbol{F} \cdot \mathrm{d}\boldsymbol{r} = \int_P^Q (F_x\,\mathrm{d}x + F_y\,\mathrm{d}y + F_z\,\mathrm{d}z) \tag{3.14}$$

上式表明，合力所做的功等于其直角分量所做功的代数和。

【例 3-3】 一绳长为 l，小球质量为 m 的单摆竖直悬挂，在水平力$\boldsymbol{F}$的作用下，小球由静止极其缓慢地移动，直至绳与竖直方向的夹角为 θ，如图 3-5 所示。求力$\boldsymbol{F}$做的功。

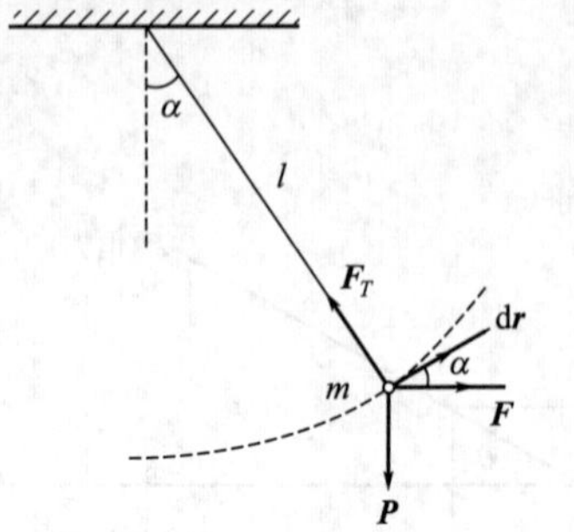

图 3-5　例 3-3 题图

【解】 选小球为研究对象，受到三个力的作用，即水平力$\boldsymbol{F}$、重力 $\boldsymbol{p}=m\boldsymbol{g}$、拉力$\boldsymbol{F}_T$，因小球极其缓慢地移动，可近似认为其加速度为零，所受合力为零，即有$\boldsymbol{F}+\boldsymbol{P}+\boldsymbol{F}_T=0$。图 3-5 为小球移动过程中绳与竖直方向成任意角 α 时的示力图，由于合力的切向分量 $F\cos\alpha-mg\sin\alpha=0$，可得

$$F=mg\tan\alpha$$

设小球沿切线方向有一微小位移，有 $|\mathrm{d}\boldsymbol{r}|=l\mathrm{d}\alpha$，此时力$\boldsymbol{F}$做的元功为

$$\mathrm{d}A=\boldsymbol{F}\cdot\mathrm{d}\boldsymbol{r}=F|\mathrm{d}\boldsymbol{r}|\cos\alpha=F\cos\alpha l\,\mathrm{d}\alpha$$

则在整个过程中，力$\boldsymbol{F}$做的总功为

$$A=\int\boldsymbol{F}\cdot\mathrm{d}\boldsymbol{r}=\int F|\mathrm{d}\boldsymbol{r}|\cos\alpha=\int_0^\theta mg\tan\alpha\cos\alpha l\,\mathrm{d}\alpha$$
$$=mgl\int_0^\theta\sin\alpha\,\mathrm{d}\alpha=mgl(1-\cos\theta)$$

3. 功率

实际工作中，常用功率描述做功快慢。定义为单位时间内所完成的功，用 P 表示。

平均功率　设力在 Δt 时间内对物体做功为 ΔA，则

$$\overline{P}=\frac{\Delta A}{\Delta t} \tag{3.15}$$

瞬时功率
$$P=\frac{\mathrm{d}A}{\mathrm{d}t}=\frac{\boldsymbol{F}\cdot\mathrm{d}\boldsymbol{r}}{\mathrm{d}t}=\boldsymbol{F}\cdot\boldsymbol{v} \tag{3.16}$$

在国际单位制中，功率的单位是焦耳每秒，称为瓦特，用符号 W 表示。

二、 动能定理

1. 动能

由于物体运动而具有的一种能量，用 E_k表示。

$$E_\mathrm{k}=\frac{1}{2}mv^2 \tag{3.17}$$

式中，m 表示质点的质量；v 表示质点的速度大小。

2. 质点的动能定理

设质量为 m 的质点做曲线运动，从 a 点开始沿路径 acb 运动到 b 点，如图 3-6 所示，现推导在这一过程中，合力对质点所做的功。设质点在 a ,b 两点速度分别为 $\boldsymbol{v}_1$,$\boldsymbol{v}_2$，在 c 点受力为$\boldsymbol{F}$，位移为 $\mathrm{d}\boldsymbol{r}$，考虑切线方向，由牛顿定律有

$$F_\mathrm{t}=ma_\mathrm{t}$$

即
$$F\cos\alpha=m\frac{\mathrm{d}v}{\mathrm{d}t}$$

于是有
$$F\cos\alpha\,\mathrm{d}s=m\frac{\mathrm{d}v}{\mathrm{d}t}\mathrm{d}s$$

由于 $\frac{\mathrm{d}s}{\mathrm{d}t}=v$ ，所以上式可写为

$$\boldsymbol{F}\cdot\mathrm{d}\boldsymbol{r}=mv\mathrm{d}v$$

积分得 $\int_a^b \boldsymbol{F}\cdot\mathrm{d}\,\boldsymbol{r}=\int_{v_1}^{v_2} mv\mathrm{d}v=\frac{1}{2}mv_2^2-\frac{1}{2}mv_1^2$

可写成 $A=\frac{1}{2}mv_2^2-\frac{1}{2}mv_1^2=E_{kb}-E_{ka}$ (3.18)

上式表明，合外力对质点做的功等于质点动能的增量，称为**质点的动能定理**。可见，功是质点动能变化的量度，当合外力对质点做正功($A>0$)时，质点的动能增加，外力对质点所做的功转换为动能；当合外力对质点做负功（$A<0$）时，质点的动能减少，或者说质点反抗外力做功。

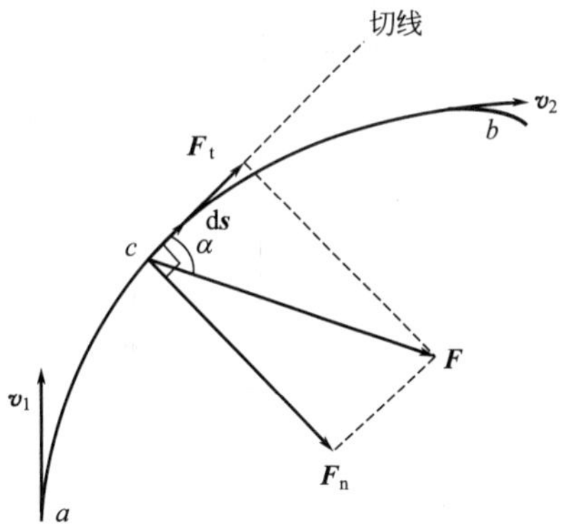

图 3-6 动能定理推导

3. 质点系的动能定理

设由 n 个质点组成的质点系，任意一个质点 i 除受到来自系统外的力 $\boldsymbol{F}_i$ 作用外，还受到系统内其他质点的作用 $\boldsymbol{f}_i=\sum_{j=1}^{n}\boldsymbol{f}_{ij}(i\neq j)$。因此，在讨论质点系的动能定理时，既要考虑外力的功，也要考虑内力的功。对系统中的第 i 个质点，外力做的功 $A_{外i}=\int \boldsymbol{F}_{外i}\cdot\mathrm{d}\,\boldsymbol{r}_i$，内力做的功 $A_{内i}=\int \boldsymbol{F}_{内i}\cdot\mathrm{d}\,\boldsymbol{r}_i$，质点的动能从 E_{ki1} 变化到 E_{ki2}，应用质点的动能定理

$$A_{外i}+A_{内i}=E_{ki2}-E_{ki1}$$

再对系统中所有质点求和，得

$$\sum_i A_{外i}+\sum_i A_{内i}=\sum_i E_{ki2}-\sum_i E_{ki1}$$

其中 $\sum_i A_{外i}$ 为所有外力对质点系做的功，称为系统外力的功，用 $A_{外}$ 表示；$\sum_i A_{内i}$ 为质点系内各质点间的内力做的功，称为系统内力的功，用 $A_{内}$ 表示；$\sum_i E_{ki2}$、$\sum_i E_{ki1}$ 分别为系统末态和初态的所有质点动能之和，用 E_{k2} 和 E_{k1} 表示。上式又可以表述为

$$A_{外}+A_{内}=E_{k2}-E_{k1} \tag{3.19}$$

所有外力与内力做功之和等于质点系动能的增量，该结论称**质点系动能定理**。可以看出，内力不改变系统的总动量，但内力的功可以改变系统的总动能。例如飞行中的炮弹发生爆炸，爆炸前后系统的动量是守恒的，但爆炸后各碎片的动能之和必定远远大于爆炸前炮弹的动能，这就是爆炸时内力（炸药的爆破力）做功的原因。

【例 3-4】 如图 3-7 所示，一链条长为 l，质量为 m，放在水平桌面上，链条一端下垂，下垂一端的长度为 a。假设链条与桌面之间的摩擦系数为 μ，令链条由静止开始下滑，求链条全部离开桌面时的速率。

【解】 建立如图 3-7 的坐标系，链条在逐渐增加的重力和逐渐减小的摩擦力作用下运动，设任意时刻悬挂着的一段链条长为 x，所受重力为

$$P=\frac{mg}{l}x$$

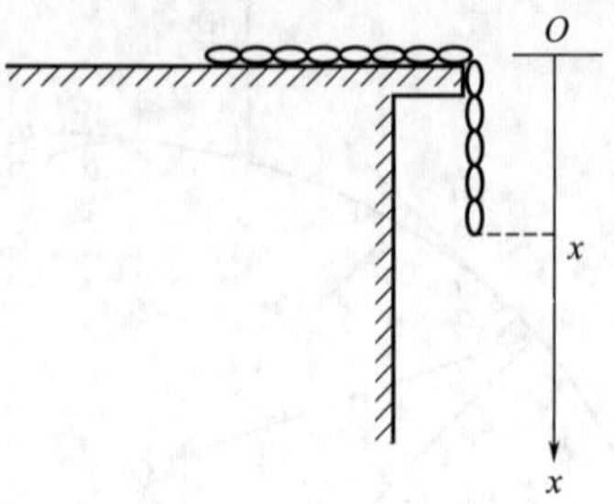

图 3-7　例 3-4 题图

所受摩擦力为 $f=-\frac{\mu mg}{l}(l-x)$

经过位移元 $\mathrm{d}x$，重力做的元功为

$$\mathrm{d}A_P=\frac{mg}{l}x\,\mathrm{d}x$$

摩擦力做的元功为

$$\mathrm{d}A_f=-\frac{\mu mg}{l}(l-x)\mathrm{d}x$$

当悬挂的长度由 a 变为 l（链条全部离开桌面）时，重力的功为

$$A_P=\int \mathrm{d}A_P=\int_a^l \frac{mg}{l}x\,\mathrm{d}x=\frac{mg}{2l}(l^2-a^2)$$

摩擦力的功为

$$A_f=\int \mathrm{d}A_f=\int_a^l -\frac{\mu mg}{l}(l-x)\mathrm{d}x=-\frac{\mu mg}{2l}(l-a)^2$$

根据动能定理，外力的功等于链条动能的增量，即

$$A_P+A_f=\frac{1}{2}mv^2-0$$

有

$$\frac{mg}{2l}(l^2-a^2)-\frac{\mu mg}{2l}(l-a)^2=\frac{1}{2}mv^2$$

得

$$v=\sqrt{\frac{g}{l}[(l^2-a^2)-\mu(l-a)^2]}$$

三、 保守力的功与势能

1. 万有引力的功

如图 3-8 所示，设质量为 m 物体在质量为 M 的静止物体的引力场中运动，沿某路径由 a 点运动到 b 点。取 M 为坐标原点，某时刻 m 对 M 的位矢为 $\boldsymbol{r}$，引力$\boldsymbol{F}$与$\boldsymbol{r}$方向相反。当 m 在引力作用下完成元位移 $\mathrm{d}\boldsymbol{r}$时，引力做的元功为

$$\mathrm{d}A=\boldsymbol{F}\cdot\mathrm{d}\boldsymbol{r}$$

在任一点 c 处，引力$\boldsymbol{F}$可写为

$$\boldsymbol{F}=-\frac{GmM}{r^3}\boldsymbol{r}$$

引力功为

$$A=\int_{r_a}^{r_b} -\frac{GmM}{r^3}\boldsymbol{r}\cdot\mathrm{d}\boldsymbol{r}$$

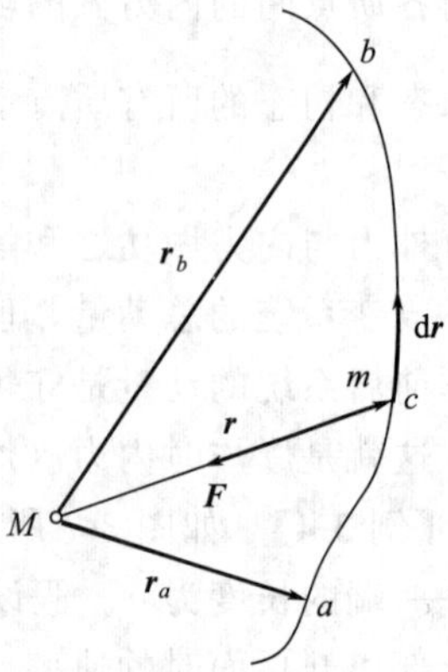

图 3-8　万有引力的功

由 $r^2=\boldsymbol{r}\cdot\boldsymbol{r}$，得 $2r\mathrm{d}r=\boldsymbol{r}\cdot\mathrm{d}\boldsymbol{r}+\mathrm{d}\boldsymbol{r}\cdot\boldsymbol{r}$，又因为$\boldsymbol{r}\cdot\mathrm{d}\boldsymbol{r}=\mathrm{d}\boldsymbol{r}\cdot\boldsymbol{r}$，可知$\boldsymbol{r}\cdot\mathrm{d}\boldsymbol{r}=r\mathrm{d}r$。则 m 由 a 点运动到 b 点的过程中，万有引力所做的功为

$$A=\int_{r_a}^{r_b} -\frac{GmM}{r^3}r\,\mathrm{d}r=-G\frac{Mm}{r_a}+G\frac{Mm}{r_b} \tag{3.20}$$

说明万有引力所做的功只与运动物体始末位置有关，而与运动物体所经过的路径无关。

2. 重力的功

如图 3-9 所示，质量为 m 的物体在重力作用下由 a 点（高度 h_a）经某一路径 acb 运动到 b 点（高度 h_b），在地面附近重力视为恒力，在任一点 c 处的元位移 $\mathrm{d}\boldsymbol{r}$ 中，重力做的元功为

$$\mathrm{d}A=\boldsymbol{P}\cdot\mathrm{d}\boldsymbol{r}=mg\cos\theta\,\mathrm{d}r=-mg\,\mathrm{d}h$$

这样从 a 点到达 b 点重力做的功为

$$A=\int\mathrm{d}A=\int_{h_a}^{h_b}-mg\,\mathrm{d}h=mgh_a-mgh_b \tag{3.21}$$

物体上升时（$h_b>h_a$），重力做负功（$A<0$）；物体下降时（$h_b<h_a$），重力做正功（$A>0$）。

说明重力所做的功只与运动物体始末位置有关，而与运动物体所经过的路径无关。

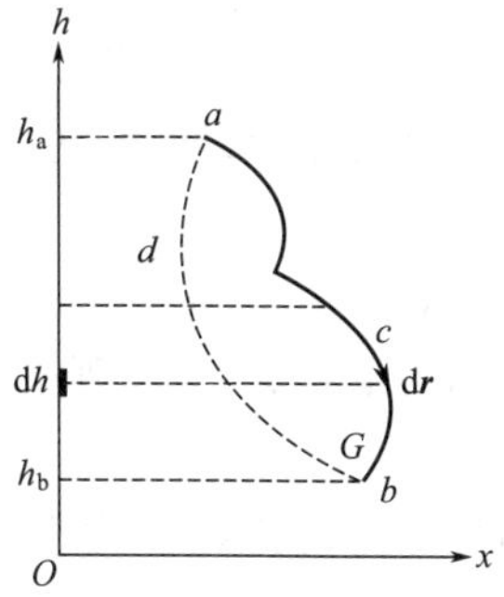

图 3-9 重力的功

3. 弹性力的功

如图 3-10 所示，设有一劲度系数为 k 的轻弹簧放在水平桌面上，弹簧一端固定，另一端与质量为 m 的物体连接。取弹簧原长处为坐标原点，建立坐标系。则物体偏离平衡位置为 x 时，受弹力 $F=-kx$。弹性力在物体发生元位移 $\mathrm{d}x$ 时做的元功为

$$\mathrm{d}A=F\,\mathrm{d}x=-kx\,\mathrm{d}x$$

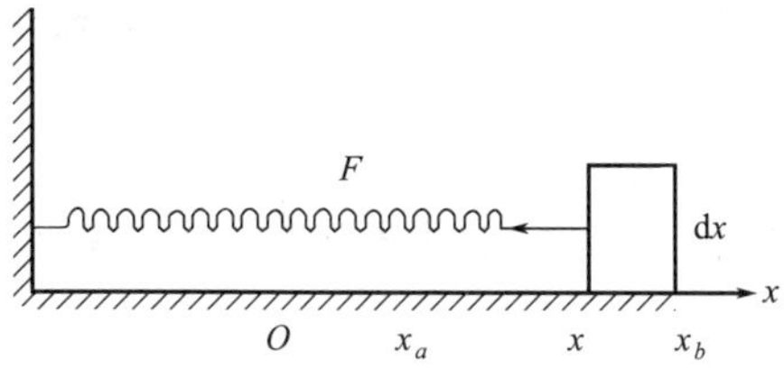

图 3-10 弹力的功

这样当物体从初态位置 x_a 运动到末态位置 x_b 的过程中，弹性力做的功为

$$A=\int\mathrm{d}A=\int_{x_a}^{x_b}-kx\,\mathrm{d}x=\frac{1}{2}kx_a^2-\frac{1}{2}kx_b^2 \tag{3.22}$$

说明弹性力所做的功也只与运动物体始末位置有关，而与运动物体所经过的路径无关。

重力、弹性力、万有引力做功均由始末位置决定，而与物体所经路径无关，具有这种特点的力称为保守力，可等效地说，保守力沿任一闭合路径做功等于零，表示为

$$\oint\boldsymbol{F}\cdot\mathrm{d}\boldsymbol{l}=0 \tag{3.23}$$

如果力$\boldsymbol{F}$做功与路径有关，则称为非保守力。摩擦力是典型的非保守力。

4. 势能

由式（3.20）～式（3.22）可看出，保守力做功改变的是与系统相对位置有关的一种能量。这种与系统相对位置有关的能量定义为系统的势能，用 E_p表示。保守力做功等于势能函数在始末两点的差值

$$A_{ab}=\int_a^b\boldsymbol{F}\cdot\mathrm{d}\boldsymbol{r}=E_{\mathrm{pa}}-E_{\mathrm{pb}}=-(E_{\mathrm{pb}}-E_{\mathrm{pa}}) \tag{3.24}$$

式中，E_{pa}，E_{pb} 分别是始末两点的势能。说明在系统由 a 变化到 b 的过程中，保守力做的功等于系统势能的减少（或势能增量的负值）。由于保守力的功实际上指的是系统的一对（或多对）内力做功，故势能应该是系统共有的能量，是一种相互作用能。为了确定系统任一位置的势能，需选择某一个位置的势能为零，该位置称为势能零点。

取无限远处为势能零点，万有引力势能可写为

$$E_\mathrm{p}=-G\frac{mM}{r} \tag{3.25}$$

取地面处为势能零点，重力势能可写为

$$E_p = mgh \tag{3.26}$$

取原长处为势能零点，弹性势能可写为

$$E_p = \frac{1}{2}kx^2 \tag{3.27}$$

四、 功能原理

现在来探讨系统的功能关系。首先看质点系的动能定理

$$A_{外} + A_{内} = E_{k2} - E_{k1}$$

若将内力分为保守内力和非保守内力，内力的功相应地分为保守内力的功 $A_{内保}$ 和非保守内力的功 $A_{内非}$。则系统内力的功为

$$A_{内} = A_{内保} + A_{内非}$$

而保守力的功等于系统势能的减少

$$A_{内保} = -(E_{p2} - E_{p1})$$

可得

$$A_{外} + A_{内非} = (E_{k2} + E_{p2}) - (E_{k1} + E_{p1}) = E_2 - E_1 = \Delta E \tag{3.28}$$

式中，$E = E_k + E_p$ 表示在任意状态下系统所有质点的动能与势能之和，为机械能。式(3.28) 表明，外力与非保守内力做功之和等于质点系机械能的增量，此规律称为**功能原理**。

五、 机械能守恒定律

根据功能原理可知，如果质点系只有保守内力做功，外力和非保守力不做功或者做功之和始终等于零，系统的机械能将保持不变，即

若 $$A_{外} + A_{内非} = 0$$

则 $$E_2 = E_1 = 常量$$

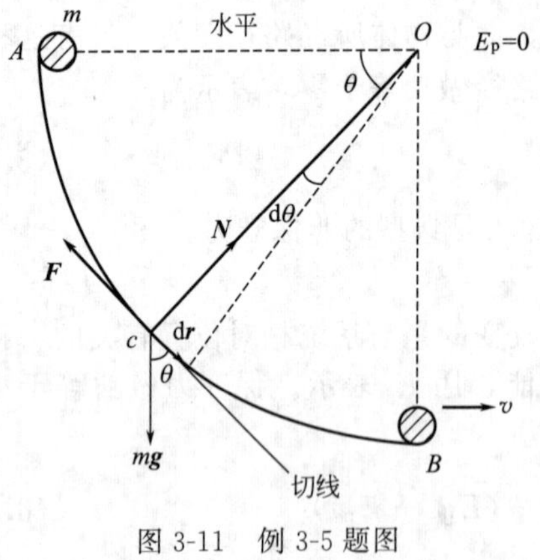

图 3-11　例 3-5 题图

这就是**机械能守恒定律**。对于只有保守内力做功的系统，系统的机械能是一守恒量。在机械能守恒的前提下，系统的动能和势能可以互相转化，系统各组成部分的能量可以互相转移，但它们的总和不会变化。

【例 3-5】 如图 3-11 所示，质量为 m 的物体，由静止开始沿四分之一圆槽从 A 点下滑到 B 点。在 B 处速率为 v，槽半径为 R。求 m 从 A 点下滑到 B 点过程中摩擦力做的功。

【解】 方法一：用功的定义式。

选物体为研究对象，受到三个力的作用，即重力 $\boldsymbol{P} = m\boldsymbol{g}$、正压力 $\boldsymbol{N}$、摩擦力 $\boldsymbol{F}$，m 在任一点 c 处，摩擦力做的元功为

$$\mathrm{d}A = \boldsymbol{F} \cdot \mathrm{d}\boldsymbol{r}$$

而在该处切线方向的牛顿第二定律方程为

$$mg\cos\theta - F = ma_t = m\frac{\mathrm{d}v}{\mathrm{d}t}$$

可得
$$F=-m\frac{\mathrm{d}v}{\mathrm{d}t}+mg\cos\theta$$
则 m 从 A 点下滑到 B 点过程中摩擦力做的功为
$$\begin{aligned}A&=\int_A^B \boldsymbol{F}\cdot\mathrm{d}\,\boldsymbol{r}\\&=-\int_A^B F\,\mathrm{d}s=-\int_A^B\left(mg\cos\theta-m\frac{\mathrm{d}v}{\mathrm{d}t}\right)\mathrm{d}s\\&=m\int_A^B\frac{\mathrm{d}v}{\mathrm{d}t}\mathrm{d}s-\int_A^B mg\cos\theta\,\mathrm{d}s\\&=m\int_0^v v\,\mathrm{d}v-\int_0^{\frac{\pi}{2}}mg\cos\theta R\,\mathrm{d}\theta\\&=\frac{1}{2}mv^2-mgR\end{aligned}$$

方法二：用质点动能定理。

选物体为研究对象，受到三个力的作用，即重力$\boldsymbol{P}$、正压力$\boldsymbol{N}$、摩擦力$\boldsymbol{F}$，由质点的动能定理得
$$A_P+A_N+A_F=\frac{1}{2}mv^2-0$$
在 m 从 A 点下滑到 B 点过程中正压力$\boldsymbol{N}$做功为零，重力$\boldsymbol{P}$做功为 mgR，则有
$$mgR+0+A_F=\frac{1}{2}mv^2$$
可求得
$$A_F=\frac{1}{2}mv^2-mgR$$

方法三：用功能原理。

取物体与地球为一系统，物体处于 A 点时为系统的初始状态，其机械能为
$$E_0=0$$
物体处于 B 点时为系统的末状态，其机械能为
$$E=\frac{1}{2}mv^2-mgR$$
由功能原理知
$$A_{外}+A_{内非}=\Delta E$$
因无非保守内力，故
$$A_{内非}=0$$

外力中，只有摩擦力做功（$\boldsymbol{N}$不做功，槽对地的力也不做功），故 $A_{外}=A_F$，所以有
$$A_F+0=\frac{1}{2}mv^2-mgR$$
即
$$A_F=\frac{1}{2}mv^2-mgR$$

【例 3-6】 劲度系数为 k 的轻弹簧下端固定在地面，上端连接一质量为 m 的木板，静止不动，如图 3-12 所示。一质量为 m_0的弹性小球从距木板 h 高度处以水平速度 $\boldsymbol{v}_0$平抛，落在木板上与木板弹性碰撞，设木板没有左右摆动，求碰后弹簧对地面的最大作用力。

【解】 本题讨论的是一个复合过程。对于复合过程，可以分解为若干个分过程讨论。第一个分过程是 m_0的平抛，当 m_0到达木板时，其水平和竖直方向的速度分别为

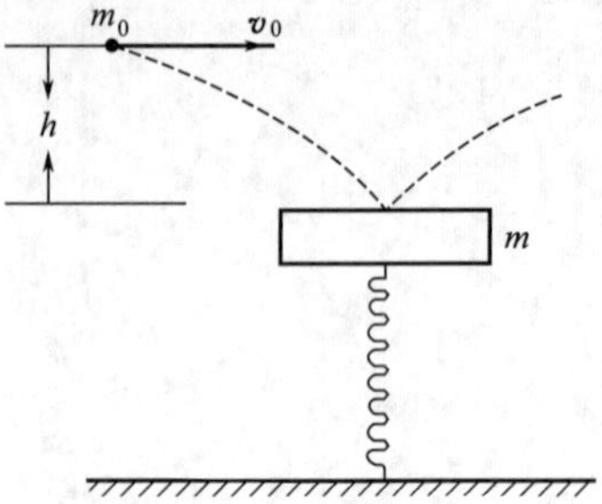

图 3-12　例 3-6 题图（1）

$$v_x = v_0, v_y = \sqrt{2gh}$$

第二个分过程是小球与木板的弹性碰撞过程，将小球与木板视为一个系统，动量守恒。因碰后木板没有左右摆动，小球水平速度不变，故只需考虑竖直方向动量守恒即可。设碰后小球速度竖直分量为 v'_y，木板速度为 v，有

$$m_0 v_y = m_0 v'_y + mv$$

弹性碰撞，系统动能不变，即

$$\frac{1}{2}m_0(v_x^2 + v_y^2) = \frac{1}{2}m_0(v_x^2 + v_y'^2) + \frac{1}{2}mv^2$$

第三个分过程是碰后木板的振动过程，将木板、弹簧和地球视为一个系统，机械能守恒。取弹簧为原长时作为坐标原点和势能零点，并设木板静止时弹簧已有的压缩量为 x_1，碰后弹簧的最大压缩量为 x_2，如图 3-13 所示。由机械能守恒有

$$\frac{1}{2}mv^2 + \frac{1}{2}kx_1^2 - mgx_1 = \frac{1}{2}kx_2^2 - mgx_2$$

x_1 可由碰撞前弹簧木板平衡时的受力情况求出：　　$mg = kx_1$

弹簧处于最大压缩时对地的作用力最大：$F_{\max} = kx_2$

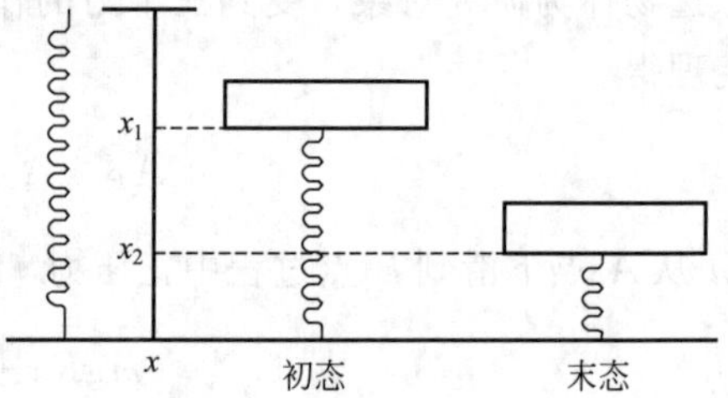

图 3-13　例 3-6 题图（2）

综合以上各式，得

$$F_{\max} = mg + \frac{2m_0}{m_0 + m}\sqrt{2mgkh}$$

六、 能量守恒与转换定律

与外界没有能量交换的系统称为孤立系统，
孤立系统没有外力做功，但可以有非保守内力做功，根据功能原理：

$$A_{内非} = E_2 - E_1 = \Delta E$$

这时系统的机械能不守恒。例如，系统内某两个物体之间有摩擦力做功，系统的机械能要减少，但物体的温度升高了，这就是通常所说的摩擦生热。即在摩擦力做功的过程中，机械运动转化为热运动，机械能转换成了内能，实验表明两种能量的转换是等值的。

事实上，由于物质运动形式的多样性，能量的形式也将是多种多样的，除机械能以外，还有内能、电磁能、原子能、化学能等。大量实验表明，一个孤立系统经历任何变化过程时，系统所有能量的总和保持不变。能量既不能产生，也不能消灭，只能从一种形式转化为另一种形式，或者从一个物体转移到另一个物体，这就是**能量守恒与转换定律**。

第三节　角动量定理和角动量守恒定律

一、 角动量

描述质点运动时，动量很重要，而角动量（又称动量矩）是与转动相联系的重要的物理

量。如图 3-14 所示，设质量为 m、动量为 $\boldsymbol{P}=m\boldsymbol{v}$ 的质点位于 P 点，某时刻相对于参考点 O 的位矢为$\boldsymbol{r}$。则定义该质点相对于参考点 O 的**角动量** $\boldsymbol{L}$ 为

$$\boldsymbol{L}=\boldsymbol{r}\times(m\boldsymbol{v}) \tag{3.29}$$

角动量是矢量，大小为 $rmv\sin\theta$，θ 为位置矢量$\boldsymbol{r}$与动量 $m\boldsymbol{v}$ 之间的夹角，方向垂直于由矢量$\boldsymbol{r}$和 $m\boldsymbol{v}$ 所决定的平面，服从右手定则。在国际单位制中，角动量的单位 kgm^2/s。

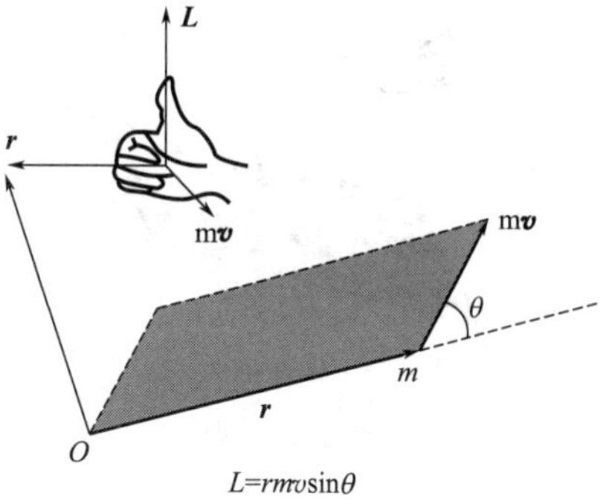

图 3-14 角动量

质点对通过参考点 O 的任意轴线 Oz 的角动量 L_z，就是质点相对于同一参考点的角动量 L 沿该轴线的分量。由图 3-14 可以看出，L_z可表示为

$$L_z=L\cos\gamma \tag{3.30}$$

式中，γ 是矢量 L 与轴线 Oz 正方向的夹角。$\gamma\leqslant\pi/2$ 时，$L_z\geqslant0$；$\gamma\geqslant\pi/2$ 时，$L_z\leqslant0$。

如果质点始终在 O-xy 平面上运动，那么质点对 Oz 轴的角动量与对参考点 O 的角动量大小是相等的，可表示为

$$L_z=L=rmv\sin\theta \tag{3.31}$$

式中，θ 仍是质点的位置矢量$\boldsymbol{r}$与其动量 $m\boldsymbol{v}$ 之间的夹角，并规定：面对 z 轴观察，由$\boldsymbol{r}$方向沿逆时针转向 $m\boldsymbol{v}$ 的方向所形成的角才是 θ 角。

【例 3-7】 已知地球的质量 $m=6.0\times10^{24}$ kg，地球与太阳的中心距离 $r=1.5\times10^{11}$ m，若近似认为地球绕太阳做匀速率圆周运动，$v=3\times10^4$ m/s，如图 3-15 所示。求地球对太阳中心的角动量。

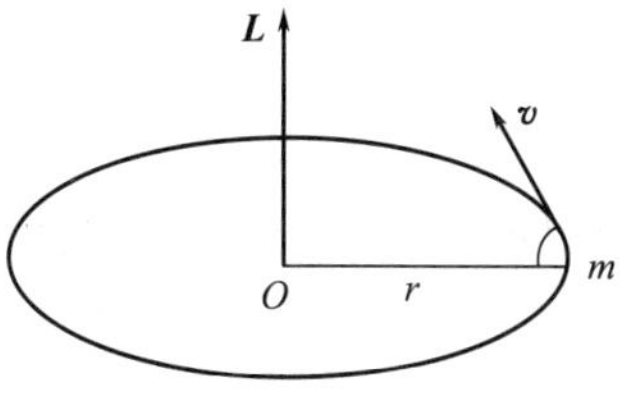

图 3-15 例 3-7 题图

【解】 如图 3-15 所示，O 点为太阳中心，地球对太阳中心的角动量$\boldsymbol{L}=\boldsymbol{r}\times m\boldsymbol{v}$。因为$\boldsymbol{r}$与 $\boldsymbol{v}$ 垂直，$\theta=\dfrac{\pi}{2}$，故角动量的大小为

$$L=rmv\sin\frac{\pi}{2}=rmv=1.5\times10^{11}\times6.0\times10^{24}\times3\times10^4$$
$$=2.7\times10^{40}\,\text{kg}\cdot\text{m}^2/\text{s}$$

方向垂直于 $\boldsymbol{r}$,$\boldsymbol{v}$ 构成的平面向上。

可见，做圆周运动的质点，由于矢径$\boldsymbol{r}$与速度 $\boldsymbol{v}$ 总是垂直，故质点对圆心 O 的角动量的大小 $L=rmv$。如果是匀速率圆周运动，则角动量的大小是一常量。

二、 力矩

1. 力对固定点 *O* 的力矩

如图 3-16 所示，质点 P 受到作用力，力的作用点相对于 O 的位置矢量为 $\boldsymbol{r}$，力$\boldsymbol{F}$相对于点 O 所产生的**力矩**定义为

$$\boldsymbol{M}=\boldsymbol{r}\times\boldsymbol{F} \tag{3.32}$$

力矩是矢量，大小为 $M=rF\sin\theta$，θ 为位置矢量$\boldsymbol{r}$ 与力$\boldsymbol{F}$ 之间的夹角，方向垂直于由矢量$\boldsymbol{r}$和$\boldsymbol{F}$ 所决定的平面，服从右手螺旋定则。在国际单位制中，力矩的单位是牛·米（N·m）。

2. 力对固定轴的力矩

当物体绕定轴转动时，对物体转动效果起作用的是力对轴的力矩。我们知道，力对某轴（设为 z 轴）的力矩就是力对轴上任意点（如 O 点）的力矩矢量$\boldsymbol{M}$在该轴方向上的投影。若已知力对 O 点的力矩矢量$\boldsymbol{M}$（图 3-16）与 z 轴正方向之间的夹角为 γ，那么力对 z 轴的力矩则为

$$M_z = M\cos\gamma = rF\sin\theta\cos\gamma \quad (3.33)$$

式中，γ 为矢量$\boldsymbol{M}$与轴线 Oz 正方向的夹角。

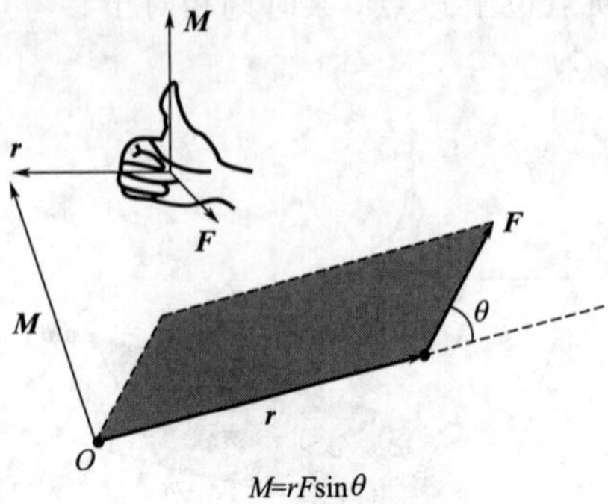

图 3-16 力矩

三、角动量定理

设质点在力$\boldsymbol{F}$的作用下，某瞬间的动量为$\boldsymbol{P}$，质点相对于参考点 O 的位置矢量为$\boldsymbol{r}$，根据牛顿第二定律，应有 $\boldsymbol{F}=\frac{\mathrm{d}\boldsymbol{P}}{\mathrm{d}t}$

用位置矢量$\boldsymbol{r}$同时叉乘上式等号两边，得

$$\boldsymbol{r}\times\boldsymbol{F}=\boldsymbol{r}\times\frac{\mathrm{d}\boldsymbol{P}}{\mathrm{d}t}=\boldsymbol{r}\times\frac{\mathrm{d}(m\boldsymbol{v})}{\mathrm{d}t} \quad (3.34)$$

由于
$$\frac{\mathrm{d}}{\mathrm{d}t}(\boldsymbol{r}\times m\boldsymbol{v})=\frac{\mathrm{d}\boldsymbol{r}}{\mathrm{d}t}\times m\boldsymbol{v}+\boldsymbol{r}\times\frac{\mathrm{d}(m\boldsymbol{v})}{\mathrm{d}t}$$

$$\frac{\mathrm{d}\boldsymbol{r}}{\mathrm{d}t}\times m\boldsymbol{v}=\boldsymbol{v}\times m\boldsymbol{v}=0$$

所以
$$\frac{\mathrm{d}}{\mathrm{d}t}(\boldsymbol{r}\times m\boldsymbol{v})=\boldsymbol{r}\times\frac{\mathrm{d}(m\boldsymbol{v})}{\mathrm{d}t}$$

将这一结果代入式 (3.34)，得

$$\boldsymbol{r}\times\boldsymbol{F}=\frac{\mathrm{d}}{\mathrm{d}t}(\boldsymbol{r}\times m\boldsymbol{v})$$

即

$$\boldsymbol{M}=\frac{\mathrm{d}\boldsymbol{L}}{\mathrm{d}t} \quad (3.35)$$

上式表示作用于质点的合力对某参考点的力矩，等于质点对同一参考点的角动量随时间的变化率，称为**质点角动量定理**。

若把矢量方程式 (3.35) 投影到 Oz 轴上，则可得到

$$M_z=\frac{\mathrm{d}L_z}{\mathrm{d}t} \quad (3.36)$$

上式表示质点对某轴的角动量随时间的变化率，等于作用于质点的合力对同一轴的力矩，称为质点对轴的角动量定理。

四、角动量守恒定律

根据式 (3.36)，若作用于质点的合力对参考点的力矩等于零，即$\boldsymbol{M}=0$，那么

$$\frac{\mathrm{d}\boldsymbol{L}}{\mathrm{d}t}=0$$

即
$$\boldsymbol{L}=\text{常矢量} \quad (3.37)$$

上式表示若作用于质点的合力对参考点的力矩始终为零，则质点对同一参考点的角动量将保持恒定，这就是**质点角动量守恒定律**。

若作用于质点的合力矩不为零，而合力矩沿 Oz 轴的分量为零，那么由式 (3.37) 可得

$$\text{当 } M_z=0 \text{ 时 } L_z=\text{常量} \quad (3.38)$$

上式表示当质点所受对 Oz 轴的力矩为零时，质点对该轴的角动量保持不变，称为质点对轴

的角动量守恒定律。

【例 3-8】 我国第一颗人造地球卫星“东方红”绕地球运行的轨道为一椭圆，地球在椭圆的一个焦点上，卫星在近地点和远地点时距地心分别为 $r_1=6.82\times10^6$ m 和 $r_2=8.76\times10^6$ m，在近地点时的速率 $v_1=8.1\times10^3$ m/s，如图 3-17 所示。求卫星在远地点时的速率 v_2。

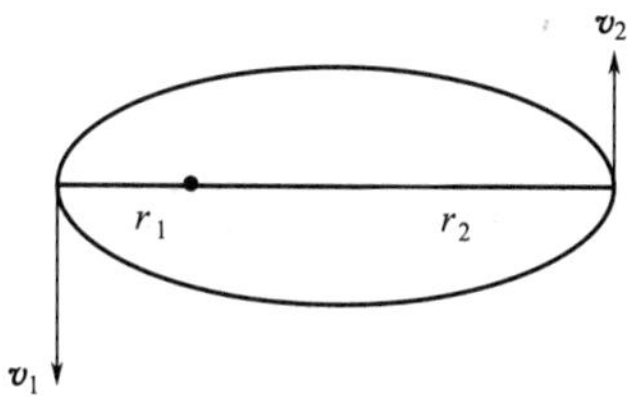

图 3-17 例 3-8 题图

【解】 如图 3-17 所示，卫星在轨道上任一处受地球的引力始终指向地心，引力对地心的力矩为零，因此卫星对地心的角动量守恒，设卫星质量 m，

近地点 $L_1=r_1mv_1$

远地点 $L_2=r_2mv_2$

角动量守恒 $L_1=L_2$

所以有 $$v_2=\frac{r_1v_1}{r_2}=\frac{6.82\times10^6\times8.1\times10^3}{8.76\times10^6}=6.3\times10^3(\text{m/s})$$

第四节 质心和质心运动定理

一、 质心

设由 n 个质点组成的质点系，m_1，m_2，…，m_n 分别是各质点的质量，$\boldsymbol{r}_1$，$\boldsymbol{r}_2$，…，$\boldsymbol{r}_n$ 分别是各质点的位置矢量，则定义该质点系**质心位置矢量**为

$$\boldsymbol{r}_c=\frac{m_1\boldsymbol{r}_1+m_2\boldsymbol{r}_2+\cdots+m_n\boldsymbol{r}_n}{m_1+m_2+\cdots+m_n}=\frac{\sum_{i=1}^{n}m_i\boldsymbol{r}_i}{\sum_{i=1}^{n}m_i}=\frac{\sum_{i=1}^{n}m_i\boldsymbol{r}_i}{m} \tag{3.39}$$

式中，$m=\sum_{i=1}^{n}m_i$ 是质点系的总质量。质点系质心位置矢量在直角坐标系的分量式为

$$x_c=\frac{\sum_{i=1}^{n}m_ix_i}{m},y_c=\frac{\sum_{i=1}^{n}m_iy_i}{m},z_c=\frac{\sum_{i=1}^{n}m_iz_i}{m} \tag{3.40}$$

若质量连续分布，应用积分形式，表示为

$$x_c=\frac{\int x\,\mathrm{d}m}{\int \mathrm{d}m},y_c=\frac{\int y\,\mathrm{d}m}{\int \mathrm{d}m},z_c=\frac{\int z\,\mathrm{d}m}{\int \mathrm{d}m} \tag{3.41}$$

质心的位置取决于质点系的质量分布。对于质量分布均匀、形状又对称的实物，质心位于其几何中心处。对于不太大的实物，质心与重心相重合。

二、 质心运动定理

由式（3.6） $$\sum_{i=1}^{n}\boldsymbol{F}_i=\frac{\mathrm{d}}{\mathrm{d}t}\sum_{i=1}^{n}(m_i\boldsymbol{v}_i)$$

根据质心位置矢量的定义将上式等号右边化为

$$\frac{\mathrm{d}}{\mathrm{d}t}\sum_{i=1}^{n}(m_i\boldsymbol{v}_i)=\sum_{i=1}^{n}m_i\frac{\mathrm{d}^2}{\mathrm{d}t^2}\left(\frac{\sum_{i=1}^{n}m_i\boldsymbol{r}_i}{\sum_{i=1}^{n}m_i}\right)=\sum_{i=1}^{n}m_i\frac{\mathrm{d}^2\boldsymbol{r}_c}{\mathrm{d}t^2}$$

式中，$\frac{\mathrm{d}^2\boldsymbol{r}_c}{\mathrm{d}t^2}$是质点系质心的加速度，若用$\boldsymbol{a}_c$表示，可以得到

$$\sum_{i=1}^{n}\boldsymbol{F}_i=m\boldsymbol{a}_c \tag{3.42}$$

上式与牛顿第二定律形式相同，表示质点系质心的运动等同于这样一个质点的运动，该质点的质量等于质点系的总质量，受到的外力等于作用于质点系的外力矢量和，这一结论称为**质心运动定理**。质心运动定理表示了质点系作为一个整体的运动规律，但是它不能给出各质点围绕质心的运动和系统内部的相对运动。

练习题

选择题

3-1 体重、身高相同的甲乙两人，分别用双手握住无摩擦轻滑轮的绳子各一端。他们以初速零向上爬，经过一定时间，甲相对绳子的速率是乙相对绳子速率的三倍，则到达顶点的情况是（　　）。

(A) 甲先到达　　(B) 乙先到达

(C) 同时到达　　(D) 谁先到达不能确定

3-2 如图 3-18 所示，质量为 m 的钢球 A 自半径为 R 的光滑半圆形碗口处下滑。当 A 滑到碗内某处时其速率为 v，则这时钢球对碗壁的压力为（　　）。

(A) $\frac{mv^2}{R}$　　(B) $\frac{3mv^2}{2R}$

(C) $\frac{2mv^2}{R}$　　(D) $\frac{5mv^2}{2R}$

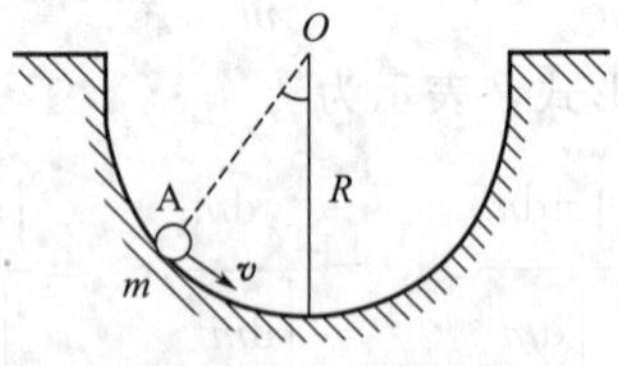

图 3-18　3-2 题图

3-3 对于一个质点系来说，下列条件中哪种情况下系统的机械能守恒（　　）。

(A) 合外力为零　　(B) 合外力不做功

(C) 外力和保守内力都不做功　　(D) 外力和非保守内力都不做功

3-4 质量为 m 的一艘宇宙飞船关闭发动机返回地球时，可认为该飞船只在地球的引力场中运动。已知地球质量为 M，万有引力常数为 G，则当它从距地球中心 $3R$ 处下降到 $2R$ 处时，

飞船增加的动能应等于（　　）。

(A) $\frac{GMm}{2R}$　　(B) $\frac{GMm}{4R}$

(C) $\frac{GMm}{6R}$　　(D) $\frac{GMm}{9R}$

3-5 一质量为 m 的质点，在半径为 R 的半球形容器中由静止开始自边缘上的 A 点滑下，到达最低点 B 时摩擦力对质点做功为 A_f，则此时它对容器底部压力为（　　）。

(A) $3mg+\frac{2A_f}{R}$　　(B) $3mg-\frac{2A_f}{R}$

(C) $mg+\frac{2A_f}{R}$　　(D) $2mg+\frac{2A_f}{R}$

3-6 质量分别为 m_A 和 m_B（$m_A>m_B$）、速度分别为 v_A 和 v_B（$v_A>v_B$）的两质点 A 和 B，受到相同的冲量作用，则（　　）。

(A) A 的动量增量的比 B 的小　　(B) A 的动量增量的比 B 的大

(C) A、B 的动量增量相等　　(D) A、B 的速度增量相等

3-7 在水平冰面静止的炮车，向东南（斜向上）方向发射一炮弹，对于炮车和炮弹这一系统，在此过程中（忽略冰面摩擦力及空气阻力）（　　）。

(A) 总动量守恒

(B) 总动量在水平方向上的分量守恒，其他方向动量不守恒

(C) 总动量在水平方向上的分量不守恒，竖直方向分量守恒

(D) 总动量在任何方向的分量均不守恒

3-8 如图 3-19 所示，在光滑平面上有一个运动物体 P，在 P 的正前方有一个连有弹簧和挡板 M 的静止物体 Q，弹簧和挡板 M 的质量均不计，P 与 Q 的质量相同。物体 P 与挡板 M 碰撞后，最终 P 停止，Q 以碰前 P 的速度运动。在此碰撞过程中，弹簧压缩量最大的时刻是（　　）。

(A) P 的速度正好变为零时

(B) P 与 Q 速度相等时

(C) Q 正好开始运动时

(D) Q 正好达到原来 P 的速度时

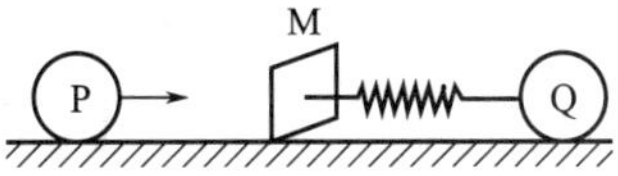

图 3-19　3-8 题图

3-9 如图 3-20 所示，一质量为 m 的小球由高 H 处沿光滑轨道由静止开始滑入环形轨道。若 H 足够高，则小球在环最低点对轨道的压力与最高点对轨道压力之差为（　　）。

(A) $2mg$　　(B) $4\ mg$　　(C) $6mg$　　(D) $8mg$

3-10 一质点做匀速率圆周运动时（　　）。

(A) 它的动量不变，对圆心的角动量也不变

(B) 它的动量不变，对圆心的角动量不断改变

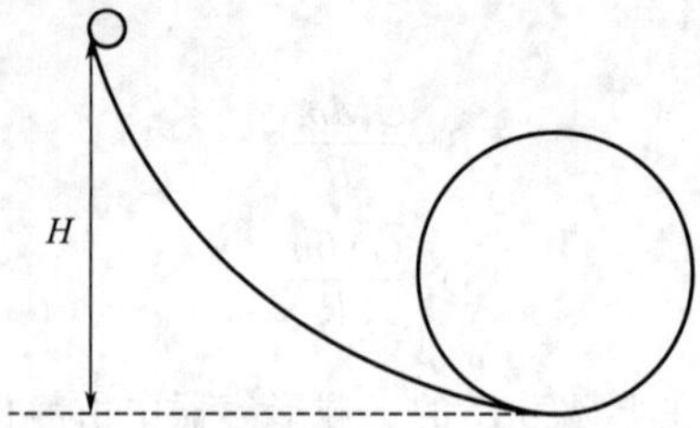

图 3-20　3-9 题图

(C) 它的动量不断改变，对圆心的角动量不变

(D) 它的动量不断改变，对圆心的角动量也不断改变

3-11　质量为 20g 的子弹沿 x 轴正向以 500 m/s 的速率射入一木块后，与木块一起仍沿 x 轴正向以 50 m/s 的速率前进，在此过程中木块所受冲量的大小为（　　）。

(A) 9 N·s　　　　(B) −9 N·s

(C) 10 N·s　　　　(D) −10 N·s

3-12　如图 3-21 所示，砂子从 $h=0.8$ m 高处下落到以 3m/s 的速率水平向右运动的传送带上。取重力加速度 $g=10$ m/s^2。传送带给予刚落到传送带上的砂子的作用力的方向为（　　）。

(A) 与水平夹角 53°向下

(B) 与水平夹角 53°向上

(C) 与水平夹角 37°向上

(D) 与水平夹角 37°向下

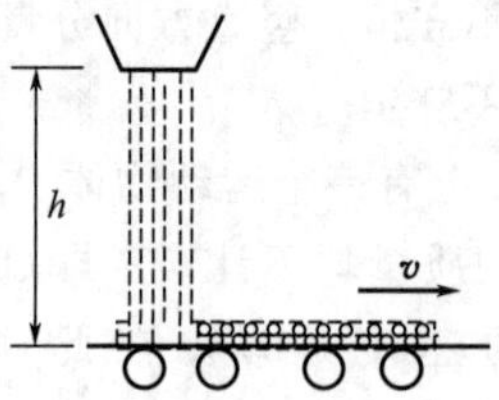

图 3-21　3-12 题图

填空题

3-13　一质量为 $m=20$g 的子弹，以速率 $v_0=250$m/s 沿水平方向射穿一物体。穿出时，子弹速率为 $v=15$m/s，仍是水平方向，则子弹在穿透过程中所受到的冲量大小为________，方向为________。

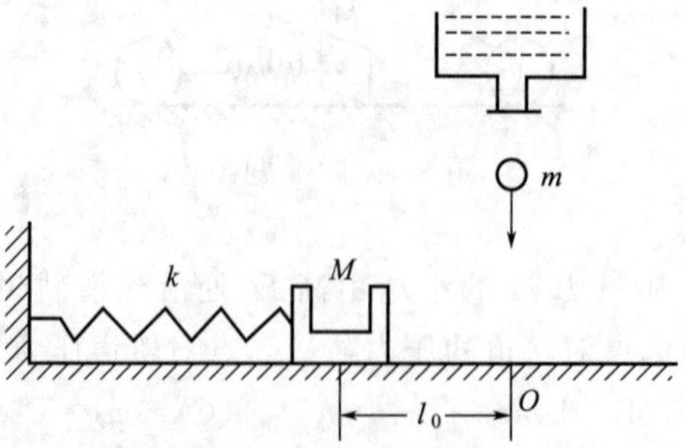

图 3-22　3-14 题图

3-14　如图 3-22 所示，劲度系数为 k 的弹簧，一端固定在墙上，另一端连接一质量为 M 的

容器，容器可在光滑的水平面上运动，当弹簧未形变时，容器处于 O 点处，今使容器从 O 点左边 l_0 处由静止开始运动，每经过 O 点一次，就从上方滴管中滴入一滴质量为 m 的油滴。则在容器第一次到达 O 点油滴滴入之前的瞬时，容器的速率 $v=$________；当容器中刚滴入了 n 滴油后的瞬时，容器的速率为 $u=$________。

3-15 有一人造地球卫星，质量为 m，在距地球表面 R 高度处沿圆轨道运动，地球半径为 R、万有引力常数为 G、质量为 M，则卫星的动能为________，引力势能为________。

3-16 如图 3-23 所示，质量为 m 的质点，在竖直平面 Oxy 内以速率 v 做半径为 r 的匀速圆周运动。当质点由 A 点运动到 B 点时，质点的动量增量为______，其大小为______；动能增量为______；任意时刻，质点对 O 点的角动量为______，大小为______；除重力以外其他力做的功为________。

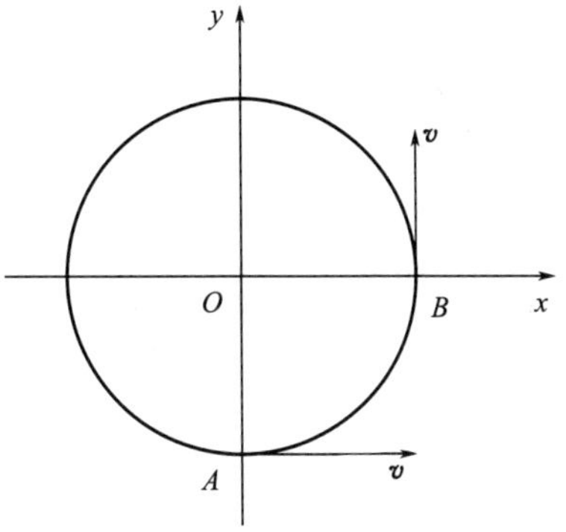

图 3-23 3-16 题图

3-17 一质量为 m 的质点沿着一条曲线运动，其位置矢量在空间直角座标系中的表达式为 $\boldsymbol{r}=a\cos\omega t\,\boldsymbol{i}+b\sin\omega t\,\boldsymbol{j}$，其中 a，b，ω 皆为常量，则此质点对原点的角动量的值 $L=$________；此质点所受对原点的力矩的值 $M=$________。

计算题

3-18 如图 3-24，两个质量分别为 m_1 和 m_2 的木块 A、B，用一劲度系数为 k 的轻弹簧连接，放在光滑的水平面上，A 紧靠墙。用力推 B 块，使弹簧压缩 x_0 然后释放。（已知 $m_1=m$，$m_2=2m$）则释放后 A，B 两滑块速度相等时的瞬时速度的大小为多少？此时弹簧的伸长量为多少？

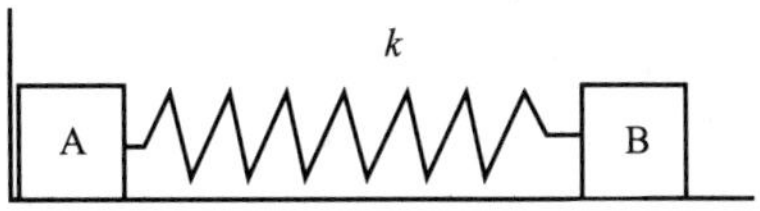

图 3-24 3-18 题图

3-19 质量为 $m=3\text{kg}$ 的质点在 $\boldsymbol{F}=18t\,\boldsymbol{i}$ 作用下，从静止出发沿 x 轴做直线运动，$t=0$ 时，质点位置为坐标原点，求

（1）质点 t 时刻的加速度；

（2）质点 t 时刻的速度大小；

（3）质点 t 时刻的位移大小；

（4）此时外力所做的功。

3-20 一弹簧并不遵守胡克定律，其弹力与形变的关系为 $\boldsymbol{F}=(-42x-36x^2)\boldsymbol{i}$，其中 $\boldsymbol{F}$ 和 x

单位分别为 N 和 m，求

（1）将弹簧由 $x_1=0.5$m 拉伸至 $x_2=1$m 过程中，外力所做的功；

（2）此弹力是否为保守力？

3-21　如图 3-25 所示，一条质量为 m，长为 l 的匀质链条，放在一光滑水平桌面上，当链条下端在距桌面 $\frac{l}{3}$ 处时，在重力的作用下开始下落。求链条另一端恰好离开桌面时链条的速率。

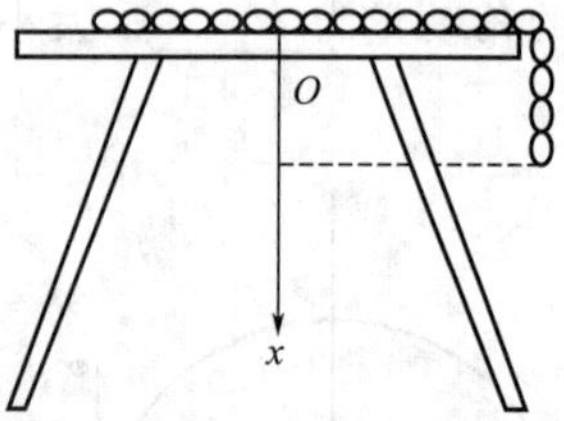

图 3-25　3-21 题图

3-22　如图 3-26 所示，在光滑水平面上，平放一轻弹簧，弹簧一端固定，另一端连一物体 A，A 右侧再放一物体 B，它们质量分别为 m_A 和 m_B，弹簧劲度系数为 k，原长为 l。用力推 B，使弹簧压缩 x_0，然后释放。求

（1）当 A 与 B 开始分离时，它们的位置和速度；

（2）分离之后，A 还能往前移动多远？

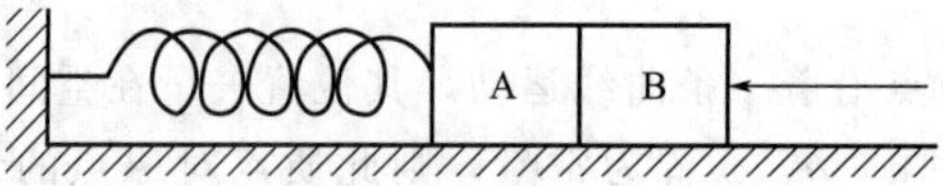

图 3-26　3-22 题图

3-23　一人质量为 M，手中拿着质量为 m 的小球自地面以倾角 θ，初速度 v_0 斜向前跳起，跳至最高点时以相对人的速率 u 将球水平向后抛出，求此人落地时共跳出多远的距离？

3-24　如图 3-27 所示三个用细绳连接的物体，A，B 的质量为 M，C 质量为 $2M$，并且 B，C 靠在一起放在光滑水平桌面上，两者连有一段长度为 0.4m 的细绳。B 的另一侧连有细绳跨过桌边的定滑轮与 A 相连。已知滑轮轴上的摩擦可忽略，绳子长度一定。放开重物 A，则

（1）A 和 B 启动后，经多长时间 C 也开始运动？

（2）C 开始运动时的速率是多少？（取 $g=10\text{m/s}^2$）

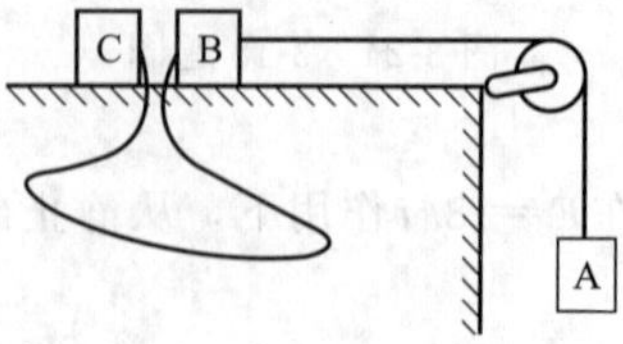

图 3-27　3-24 题图

3-25　一物体质量 $M=2$ kg，在合外力 $\boldsymbol{F}=(4+4t)\boldsymbol{i}$ 的作用下，从静止开始运动，求 $t=2$s 时合外力所做的功。

3-26　一链条总长为 l，质量为 m，放在桌面上，并使其一端下垂。下垂部分长度为 a，设

链条与桌面之间的滑动摩擦系数为 μ。如图 3-28 所示。令链条由静止开始运动，求

（1）当链条离开桌面的过程中，摩擦力对链条做了多少功？

（2）链条离开桌面时的速度是多少？

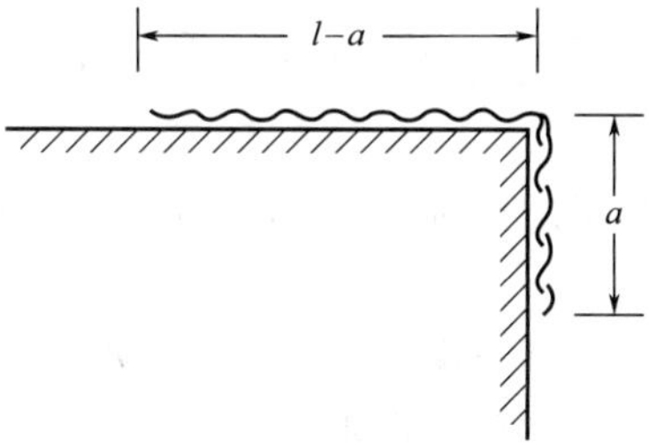

图 3-28　3-26 题图

3-27　两个质量分别为 m 和 M 的物体 A 和 B，物体 B 为梯形物块，H，h 和 θ 如图 3-29 所示。设物体 A 和 B 以及 B 与地面之间的接触均为光滑，开始时物体 A 位于 B 的左上方顶端处，物体 A 和 B 相对于地面均处于静止状态，当物体 A 沿物体 B 由斜面顶端滑至两物体分离时，求

（1）物体 A 的速度为多少？

（2）物体 B 的动量为多少？

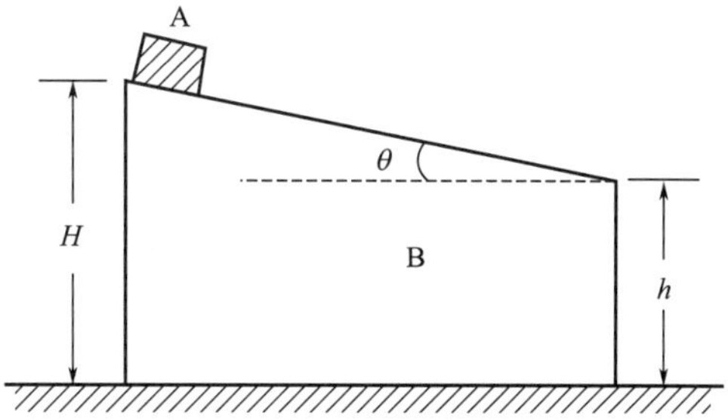

图 3-29　3-27 题图

3-28　如图 3-30 所示，悬挂的轻弹簧下端挂着质量为 m_1，m_2 的两个物体，开始时处于静止状态。现在突然把 m_1 与 m_2 间的连线剪断，求 m_1 的最大速度为多少？设弹簧的劲度系数 $k=8.9\times10^4$ N/m，$m_1=0.5$ kg，$m_2=0.3$ kg。

3-29　如图 3-31 所示，在与水平面成 α 角的光滑斜面上放一质量为 m 的物体，此物体系于一劲度系数为 k 的轻弹簧的一端，弹簧的另一端固定。设物体最初静止。今使物体获得一沿斜面向下的速度，设起始动能为 E_{K0}，试求物体在弹簧的伸长达到 x 时的动能。

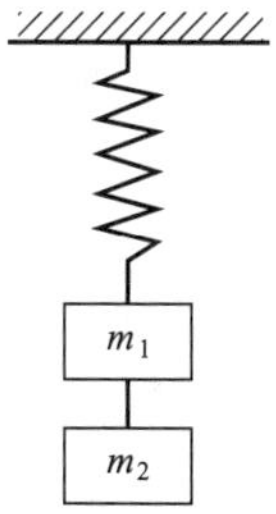

图 3-30　3-28 题图

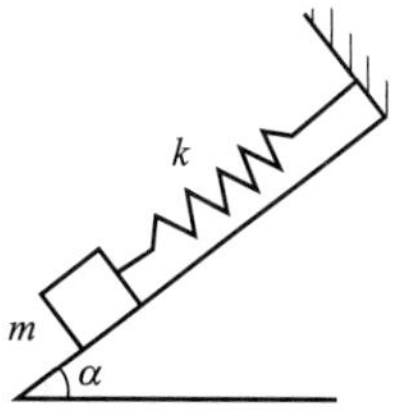

图 3-31　3-29 题图

3-30　把一质量为 $m=0.4$kg 的物体，以初速度 $v_0=20$m/s 竖直向上抛出，测得上升的最大高度

$H=16\mathrm{m}$，求：空气对它的阻力 f（设为恒力）等于多大?

思考题

3-31 内力可否改变系统的运动状态?内力可否改变系统的动量?

3-32 试举出：机械能守恒、但动量不守恒的运动过程；动量守恒、但机械能不守恒的例子。

3-33 质点运动过程中，作用于质点的某力一直没有做功，则该力在这一过程中对质点的运动有影响吗?

3-34 外力对质点不做功时，质点是否一定做匀速运动?

3-35 试举出：内力改变质点系总动能的例子。

3-36 为什么重力势能有正负，弹性势能只有正值，而引力势能只有负值?

3-37 一物体在拉力$\boldsymbol{F}$作用下沿粗糙水平面做匀速直线运动，机械能是否守恒?

3-38 质点在匀速圆周运动过程中，动量是否守恒?角动量呢?

3-39 质点的动量守恒与角动量守恒条件各是什么?质点动量与角动量能否同时守恒?

第四章

刚体的定轴转动

刚体是一种特殊的质点系，刚体模型是研究物体运动的重要模型，遵从的力学规律实际上是前几章所讲的概念和原理在刚体上的应用。本章着重学习刚体的定轴转动。

第一节　刚体运动

一、 刚体的定义

任何物体都可以看作是一个质点系，若系统内任意两个质点之间的距离在运动中都始终保持不变，则称该物体为**刚体**。因此刚体是一个较为特殊的刚性的质点系，实际物体能否看成刚体要考察它在运动过程中是否有形变或其形变是否可以忽略，刚体运动是对有形物体运动的一个简化。

二、 自由度

所谓**自由度**就是决定物体在空间的位置所需要的独立坐标数目。一个质点在空间自由运动，它的位置由三个独立坐标就可以确定，所以质点的运动有三个自由度。假如将质点限制在一个平面或一个曲面上运动，它有两个自由度。假如将质点限制在一条直线或一条曲线上运动，它只有一个自由度。刚体在空间的运动既有平动也有转动，其自由度可按下述步骤决定：刚体上质心的位置应由三个独立坐标决定；过质心的轴线在空间的取向可由其任意两个方位角决定；刚体绕轴线的转动应由一个角位置参数来决定。所以刚体的运动最大有六个自由度，即三个平动自由度和三个转动自由度。如果刚体运动存在某些限制条件，自由度会相应减少。

三、 刚体的基本运动形式

1. 刚体的平动

若在一个运动过程中刚体内部任意两个质点之间的连线的方向始终不发生改变，则称刚体的运动为平动。如图 4-1 所示，在刚体上任取两点 A，B，刚体运动过程中，$AB//A'B'//A''B''$，则刚体的运动为平动。电梯的上下运动，缆车的运动都可以看成是刚体平动。

刚体在平动过程中，刚体上任意一个质点的运动规律都可以代表刚体整体的运动规律，因此刚体的平动可使用质点模型，通过质点动力学来解决。

图 4-1 刚体的平动

2. 刚体的定轴转动

若在一个运动过程中，刚体上所有的质点均绕同一直线作圆周运动，则称刚体的绕轴转动，该直线为转轴，与转轴垂直的平面称为转动平面。如火车车轮的运动、飞机螺旋桨的运动等都是绕轴转动。若转轴固定不变，则称为定轴转动，如车床齿轮的运动、吊扇扇页的运动均属于定轴转动。

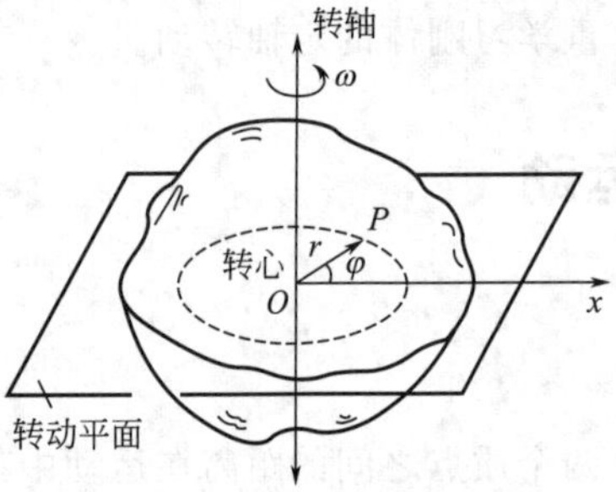

图 4-2 刚体的定轴转动

如图 4-2 所示，刚体绕定轴转动时，刚体上的任一质点 P 都在做圆心在固定轴上的圆周运动，转动过程中刚体上所有质点的角位移、角速度和角加速度相同，而且定轴转动时刚体的转动方向只有两种：顺时针方向和逆时针方向。

第二节 刚体定轴转动 转动惯量

一、刚体定轴转动的运动学描述

1. 角速度

刚体转动时的角速度为矢量，方向由下式确定

$$\boldsymbol{v}=\boldsymbol{\omega}\times\boldsymbol{r} \tag{4.1}$$

式中，$\boldsymbol{v}$ 为刚体内任意质点的速度；$\boldsymbol{r}$ 为该质点在其转动平面内的位矢。可知角速度矢量的方向与直观的转动方向构成右手螺旋关系，如图 4-3 所示。

2. 角加速度

刚体转动时角加速度也是矢量，它是角速度对时间的变化率，即

$$\boldsymbol{\beta}=\frac{\mathrm{d}\boldsymbol{\omega}}{\mathrm{d}t} \tag{4.2}$$

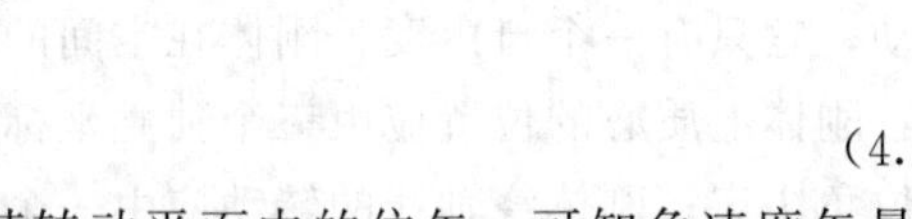

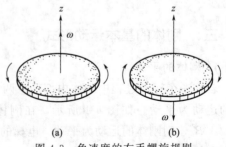

图 4-3 角速度的右手螺旋规则

方向由角速度的变化率确定。刚体定轴转动时，角速度和角加速度的方向均沿着转轴方

向。因此，可以用标量表述角速度与角加速度，其方向由标量的正负确定。

3. 角量与线量的关系

当刚体作定轴转动时，若考察刚体上各个质点的运动，则每一质点的角位移、角速度和角加速度相同，但又有不同的个性化物理量，如图 4-2 所示，设刚体上 P 处的任一质点，其质量为 m_i，对转轴的矢径为 $\boldsymbol{r}_i$，则该质点的线速度、法向加速度、切向加速度、动量及角动量的各值分别为

$$\begin{cases} v_i = r_i\omega \\ a_{ni} = r_i\omega^2 \\ a_{ti} = r_i\beta \\ p_i = m_i v_i = m_i r_i \omega \\ L_i = r_i p_i = m_i r_i^2 \omega \end{cases} \tag{4.3}$$

二、 刚体定轴转动的动力学定律

1. 力对定轴的力矩

如图 4-4(a)所示，刚体绕某一固定轴转动时受到外力$\boldsymbol{F}$的作用，且外力$\boldsymbol{F}$在垂直于轴的平面内，P 点相对 O 点的矢径为$\boldsymbol{r}$，$\boldsymbol{r}$与$\boldsymbol{F}$的夹角为 θ，则定义力$\boldsymbol{F}$对 O 点的力矩$\boldsymbol{M}$为

$$\boldsymbol{M} = \boldsymbol{r} \times \boldsymbol{F} \tag{4.4}$$

而对过 O 点沿该轴方向的力矩大小为$M_z = |\boldsymbol{M}\cdot\boldsymbol{k}| = |\boldsymbol{M}|$，故对于这种情况，力$\boldsymbol{F}$对转轴的力矩$\boldsymbol{M}$也为$\boldsymbol{M}=\boldsymbol{r}\times\boldsymbol{F}$。其大小为 $M = Fr\sin\theta = Fd$，方向服从右手螺旋定则。若外力$\boldsymbol{F}$不在垂直于轴的平面内，如图 4-4(b)所示，则需将外力$\boldsymbol{F}$分解为平行于转轴的力$\boldsymbol{F}_{//}$和垂直于转轴的力$\boldsymbol{F}_{\perp}$，由于$\boldsymbol{F}_{//}$对转动无贡献，有贡献的仅是$\boldsymbol{F}_{\perp}$，因此$\boldsymbol{F}_{\perp}$的力矩就是$\boldsymbol{F}$产生的力矩，所以式（4.4）仍成立。注意：在定轴转动中，刚体所受力矩的方向与转轴平行，因此可规定正向，用标量正负表示力矩；若外力平行于转轴或外力的作用线通过转轴时，力矩为零；若刚体同时受到几个力的作用，则合力矩等于各分力力矩的矢量和。

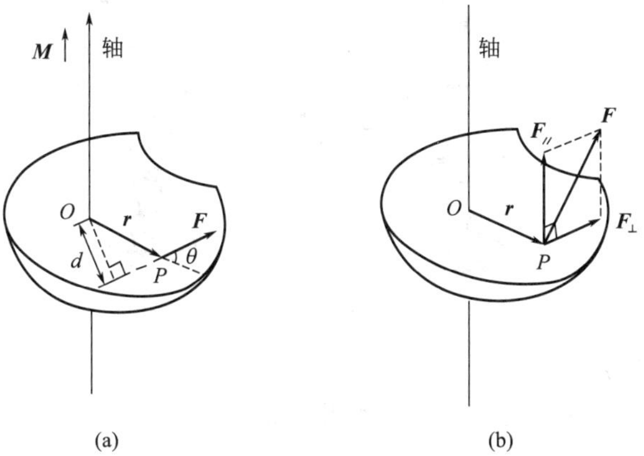

图 4-4 力对轴的力矩

2. 刚体对定轴的角动量 转动惯量

刚体绕定轴转动时，它的每一个质点都在与轴垂直的平面上做圆周运动。质点对圆心 O 的角动量的大小为 $L_i = m_i v_i r_i = m_i r_i^2 \omega$，则定轴转动刚体对轴的角动量定义为刚体上各质点对轴的角动量的矢量和，其大小为

$$L_z=\sum m_i r_i^2\omega=J\omega \tag{4.5}$$

其中定义

$$J=\sum_i m_i r_i^2 \tag{4.6}$$

称为刚体的转动惯量；ω 为刚体转动的角速度。该式中的 L，J，ω 应是对同一转轴而言。

3. 定轴转动的角动量定理

刚体定轴转动时，角动量对时间的变化率等于其所受到的合外力矩。即

$$M_z=\frac{\mathrm{d}L_z}{\mathrm{d}t}=\frac{\mathrm{d}(J\omega)}{\mathrm{d}t} \tag{4.7}$$

由上式可得

$$\int_{t_1}^{t_2} M_z\,\mathrm{d}t=L_{z2}-L_{z1}=J\omega_2-J\omega_1 \tag{4.8}$$

式中，$\int_{t_1}^{t_2} M_z\,\mathrm{d}t$ 表示合外力矩在作用时间 $\Delta t=t_2-t_1$ 内对刚体的冲量矩；L_{z1}，L_{z2} 分别是刚体在始、末状态（即 t_1，t_2 时刻）的角动量。

根据式（4.7）或式（4.8）可知，当物体不受外力矩作用或所受的合外力矩等于零时，物体的角动量保持不变．这一结论就是**角动量守恒定律**。即

$$\text{若 } \boldsymbol{M}_z=0\text{，则 } \boldsymbol{L}_z=\text{常量} \tag{4.9}$$

式（4.8）说明，定轴转动刚体的角动量增量等于合外力矩在同一时间内的冲量矩，这一规律称为**角动量定理**。适用于质点、质点系或刚体绕定点或轴的转动过程。

滑冰运动员站在冰上旋转，如图 4-5 所示。当她把手臂和腿伸展开时转得较慢，而当她把手臂和腿收回靠近身体时则转得较快，这就是角动量守恒定律的体现。冰的摩擦力矩很小可忽略不计，所以人对转轴的角动量守恒。当她的手臂和腿伸开时转动惯量大故角速度较小，而收回后转动惯量变小故角速度变大。

图 4-5　滑冰运动员的角动量守恒

4. 刚体的定轴转动定律

对于刚体，由于各质点间无相对位置变化，故对某一转轴，转动惯量为一常量，由式（4.5）和式（4.7）可得

$$M_z=\frac{\mathrm{d}L_z}{\mathrm{d}t}=\frac{\mathrm{d}(J\omega)}{\mathrm{d}t}=\frac{J\,\mathrm{d}\omega}{\mathrm{d}t}$$

故有

$$M_z=J\beta \tag{4.10}$$

此式即为刚体定轴转动的转动定律，定律中合外力矩$\boldsymbol{M}$，转动惯量 J，角加速度$\boldsymbol{\beta}$均是对同一定轴而言，表示刚体绕固定轴转动时，刚体的角加速度与它所受到的合外力矩成正比，与

它对转轴的转动惯量成反比，角加速度的方向与合外力矩的方向一致。实际应用时，常规定正方向，用标量正负进行运算。可以看出，刚体定轴转动的转动定律实际上就是角动量定理的一个变形。

【例 4-1】 如图 4-6 所示，轻绳一端系着质量为 m 的物体，另一端穿过光滑水平桌面上的小孔，质点原来以等速率 v 作半径为 r 的圆周运动，当$\boldsymbol{F}$拉动绳子向正下方移动$\frac{r}{2}$时，求质点的角速度。

【解】 在水平方向上，物体只受绳的作用力，且通过转轴，故受到合外力矩为零，角动量守恒，即

$$J_1\omega_1 = J_2\omega_2$$

考虑到 $J_1 = mr^2, J_2 = m\left(\frac{r}{2}\right)^2$ 及 $\omega_1 = \frac{v}{r}$，有

$$mr^2\left(\frac{v}{r}\right) = m\left(\frac{r}{2}\right)^2\omega_2$$

解得

$$\omega_2 = 4v/r$$

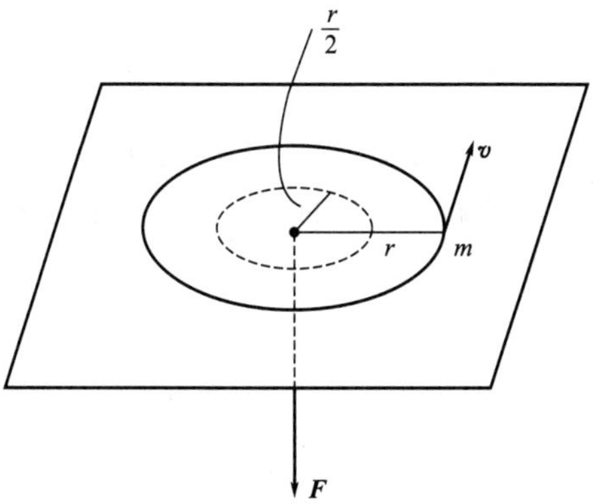

图 4-6 例 4-1 题图

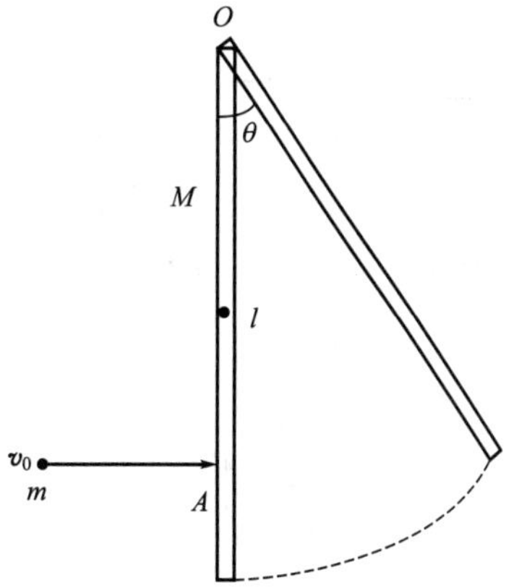

图 4-7 例 4-2 题图

【例 4-2】 如图 4-7 所示，一长为 l，质量为 M 的匀质细杆，可绕上端的光滑水平轴在竖直面内转动，起初杆竖直静止。一质量为 m 的子弹在杆的转动面内以速度$\boldsymbol{v}_0$垂直射入杆的 A 点，设 OA 距离为$\frac{3}{4}l$，求杆开始运动时的角速度。

【解】 把子弹与杆视为一系统，子弹射入杆的过程属于碰撞过程，因此时重力矩为零，故角动量守恒，设碰后子弹与杆的共同角速度为 ω，则有

$$mv_0\frac{3}{4}l = \left[\frac{1}{3}Ml^2 + m\left(\frac{3}{4}l\right)^2\right]\omega$$

解得

$$\omega = \frac{\frac{3}{4}mv_0 l}{\frac{1}{3}Ml^2 + m\left(\frac{3}{4}l\right)^2} = \frac{36mv_0}{16Ml + 27ml}$$

【例 4-3】 如图 4-8(a)所示，轻绳经过水平光滑桌面上的定滑轮 C 连接两物体 A 和 B，A,B 质量分别为 m_A,m_B，滑轮视为圆盘，其质量为 m_C 半径为 R，AC 水平并与轴垂直，绳与滑轮无相对滑动，不计轴处摩擦，求 B 的加速度，绳 AC，BC 张力的大小。

【解】 A,B,C 构成一个连接体，C 滑轮沿顺时针方向转动，B 物体向下运动，A 物体向右运动。设 C 的角加速度为 β，B,C 加速度的大小相等设为 a。如图 4-8(b)所示进行受力分析，对重物 A，受到重力 $m_A\boldsymbol{g}$，桌面支持力 $\boldsymbol{N}_1$，绳的拉力 $\boldsymbol{T}_1$。按牛顿运动定律有

$$T_1 = m_A a$$

对重物 B，受到重力 $m_B\boldsymbol{g}$，绳的拉力 $\boldsymbol{T}_2$。按牛顿运动定律有 $m_B g - T_2 = m_B a$

对滑轮 C，受到重力 $m_C\boldsymbol{g}$，轴作用力 $\boldsymbol{N}_2$，绳作用力 $\boldsymbol{T}'_1$,$\boldsymbol{T}'_2$。滑轮所受的重力的力心在轴上，轮轴的支撑力也在轴上，它们的力臂均为零，故力矩也为零，所以只有绳子的张力 $\boldsymbol{T}'_1$ 和 $\boldsymbol{T}'_2$ 提供力矩，按转动定律有

$$T'_2 R - T'_1 R = \frac{1}{2} m_C R^2 \beta$$

又按角量与线量关系 $a = R\beta$ 及 $T'_1 = T_1$、$T'_2 = T_2$，可解得系统的加速度及绳中的张力的各值大小为

$$a = \frac{m_B g}{m_A + m_B + \frac{1}{2} m_C}$$

$$T_1 = \frac{m_A m_B g}{m_A + m_B + \frac{1}{2} m_C}$$

$$T_2 = \frac{\left(m_A + \frac{1}{2} m_C\right) m_B g}{m_A + m_B + \frac{1}{2} m_C}$$

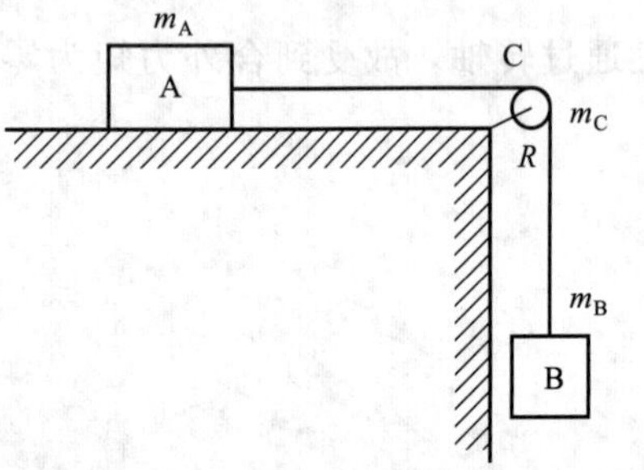

(a)

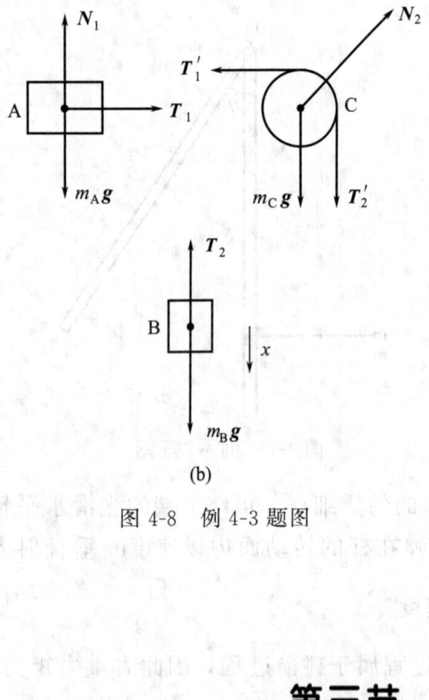

(b)

图 4-8 例 4-3 题图

第三节 转动惯量的计算

一、质点对轴的转动惯量

转动惯量是物体转动惯性大小的量度。对于质点的转动惯量，可写为

$$J = mr^2 \tag{4.11}$$

式中，m 表示质点的质量；r 表示该质点到转轴的距离。在国际单位制中，转动惯量的单位是 kg·m²。

二、质点系对轴的转动惯量

若质点系为分立结构，即由多个质点组成的质点系，则系统对定轴的转动惯量为

$$J=\sum_i m_i r_i^2 \tag{4.12}$$

式中，m_i表示刚体的某个质点的质量；r_i表示该质点到转轴的垂直距离。

若质点系为连续体，定义中的求和要通过积分来进行。可在质点系中取一质元，设质元质量为 dm，到转轴的距离为 r，则质元相当于质点，对轴的转动惯量 $dJ=r^2dm$，而质点系的转动惯量应为各质元转动惯量之和即积分

$$J=\int dJ=\int r^2 dm \tag{4.13}$$

式中，dm 根据质点系是体分布、面分布或线分布可分别写为 $dm=\rho dV$，$dm=\sigma dS$ 或 $dm=\lambda dl$，其中 ρ，σ 和 λ 分别表示质量体密度，质量面密度和质量线密度。质量密度均匀的质点系，转动惯量取决于质点系的质量、质量分布和转轴位置三个因素。

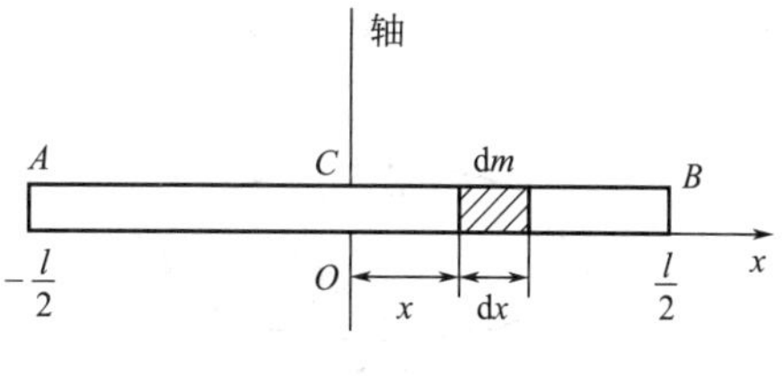

(a)

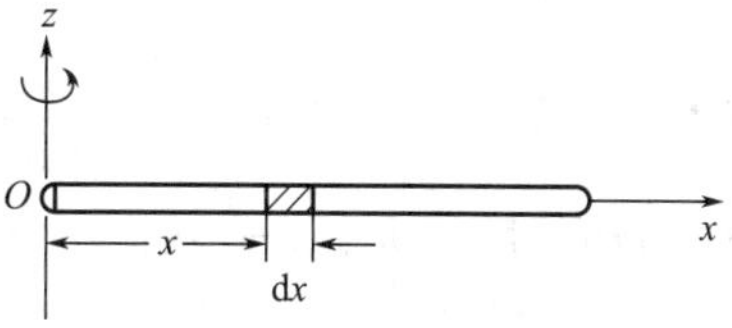

(b)

图 4-9 例 4-4 题图

三、典型模型的转动惯量 平行轴定理

下面通过典型模型举例说明转动惯量的计算方法。

【例 4-4】 如图 4-9(a)所示，有一匀质细杆长度为 l，质量为 m。求细杆对于与杆垂直的转轴的转动惯量。

(1) 轴在杆的中心；(2) 轴在杆的一端。

【解】 (1) 建立如图 4-9(b)所示的坐标系，细杆的质量线密度$\lambda=\frac{m}{l}$，在距轴 x 处取一线元 dx。线元的质量为 $dm=\lambda dx=\frac{m}{l}dx$，由式 (4.13) 得细杆的转动惯量为

$$J_C=\int_{-l/2}^{l/2}x^2\frac{m}{l}dx=\frac{1}{12}ml^2$$

(2) 若轴在杆的一端，转动惯量为

$$J_A=\int_0^l x^2\frac{m}{l}dx=\frac{1}{3}ml^2$$

发现该匀质细杆对过质心的轴的转动惯量 J_C与杆的一端平行的轴的转动惯量 J_A之间满足

$$J_A=J_C+m\left(\frac{l}{2}\right)^2$$

而$\frac{l}{2}$恰为两平行转轴的间距。可以证明，若刚体对过质心的轴的转动惯量为 J_C，则刚体对另一与该轴平行的轴的转动惯量为

$$J=J_C+md^2 \tag{4.14}$$

式中，m 为刚体的质量；d 为两轴之间的距离。这就是**平行轴定理**。

【例 4-5】 如图 4-10 所示，有一质量均匀分布的细圆环，半径为 r，质量为 m，求圆环对过圆心并与环面垂直的转轴的转动惯量。

【解】 在环上取一质量为 $\mathrm{d}m$ 的质元，它对轴的转动惯量 $\mathrm{d}J=r^2\mathrm{d}m$，各质元到转轴的距离都为 r，故圆环的转动惯量为

$$J=\int r^2\mathrm{d}m=r^2\int\mathrm{d}m=mr^2$$

【例 4-6】 如图 4-11 所示，有一质量均匀分布的圆盘，半径为 R，质量为 m，求圆盘对过圆心并与圆盘垂直的转轴的转动惯量。

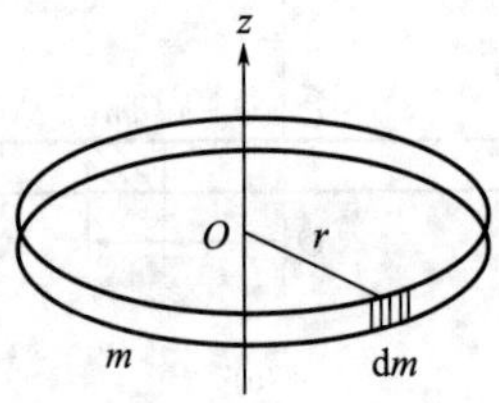

图 4-10 例 4-5 题图

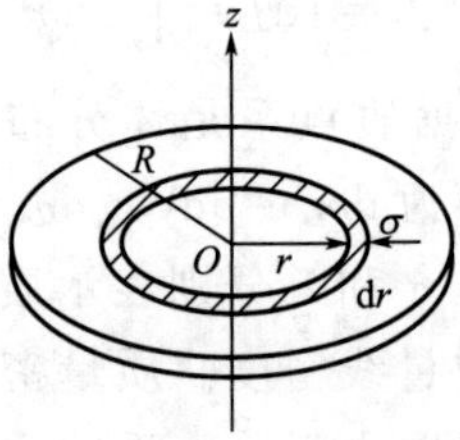

图 4-11 例 4-6 题图

【解】 盘的质量面密度为 $\sigma=\dfrac{m}{\pi R^2}$，在盘上取一半径为 r，宽度为 $\mathrm{d}r$ 的圆环，圆环面积 $\mathrm{d}S=2\pi r\,\mathrm{d}r$，圆环的质量为 $\mathrm{d}m=\sigma\mathrm{d}S=\sigma 2\pi r\,\mathrm{d}r$，利用上一题的结论，圆环的转动惯量为 $\mathrm{d}J=r^2\mathrm{d}m=\sigma 2\pi r^3\mathrm{d}r$，故圆盘的转动惯量为

$$J=\int_0^R\mathrm{d}J=\frac{mR^2}{2}$$

常见刚体的转动惯量见表 4-1。

表 4-1 常见刚体的转动惯量

刚体形状	转轴位置	转动惯量
细棒	中垂轴	$J=\frac{1}{12}ml^2$
细棒	一端的垂直轴	$J=\frac{1}{3}ml^2$
圆柱体	几何对称轴	$J=\frac{1}{2}mR^2$
薄圆环	几何对称轴	$J=mR^2$
薄圆环	任意直径为轴	$J=\frac{1}{2}mR^2$
圆盘	几何对称轴	$J=\frac{1}{2}mR^2$
圆盘	任意直径为轴	$J=\frac{1}{4}mR^2$
球体	任意直径为轴	$J=\frac{2}{5}mR^2$
圆筒	几何对称轴	$J=\frac{1}{2}m(R_1^2+R_2^2)$

第四节 定轴转动中的功能关系

一、 力矩的功

刚体在外力做用下定轴转动，外力对刚体做功，表现为力矩做功。

如图 4-12 所示，刚体绕定轴转动，设作用在刚体 P 点上的外力为$\boldsymbol{F}$，在一个极短的时间内刚体转动了一个微小角度 $\mathrm{d}\theta$，力的作用点的位移为 $\mathrm{d}\boldsymbol{r}$，则$\boldsymbol{F}$在该位移中做的元功为

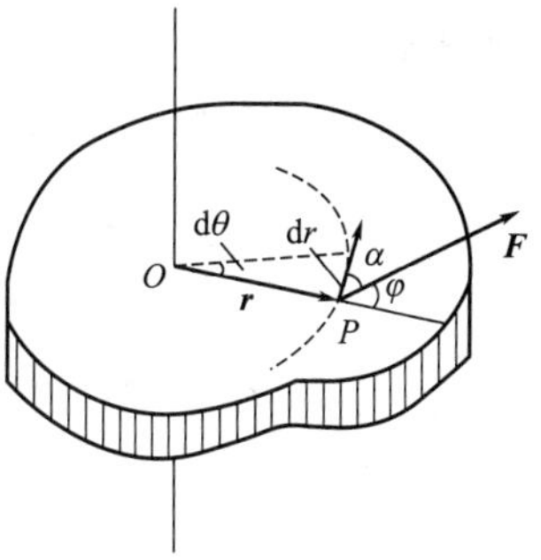

图 4-12 力矩的功

$$\mathrm{d}A=\boldsymbol{F}\cdot\mathrm{d}\boldsymbol{r}=F\mathrm{d}r\cos\alpha=F\mathrm{d}r\cos\left(\frac{\pi}{2}-\varphi\right)$$

$$=F\mathrm{d}r\sin\varphi=Fr\sin\varphi\mathrm{d}\theta=M\mathrm{d}\theta \tag{4.15}$$

即力的元功为力矩与元角位移之积，在一个过程中力$\boldsymbol{F}$对刚体做功为

$$A=\int\mathrm{d}A=\int_{\theta_1}^{\theta_2}M\mathrm{d}\theta \tag{4.16}$$

即力对定轴转动刚体做功等于该力对应的力矩对刚体角位移的积分，称为**力矩的功**。

二、 定轴转动体系的动能

刚体是由许多质点组成的系统，在刚体上任取第 i 个质点，设其质量为 m_i，到转轴的距离为 r_i，速度为$\boldsymbol{v}_i$，则该质点的动能为

$$E_{\mathrm{k}i}=\frac{1}{2}m_iv_i^2$$

则刚体定轴转动的动能定义为组成刚体的各质点动能之和，即

$$E_{\mathrm{k}}=\sum_i E_{\mathrm{k}i}=\sum_i\frac{1}{2}m_iv_i^2 \tag{4.17}$$

设刚体转动的角速度为 ω，考虑角量线量关系 $v_i=r_i\omega$，有

$$E_{\mathrm{k}}=\frac{1}{2}\left(\sum_i m_ir_i^2\right)\omega^2=\frac{1}{2}J\omega^2 \tag{4.18}$$

上式即为**刚体的转动动能**，它等于刚体的转动惯量与角速度平方的乘积的一半。

三、 系统的重力势能

刚体作为一个没有形变的特殊的质点系，没有内部的弹性势能，只有重力势能。系统的重力势能等于组成系统的各个质元的重力势能之和，也就是应当等于系统的全部质量集中在重心处的质点的重力势能。在均匀的重力场中，系统的重心与质心重合，对匀质而对称的质点系，质心就在几何中心。因此，质点系的**重力势能**为

$$E_{\mathrm{p}}=mgh_c \tag{4.19}$$

式中，m 为系统的质量；h_c 为重心高度，这里已设 $h=0$ 处为重力势能零点。

四、 定轴转动体系的功能原理及机械能守恒定律

设刚体在外力矩$\boldsymbol{M}$作用下绕定轴转动，根据转动定律，合外力矩可写为

$$M=J\beta=J\ \frac{d\omega}{dt}=J\ \frac{d\omega}{d\theta}\cdot\frac{d\theta}{dt}=J\omega\ \frac{d\omega}{d\theta}$$

即
$$M d\theta=J\omega d\omega$$

则力矩做功为

$$A=\int_{\theta_1}^{\theta_2} M d\theta=\int_{\omega_1}^{\omega_2} J\omega d\omega=\frac{1}{2}J\omega_2^2-\frac{1}{2}J\omega_1^2 \tag{4.20}$$

上式表明刚体在绕定轴转动时，合外力矩对刚体做的功等于刚体转动动能的增量，称为刚体**定轴转动的动能定理**。

定轴转动的系统，同样遵从功能原理，即

$$A_{外}+A_{内非}=\Delta E$$

但此时
$$A_{外}+A_{内非}=\int M_{外} d\theta+\int M_{内非} d\theta$$

对只有重力势的系统，机械能为

$$E=E_k+E_p=\frac{1}{2}J\omega^2+mgh_c \tag{4.21}$$

特别地，若 $A_{外}+A_{内非}=0$，则 $E=$ 常量，即

$$\frac{1}{2}J\omega^2+mgh_c=常量 \tag{4.22}$$

遵守机械能守恒定律。

【例 4-7】 如图 4-13 所示，一细杆长度为 l，质量为 m，可绕其一端的水平轴 O 在铅垂面内自由转动。若将杆从水平位置释放，求杆运动到角位置 θ 处的角速度。

【解】 杆在转动过程中只有保守力重力做功，系统的机械能守恒。取 $\theta=0$ 的初始状态为重力势能的零点，则初态系统的动能、势能均为零，故机械能为零。设角位置为 θ 时杆的角速度为 ω，则有

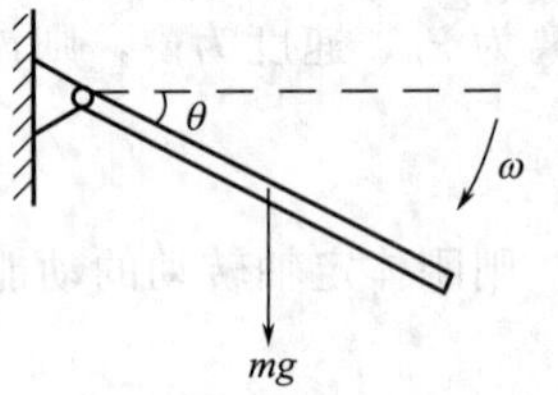

图 4-13 例 4-7 题图

$$0=\frac{1}{2}J\omega^2+mgh_c$$

按 $J=\frac{1}{3}ml^2$ 和 $h_c=-\frac{1}{2}l\sin\theta$ 有

$$0=\frac{1}{6}ml^2\omega^2-\frac{1}{2}mgl\sin\theta$$

可解得
$$\omega=\sqrt{\frac{3g\sin\theta}{l}}$$

练习题

选择题

4-1 如图 4-14 所示，A、B 为两个相同的绕着轻绳的定滑轮，A 滑轮挂一质量为 M 的物体，B 滑轮受拉力 F，且 $F=Mg$，设 A、B 两滑轮的角加速度分别为 β_A 和 β_B，不计滑轮轴的摩擦，则有（ ）。

(A) $\beta_A=\beta_B$ (B) $\beta_A>\beta_B$

(C) $\beta_A<\beta_B$ (D) 开始时 $\beta_A=\beta_B$，以后 $\beta_A<\beta_B$

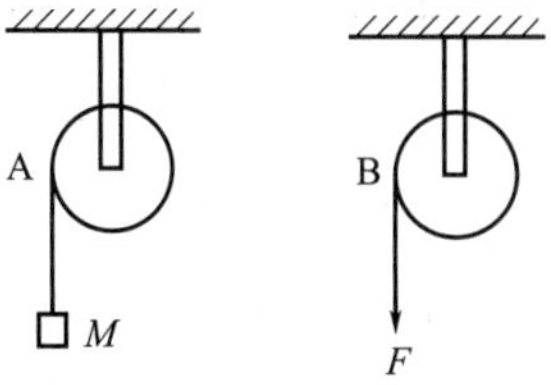

图 4-14 4-1 题图

4-2 如图 4-15 所示，均匀细棒 OA 可绕通过其一端 O 而与棒垂直的水平固定光滑轴转动，今使棒从图示位置由静止开始自由下落，在棒摆动到竖直位置的过程中，下述说法哪一种是正确的（　　）。

(A) 角速度变小，角加速度变小

(B) 角速度变小，角加速度变大

(C) 角速度变大，角加速度变小

(D) 角速度变大，角加速度变大

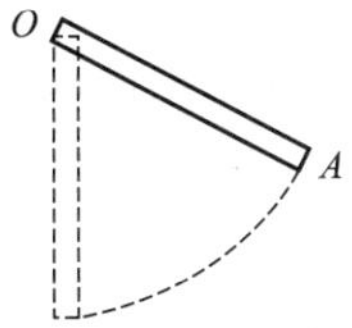

图 4-15 4-2 题图

4-3 如图 4-16 所示，一轻绳跨过一具有水平光滑轴、质量为 M 的定滑轮，绳的两端分别悬有质量为 m_1 和 m_2 的物体（$m_1<m_2$），绳与轮之间无相对滑动，若某时刻滑轮沿顺时针方向转动，则绳中的张力（　　）。

(A) 处处相等　　(B) 左边大于右边

(C) 右边大于左边　　(D) 无法判断

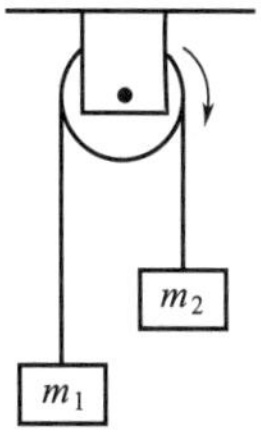

图 4-16 4-3 题图

4-4 关于刚体对轴的转动惯量，下列说法中正确的是（　　）。

(A) 只取决于刚体的质量，与质量的空间分布和轴的位置无关

(B) 取决于刚体的质量和质量的空间分布，与轴的位置无关

(C) 只取决于转轴的位置，与刚体的质量和质量的空间分布无关

(D) 取决于刚体的质量，质量的空间分布和轴的位置

4-5 有两个半径不同、质量相等的细圆环 A 和 B，A 环的质量分布均匀，B 环的质量分布不均匀，且 R_A 大于 R_B 它们对通过环心并与环面垂直的轴的转动惯量分别为 J_A 和 J_B，则（　　）。

(A) $J_A>J_B$　　(B) $J_A<J_B$

(C) $J_A=J_B$　　(D) 不能确定 J_A、J_B 哪个大

4-6 质量为 m，半径为 R 的均匀圆盘对于过边缘上一点 A 并与圆盘垂直的轴的转动惯量 J 的大小为（　　）。

（A）mR^2　　（B）$\frac{1}{2}mR^2$　　（C）$\frac{3}{2}mR^2$　　（D）无法确定

4-7 如图 4-17 所示，一圆盘绕过盘心且与盘面垂直的轴 O 以角速度 ω 顺时针转动，将大小相等、方向相反且不在同一条直线上的两个力 $\boldsymbol{F}$ 沿盘面同时作用到圆盘上，则圆盘的角速度（　　）。

（A）必然增大　　（B）必然减少

（C）不会改变　　（D）如何变化不能确定

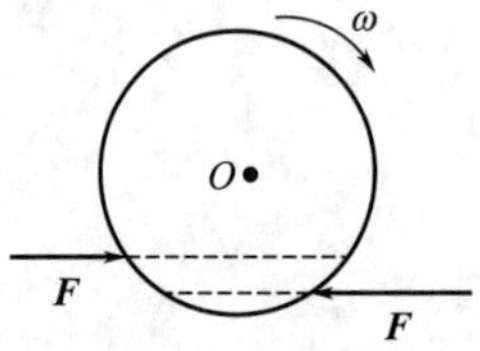

图 4-17　4-7 题图

4-8 如图 4-18 所示，一圆盘正绕垂直于盘面的水平光滑固定轴 O 转动，左右同时射来两个质量相同、速度大小相同、方向相反并在一条直线上的子弹，子弹射入圆盘并且留在盘内，则子弹射入后的瞬间，圆盘的角速度 ω（　　）。

（A）增大　　（B）减小

（C）不变　　（D）不能确定

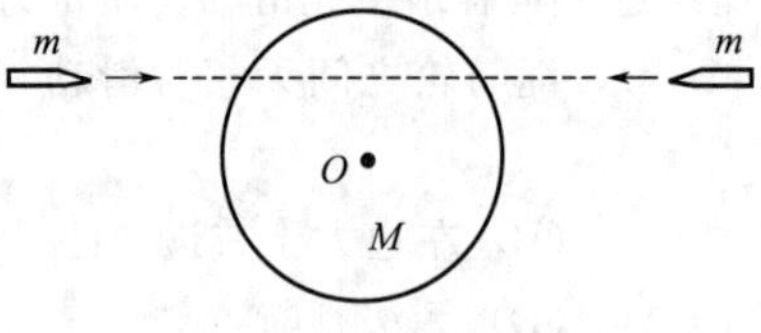

图 4-18　4-8 题图

4-9 有一半径为 R 的水平圆转台，可绕通过其中心的竖直固定光滑轴转动，转动惯量为 J，开始时转台以匀角速度 ω_0 转动，此时有一质量为 m 的人站在转台中心，随后人沿半径向外跑去，当人到达转台边缘时，转台的角速度为（　　）。

（A）$J\omega_0/(J+mR^2)$　　（B）$J\omega_0/[(J+m)R^2]$

（C）$J\omega_0/(mR^2)$　　（D）ω_0

4-10 一水平圆盘可绕通过其中心的固定竖直轴转动，盘上站着一个人。把人和圆盘取作系统，当此人在盘上随意走动时，若忽略轴的摩擦，此系统（　　）。

（A）动量守恒　　（B）机械能守恒

（C）对转轴的角动量守恒　　（D）动量、机械能和角动量都守恒

4-11 如图 4-19 所示，一静止的均匀细棒，长为 L、质量为 M，可绕通过棒的端点且垂直于棒长的光滑固定轴 O 在水平面内转动，转动惯量为 $ML^2/3$。一质量为 m、速率为 v 的子弹在水平面内沿与棒垂直的方向射入并穿出棒的自由端，设穿过棒后子弹的速率为 $v/3$，则此时棒的角速度应为（　　）。

（A）$2mv/(ML)$　　（B）$3mv/(2ML)$

（C）$5mv/(3ML)$　　（D）$7mv/(4ML)$

4-12 如图 4-20 所示，判断下列哪些情况满足系统对轴 O 或轴 OO' 角动量守恒的（轴光滑）（　　）。

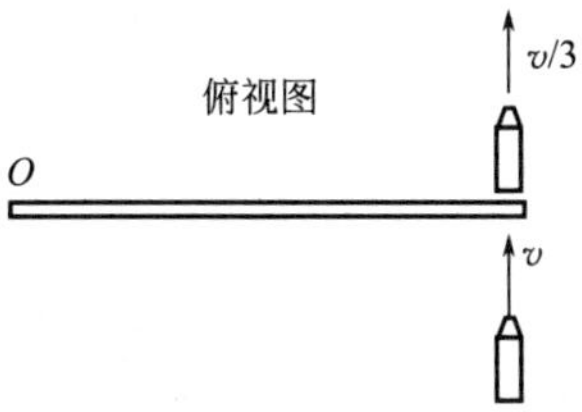

图 4-19　4-11 题图

（1）圆锥摆中在水平面内做匀速圆周运动的小球 m 对竖直轴 OO' 的角动量。

（2）绕光滑水平固定轴 O 自由摆动的米尺对轴 O 的角动量。

（3）一细绳绕过有光滑轴的定滑轮，滑轮一侧为一重物 m，另一侧为一质量等于 m 的人，在人向上爬的过程中，人与重物系统对转轴 O 的角动量。

（4）一细杆竖直悬挂在光滑水平固定轴 O 上，子弹射入细杆瞬间子弹和细杆系统对轴 O 的角动量。

（A）（1）（2）（3）（4）　　（B）（1）（2）（4）

（C）（2）（4）　　（D）（1）（3）（4）

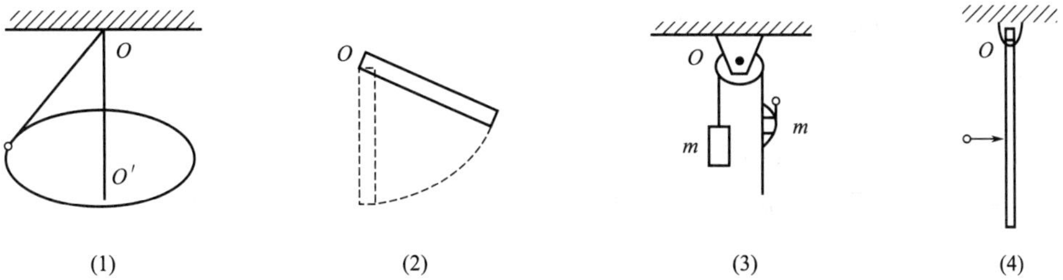

图 4-20　4-12 题图

4-13　一个人站在有光滑固定转轴的转动平台上，双臂水平地举二哑铃。在该人把此二哑铃水平收缩到胸前的过程中，人、哑铃与转动平台组成的系统的（　　）。

（A）机械能守恒，角动量守恒　　（B）机械能守恒，角动量不守恒

（C）机械能不守恒，角动量守恒　　（D）机械能不守恒，角动量也不守恒

4-14　一人站在旋转平台的中央，两臂侧平举，整个系统以 2πrad/s 的角速度旋转，转动惯量为 $4.0\text{kg}\cdot\text{m}^2$，如果将双臂收回则系统的转动惯量变为 $2.0\text{kg}\cdot\text{m}^2$，此时系统的转动动能与原来的转动动能之比 E_k/E_{k0} 为（　　）。

（A）2　　（B）$\sqrt{2}$　　（C）3　　（D）$\sqrt{3}$

4-15　人造地球卫星绕地球作椭圆轨道运动，卫星轨道近地点和远地点距地心分别为 R_A 和 R_B，则卫星对地心的角动量及动能应为（　　）。

（A）$L_A > L_B, E_{kA} > E_{kB}$　　（B）$L_A = L_B, E_{kA} < E_{kB}$

（C）$L_A = L_B, E_{kA} > E_{kB}$　　（D）$L_A < L_B, E_{kA} < E_{kB}$

4-16　如图 4-21 所示，有一个小物块置于光滑水平面上，有一绳子一端连接物块另一端穿过桌面中心的小孔，该物体原来以角速度 ω 在距孔 R 远处的圆周上运动，现将绳缓慢向下拉，则物体（　　）。

(A) 动能不变，动量改变　　(B) 动量不变，动能改变

(C) 动量不变，角动量改变　　(D) 角动量不变，动能、动量都改变

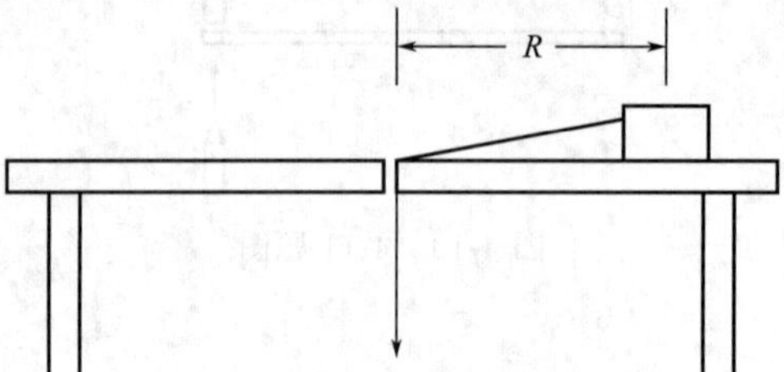

图 4-21　4-16 题图

4-17　关于力矩有以下几种说法。

(1) 两个力的合力为零时，它们对轴的合力矩也一定是零。

(2) 作用力和反作用力对同一轴的力矩之和必为零。

(3) 质量相等，形状和大小不同的两个刚体，在相同力矩的作用下，它们的角加速度一定相等。

(4) 一个力平行于轴、另一个力延长线过轴作用时，它们对轴的合力矩一定是零。

在上述说法中（　）。

(A) (2)、(4) 是正确的

(B) (1)、(3) 是正确的

(C) (2)、(3)、(4) 是正确的

(D) (1)、(2)、(3)、(4) 都是正确的

4-18　一长为 l，质量为 m 的匀质细杆，绕一端作匀速转动，其中心速率为 v，则细杆的转动动能应为（　）。

(A) $\frac{1}{2}mv^2$　　(B) $\frac{1}{24}mv^2$　　(C) $\frac{1}{6}mv^2$　　(D) $\frac{2}{3}mv^2$

4-19　一个半径为 R 的圆盘恒以角速度 ω 作匀速转动，一质量为 m 的人要从圆盘边缘走到圆盘中心处，圆盘对他所做的功应为（　）。

(A) $mR\omega^2$　　(B) $-mR\omega^2$　　(C) $-mR^2\omega^2/2$　　(D) $mR^2\omega^2/2$

4-20　如图 4-22 所示，光滑的水平桌面上，有一长为 $2L$、质量为 m 的匀质细杆，可绕通过其中点 O，且与杆垂直的竖直轴自由转动，其转动惯量为 $\frac{1}{3}mL^2$。开始时，细杆静止，有一个质量为 m 的小球沿桌面正对着杆的一端 A，在垂直于杆长的方向上以速度 v 运动，并与杆的 A 端碰撞后与杆粘在一起转动，则这一系统碰撞后的转动角速度的大小为（　）。

(A) $\frac{v}{2L}$　　(B) $\frac{3v}{4L}$　　(C) $\frac{2v}{3L}$　　(D) $\frac{4v}{5L}$

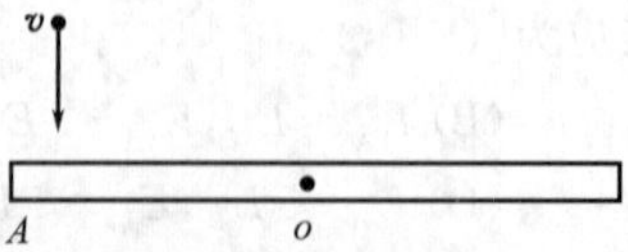

图 4-22　4-20 题图

4-21　一根质量为 m、长为 l 的细而均匀的棒，其下端铰接在水平地板上并竖直地立起，如

让它掉下，则棒将以角速度 ω 撞击地板。如图 4-23 所示，将同样的棒截成长为 $l/2$ 的一段，初始条件不变，则它撞击地板时的角速度的大小最接近于（　　）。

(A) 2ω　　(B) $\sqrt{2}\omega$　　(C) ω

(D) $\omega/\sqrt{2}$　　(E) $\omega/2$

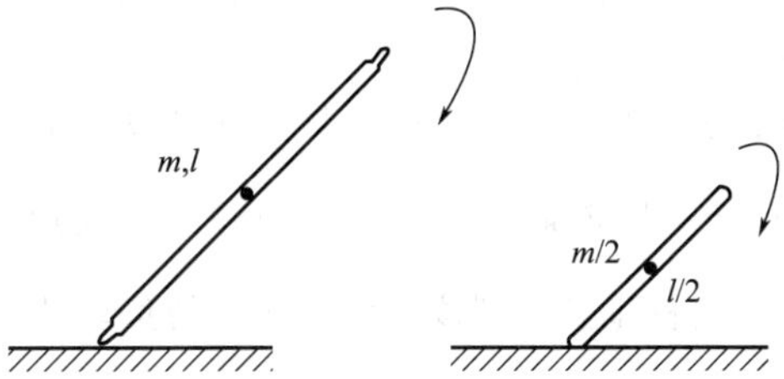

图 4-23　4-22 题图

4-22　一质量为 60kg 的人站在一质量为 60kg、半径为 2m 的均匀圆盘的边缘，圆盘可绕与盘面相垂直的中心竖直轴无摩擦地转动，系统原来是静止的。后来人沿圆盘边缘走动，当他相对圆盘的走动速度为 2m/s 时，圆盘角速度的大小为（　　）。

(A) 1rad/s　　(B) 2rad/s　　(C) $\frac{2}{3}$rad/s　　(D) $\frac{4}{3}$rad/s

4-23　轻绳的一端系着质点 m，另一端穿过光滑桌面上的小孔 O 用力 $\boldsymbol{F}$ 拉着，如图 4-24 所示。质点原来以等速率 v 作半径为 r 的平面圆周运动，当力 $\boldsymbol{F}$ 拉动绳子向下移动 $3r/4$ 时，该质点的转动角速度的大小为（　　）。

(A) v/r　　(B) $\sqrt{2}v/r$　　(C) $2v/r$　　(D) $16v/r$

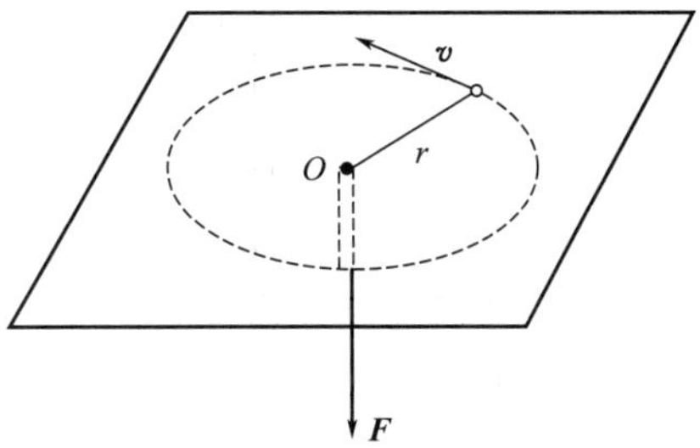

图 4-24　4-23 题图

4-24　两小球质量分别为 m 和 $3m$，用一轻的刚性细杆相连。对于通过细杆并与之垂直的轴来说，轴应在图 4-25 中什么位置处物体系对该轴转动惯量最小（　　）。

(A) $x=10$cm 处　　(B) $x=20$cm 处

(C) $x=22.5$cm 处　　(D) $x=25$cm 处

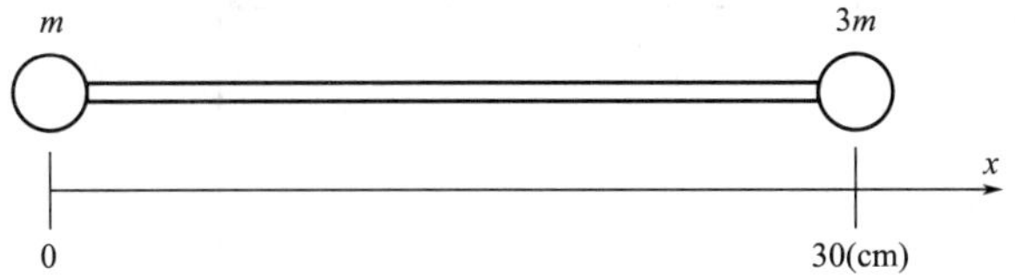

图 4-25　4-24 题图

4-25　刚体角动量守恒的充分而必要的条件是（　　）。

(A) 刚体不受外力矩的作用　　(B) 刚体所受合外力矩为零

(C) 刚体所受的合外力和合外力矩均为零　　(D) 刚体的转动惯量和角速度均保持不变

填空题

4-26　一作定轴转动的物体，对转轴的转动惯量 $J=3.0\ \text{kg}\cdot\text{m}^2$，角速度 $\omega_0=6.0\ \text{rad/s}$，现对物体加一恒定的制动力矩的值 $M=-12\ \text{N}\cdot\text{m}$，当物体的角速度减慢到 $\omega=2.0\ \text{rad/s}$ 时，物体已转过了角度 $\Delta\theta=$__________。

4-27　如图 4-26 所示质量分别为 m 和 $2m$ 的两物体（可视为质点），用长为 l 的刚性轻质细杆相连，此杆可绕与杆垂直的竖直固定轴 O 转动，已知 O 轴与质量为 $2m$ 的质点距离为 $\frac{1}{3}l$，质量为 m 的质点的线速度为 v 且与杆垂直，则该系统对转轴的角动量的值为__________。

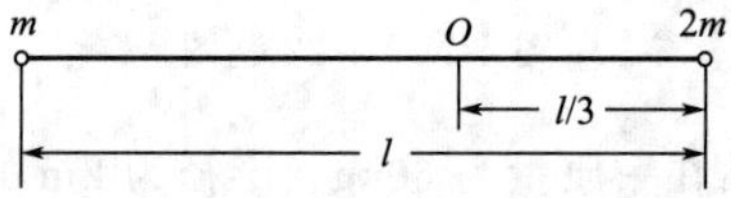

图 4-26　4-27 题图

4-28　如图 4-27 所示，长为 l 的刚性轻质细杆两端各固定质量分别为 m 和 $2m$ 的小球，杆可绕水平光滑固定轴 O 在竖直面内转动，转轴 O 距两端分别为 $\frac{1}{3}l$ 和 $\frac{2}{3}l$，轻杆原来静止在竖直位置。今有一质量为 m 的小球，以水平速率 v_0 与杆下端小球 m 作对心碰撞，碰后以 $\frac{1}{2}v_0$ 的速率返回，则碰撞后轻杆所获得的角速度的值为__________。

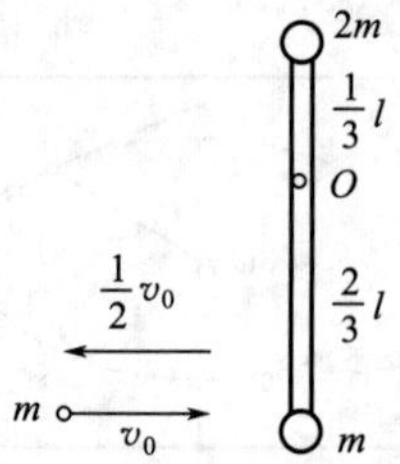

图 4-27　4-28 题图

4-29　如图 4-28 所示，A，B，C，D 为附于刚性轻质细杆上的质量分别为 $4m$、$3m$、$2m$ 和 m 的四个质点，且 $AB=BC=CD=l$，则系统对转轴 OO' 的转动惯量为__________。

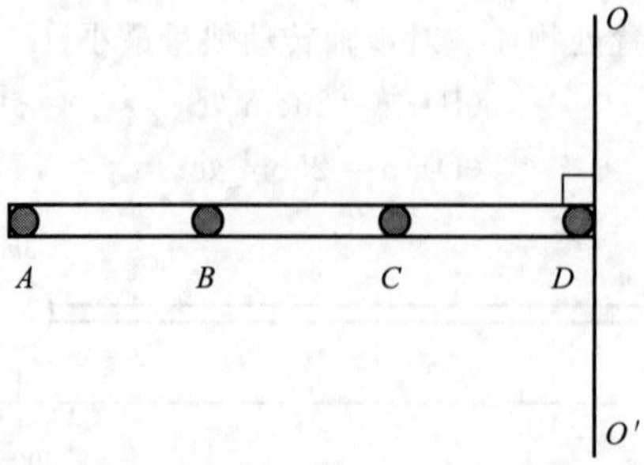

图 4-28　4-29 题图

4-30　一飞轮以角速度 ω_0 绕轴旋转，飞轮对轴的转动惯量为 J_1。另一静止飞轮突然被同轴地啮合到转动的飞轮上，该飞轮对轴的转动惯量为前者的二倍，啮合后整个系统的角速度为__________。

4-31 将一质量为 m 的小球，系于轻绳的一端，绳的另一端穿过光滑水平桌面上的小孔用手拉住，先使小球以角速度 ω_1 在桌面上做半径为 r_1 的圆周运动，然后缓慢将绳下拉，使半径缩小为 r_2，在此过程中小球的动能增量是 __________。

4-32 如图 4-29 所示，质点 Q 的质量为 1kg，位置矢量为$\boldsymbol{r}$，速度为v，它受到力$\boldsymbol{F}$的作用，且三个矢量均在 Oxy 平面内 $r = 3.0$m，$v=4.0$m/s，$F=2$N，则该质点对原点 O 的角动量$\boldsymbol{L}=$ __________；作用在质点上的力对原点的力矩$\boldsymbol{M}=$ __________。

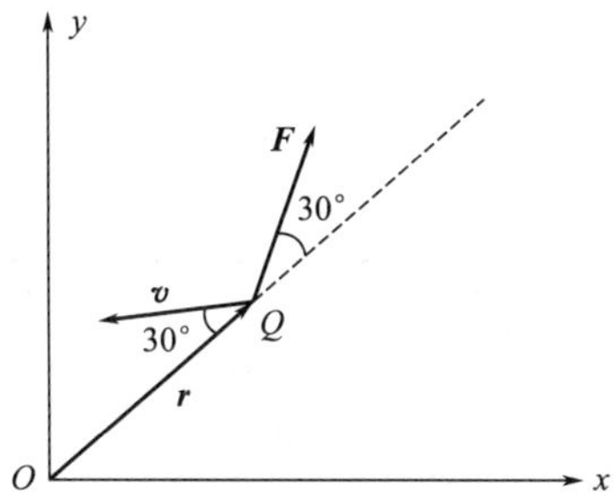

图 4-29 4-32 题图

4-33 已知 $\boldsymbol{r}=2\boldsymbol{i}+3\boldsymbol{j}$，$\boldsymbol{F}=t\boldsymbol{i}+t^2\boldsymbol{j}$ (SI)，则第 2s 末的力矩 $\boldsymbol{M}$大小为__________。

4-34 哈雷彗星绕太阳的轨道是以太阳为一个焦点的椭圆。它离太阳最近的距离是 $r_1=8.57\times10^{10}$m，此时它的速率是 $v_1=5.46\times10^4$m/s，它离太阳最远的速率是 $v_2=9.08\times10^2$m/s，这时它离太阳的距离是 $r_2=$__________。

4-35 如图 4-30 所示，一根长 l，质量为 m 的匀质细棒可绕通过点 O 的水平光滑轴在竖直平面内转动，则棒的转动惯量 $\boldsymbol{J}=$__________；当棒由水平位置转到图示的位置时，则其角加速度 $\beta=$__________。

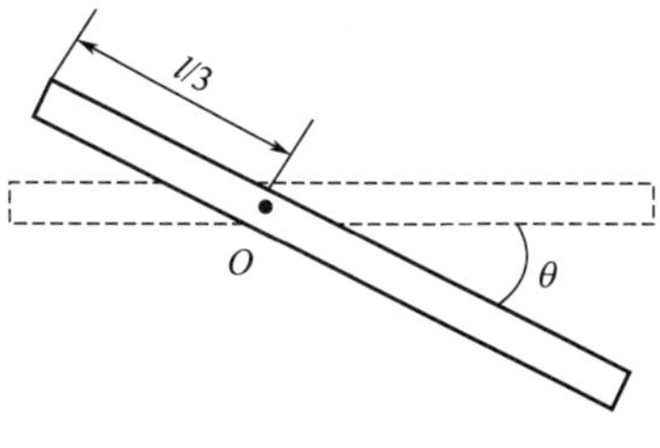

图 4-30 4-35 题图

计算题

4-36 如图 4-31 所示，设有一转台，质量为 M，半径为 R，可绕竖直的中心轴转动，初始角速度为 ω_0，有一人站在转台中心，其质量为 m，若他相对转台以恒定的速率 v 沿半径向边缘走去，试求人走了 t 时间后，转台转过的角度。(竖直轴所受摩擦阻力矩忽略不计)

4-37 光滑平板中央开一小孔，质量为 $m=50.0$g 的小球用细线系住，细线穿过小孔后挂一质量 $M=100$g 的重物，如图 4-32 所示。小球做匀速圆周运动，当半径 $r=12.4$cm 时，重物达到平衡，今在 M 的下方再挂一同一质量的另一重物时，试求小球做匀速圆周运动的角速度 ω' 和半径 r'。

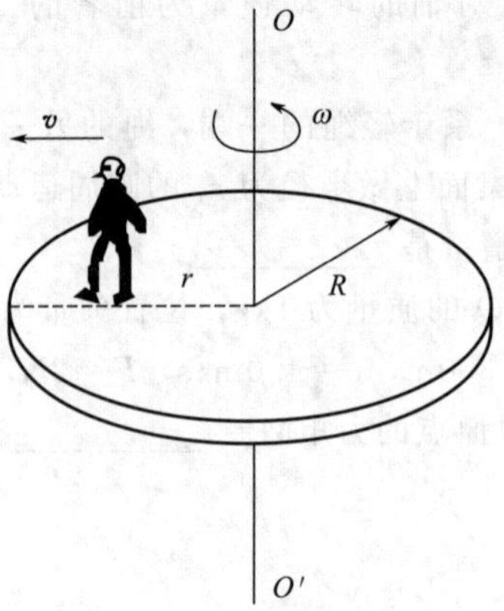

图 4-31 4-36 题图

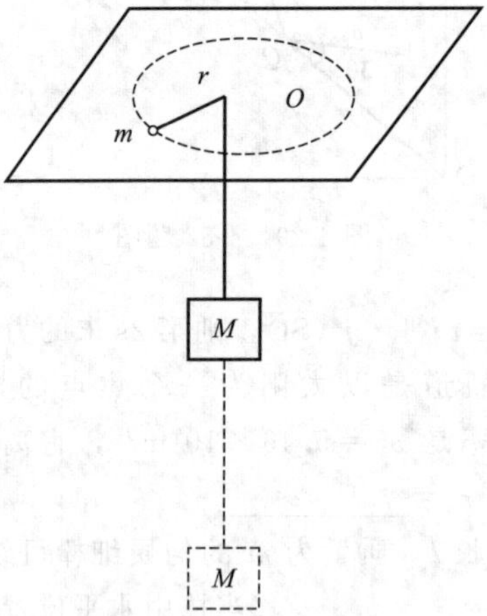

图 4-32 4-37 题图

4-38 一滑轮的半径为 10cm，转动惯量为 $1.0\times10^{-3}\,\mathrm{kg\cdot m^2}$。一变力的大小 $F=0.50t+0.30t^2$（SI 单位制）沿着切线方向作用在滑轮的边缘上，如果滑轮最初处于静止状态，试求他在 3.0s 时的角速度。

4-39 一转速为每分钟 300r、半径为 0.2m 的飞轮，因受恒定制动力而减速，经 10s 停止转动。求

（1）角加速度和停止前飞轮转动的圈数；

（2）制动开始后 $t=6\mathrm{s}$ 时飞轮的角速度；

（3）$t=6\mathrm{s}$ 时，飞轮边缘上一点的线速度，切向加速度和法向加速度。

4-40 如图 4-33 所示，一个质量为 m 的物体与绕在定滑轮上的绳子相连。绳子质量可以忽略，它与定滑轮之间无滑动。假设定滑轮质量 $M=5m$，半径为 R，滑轮轴光滑，物体自静止下落的过程中。求

（1）重物下落的加速度和绳中的张力；

（2）t 时刻下落的速度。

4-41 如图 4-34 所示，一轻绳跨过两个质量为 m、半径为 r 的均匀圆盘状定滑轮，绳的两端分别挂着质量为 $3m$ 和 m 的重物，绳与滑轮间无相对滑动，滑轮轴光滑，将系统从静止释放，求重物的加速度和两滑轮之间绳的张力。

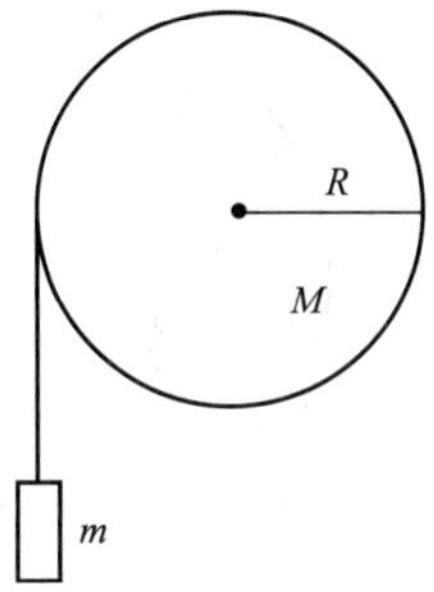

图 4-33　4-40 题图

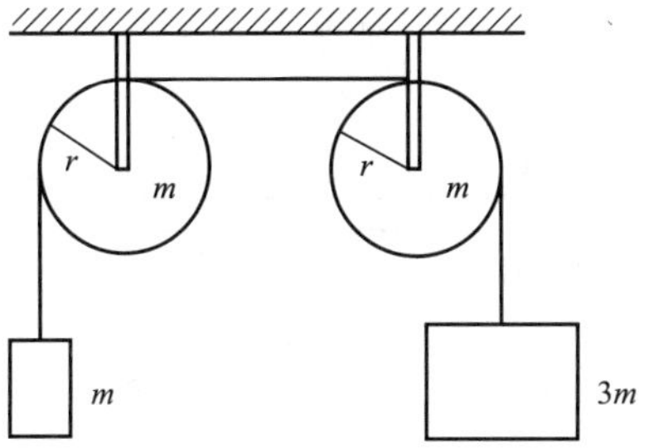

图 4-34　4-41 题图

4-42　如图 4-35 所示，质量分别为 m 和 $2m$、半径分别为 r 和 $2r$ 的两个均匀圆盘，同轴地粘在一起，可以绕通过盘心且垂直于盘面的水平光滑固定轴转动，大小圆盘边缘都有绳子，绳子下端分别挂着质量为 m 和 $2m$ 的重物 A 和 B，这一系统从静止开始运动，绳与盘相对无滑动，绳长不变。求

（1）组合轮角加速度大小，两物体的加速度大小；

（2）当物体 A 上升 h 时，组合轮的角速度。

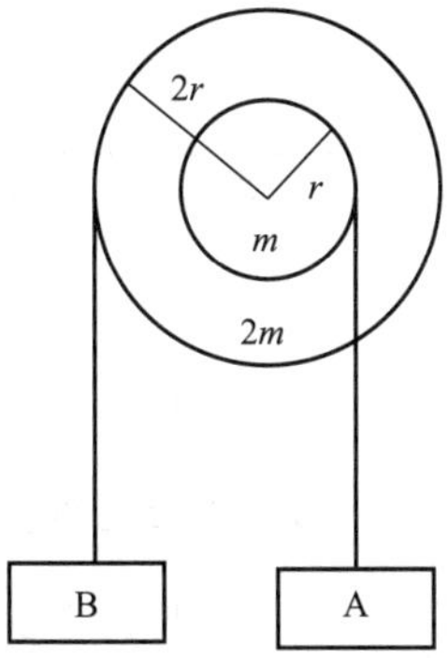

图 4-35　4-42 题图

4-43　如图 4-36 所示，一质量为 M 半径为 R 的飞轮，质量分布均匀，绕通过圆盘中心并垂直盘面的水平转轴转动，转动角速度为 ω，在某时刻飞轮边缘一质量为 m 的碎片突然从边缘飞出，且瞬时速度恰好竖直向上，求

（1）它能上升的最大高度；

（2）剩余部分飞轮的角速度 ω' 为多少？角动量为多少？

4-44　如图 4-37 所示，一匀质细杆质量为 m，长为 l，可绕过一端 O 的水平轴自由转动，杆

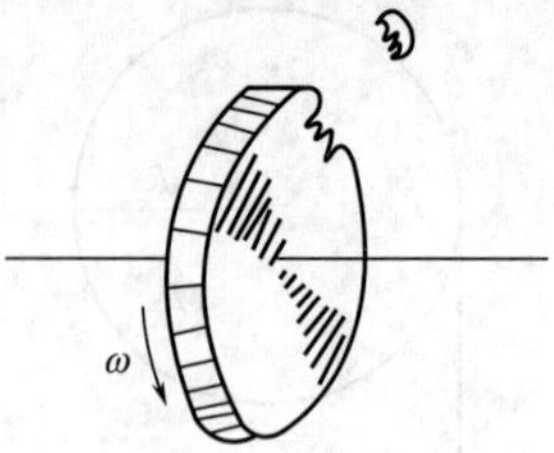

图 4-36　4-43 题图

于水平位置由静止开始摆下。求

（1）初始时刻和转过 θ 角时的角加速度；

（2）杆转过 θ 角时的角速度。

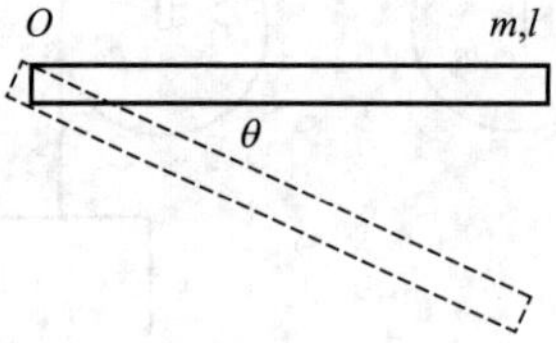

图 4-37　4-44 题图

4-45　如图 4-38 所示，有一质量为 m_1、长为 l 的均匀细杆，静止平放在滑动摩擦系数为 μ 的水平桌面上，它可绕通过其中点 O 且与桌面垂直的固定光滑轴转动。另有一水平运动的质量为 m_2 的小滑块，垂直于细杆碰撞到细杆的一端，设碰撞时间极短，且碰后小滑块迅速滑走，已知小滑块在碰撞前后的速度大小分别为 v_1 和 v_2。求

（1）碰撞后作用在杆上的摩擦力矩；

（2）经过多长时间杆才能停下来？

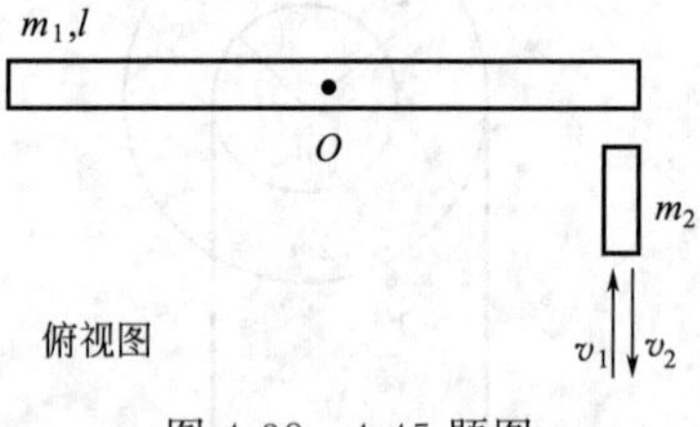

图 4-38　4-45 题图

4-46　一个作定轴转动的轮子，对轴的转动惯量 $J = 2.0\text{kg}\cdot\text{m}^2$，正以角速度 ω_0 匀速转动，现对轮子加一恒定的力矩 $M = -8.0\ \text{N}\cdot\text{m}$，经过时间 $t = 8.0\text{s}$ 时轮子的角速度 $\omega = -\omega_0$，求 ω_0 是多少？

4-47　如图 4-39 所示，一质量为 m 的物体悬于一条轻绳的一端，绳另一端绕在一轮轴的轴上，轴水平且垂直于轮轴面，其半径为 r，整个装置架在光滑的固定轴承之上。当物体从静止释放后，在时间 t 内下降了一段距离 S。试求整个轮轴的转动惯量（用 m，r，t 和 S 表示）。

4-48　如图 4-40 所示，设两重物质量分别为 m_1 和 m_2，且 $m_1 < m_2$，定滑轮质量为 M 半径为 r，轻绳与滑轮间相对无滑动，滑轮轴上摩擦不计，设开始时系统静止。试求 t 时刻滑轮的角速度。

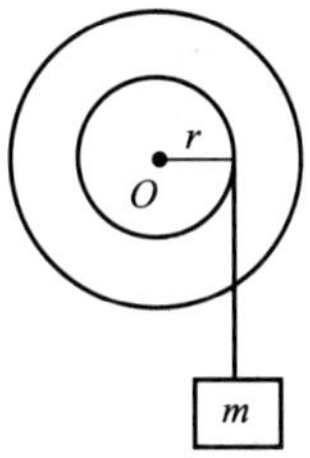

图 4-39 4-47 题图

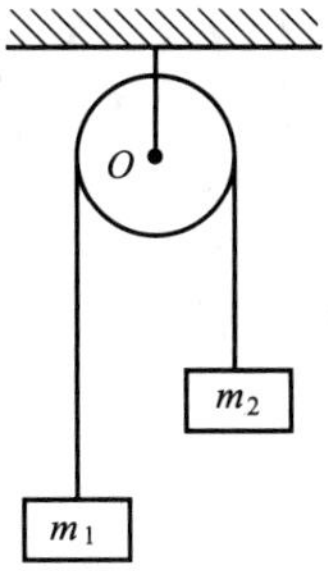

图 4-40 4-48 题图

4-49 如图 4-41 所示，长为 l、质量为 M 的匀质杆可绕通过杆一端 O 的水平光滑固定轴转动，开始时杆竖直下垂，有一质量为 m 的子弹以水平速度$\boldsymbol{v}_0$射入杆上 A 点并嵌在杆中，$OA=2l/3$，$M=6m$。试求

（1）子弹射入后瞬间杆的角速度？

（2）子弹嵌入杆中后一起上摆，最大摆动角度为多少？

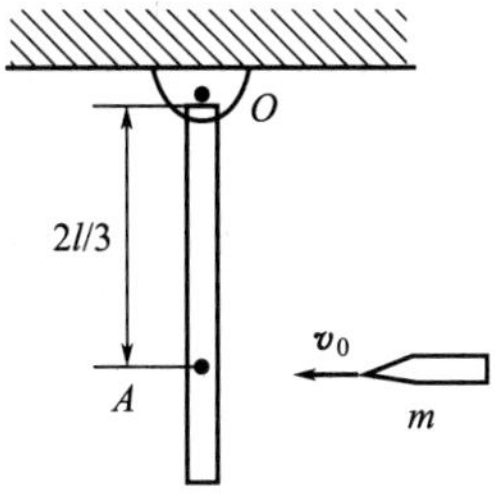

图 4-41 4-49 题图

4-50 如图 4-42 所示，滑块 A 和重物 B 质量分别为 m_A、m_B，用轻绳连接绕在质量为 M、半径为 r 的定滑轮两侧，绳与滑轮之间相对无滑动，滑块 A 与桌面间、滑轮与轴承之间均无摩擦，绳的质量可不计。求

（1）滑块 A 的加速度？

（2）滑块 A 和重物 B 所受到的拉力各为多少？

（3）当重物 B 由静止下落 y 距离后，B 的速率为多少？

4-51 如图 4-43 所示，转轮 A 和套在其外圈的环形转轮 B 之间光滑无摩擦，A 可绕光滑的固定轴 O 转动，B 可绕 A 转动。A 的质量为 m 半径为 R，B 与 A 材质相同厚度相同外半径为 $2R$，轮边缘处绳子拉绕在轮上，细绳与轮之间无滑动。为使 A，B 轮边缘处的切向加速度相同，则它们所挂相应重物质量 m_A，m_B 之比应为多少？

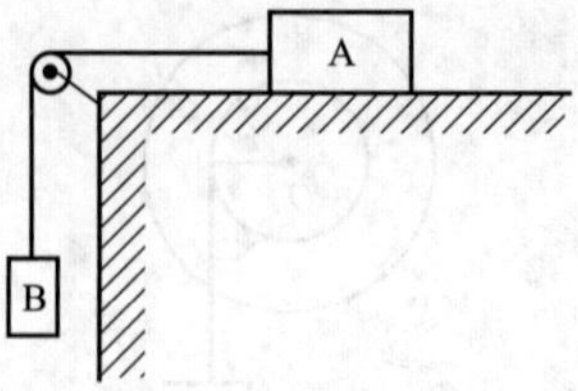

图 4-42　4-50 题图

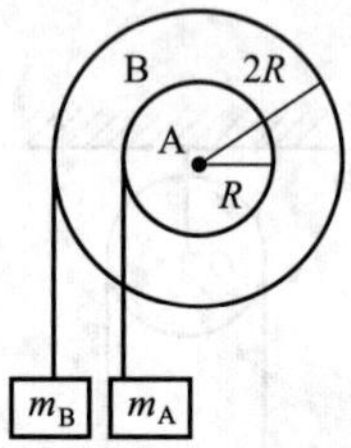

图 4-43　4-51 题图

思考题

4-52　对静止的刚体施以外力，如果合外力为零，刚体会不会运动？

4-53　如果刚体的角速度很大，那么

(1) 作用在它上面的力是否一定很大？

(2) 作用在它上面的力矩是否一定很大？

4-54　研究刚体转动时，为什么要研究力矩作用？力矩和哪些因素相关？

4-55　试用转动定律解释：一个转动的飞轮，如不供给它能量，最终将停下来。

4-56　两个质量、身高等都相同的小孩，分别抓住跨过滑轮的绳子的两端，一个用力往上爬，另一个不动，问：哪一个先到达滑轮处？如果两小孩质量不相等，情况又如何？（滑轮和绳子的质量可以不计）

4-57　一根均匀细棒绕其一端在铅直平面内转动，如从水平位置转到铅直位置时，势能变化多少？

第五章

狭义相对论基础

牛顿力学只适用于低速运动的宏观物体，解释宏观物体的高速运动问题要用相对论力学。相对论分为狭义相对论和广义相对论。局限于惯性参考系的理论称为狭义相对论，推广到一般参考系的理论称为广义相对论。本章仅对狭义相对论作简单介绍。

第一节　伽利略变换和经典力学时空观

一、 伽利略变换式

我们要描述一个事件（如在某一时刻在某个地点发生一个事件）需要四个量(x, y, z, t)，称(x, y, z, t)为该事件的时空坐标。伽利略变换讨论的是对同一物理事件 P 在不同惯性系中所观测到的时空坐标之间的变换关系。设有两个惯性系 S 和 S'，且 S' 相对于 S 以速度 $\boldsymbol{u}$ 沿 x 轴正向运动(图 5-1)。分别在两个惯性系上建立如图 5-1 所示的坐标系 $S(Oxyz)$ 和 $S'(O'x'y'z')$，选取两坐标系原点 O，O' 重合时，两参考系中的时间 $t'=t=0$ 作为计时起点。某一物理事件 P 在 S 系中的时空坐标为(x, y, z, t)，在 S' 系中的时空坐标为(x', y', z', t')，则 P 点发生事件的两组时空坐标有如下关系：

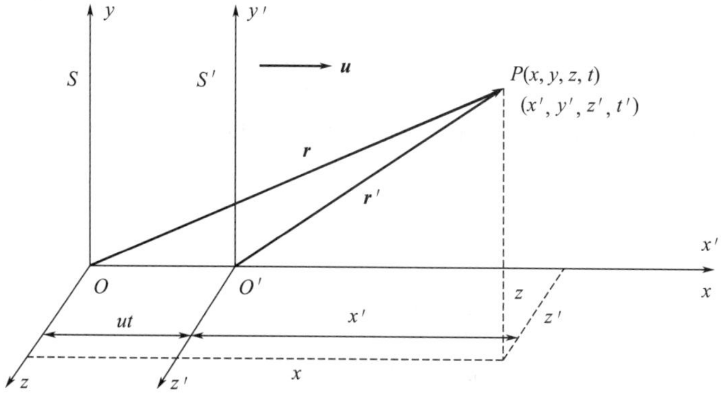

图 5-1　伽利略坐标变换

$$\begin{cases} x' = x - ut \\ y' = y \\ z' = z \\ t' = t \end{cases} \tag{5.1}$$

写成矢量式为

$$\boldsymbol{r}=\boldsymbol{r}-\boldsymbol{u}t$$

$$t'=t \tag{5.2}$$

变换式（5.1）、式（5.2）称为伽利略坐标变换式，若将方程组（5.1）两边同时对时间求导，有

$$\begin{cases} v_x'=v_x-u \\ v_y'=v_y \\ v_z'=v_z \end{cases} \tag{5.3}$$

写成矢量式为

$$\boldsymbol{v}'=\boldsymbol{v}-\boldsymbol{u} \tag{5.4}$$

变换式（5.3）、或（5.4）称为**伽利略速度变换式**，它反映了同一物体在不同惯性系中速度之间的变换关系。若将式(5.3) 对时间再求一次导数，则有

$$\begin{cases} a_x'=a_x \\ a_y'=a_y \\ a_z'=a_z \end{cases} \tag{5.5}$$

写成矢量式为

$$\boldsymbol{a}'=\boldsymbol{a} \tag{5.6}$$

变换式（5.5）、式（5.6）称为**伽利略加速度变换式**，其意义为：在任何惯性系中，质点的加速度是相同的。

二、 经典力学的相对性原理

经典力学相对性原理也称伽利略相对性原理或牛顿相对性原理。该原理表明：任何两个惯性系之间都通过伽利略变换相联系；所有惯性系中经典力学规律都具有相同的数学表示式。经典力学相对性原理说明了一切惯性系都是等价的，没有哪一个惯性系有优势。在任何惯性系中观察同一力学现象，它们的规律具有完全一样的数学形式。而对其他物理学理论，如果在由伽利略变换相联系的所有惯性系中都具有相同的数学表示式，称该物理理论满足经典力学相对性原理。

经典力学相对性原理已经指出经典力学规律满足该原理。下面简单说明牛顿第二定律满足经典力学相对性原理。

已知在惯性系 S 中牛顿定律$\boldsymbol{F}=m\boldsymbol{a}$成立，证明它在相对于 S 以速度$\boldsymbol{u}$沿 x 轴正向运动 S'系中同样有 $\boldsymbol{F}'=m'\boldsymbol{a}'$成立。

由式(5.6) 有

$$\boldsymbol{a}'=\boldsymbol{a}$$

由经典力学的观点，质量表示物质含量的多少，是与运动无关的常量，即

$$m'=m$$

于是有

$$\boldsymbol{F}'=\boldsymbol{F}$$

即

$$\boldsymbol{F}'=m'\boldsymbol{a}'$$

牛顿定律的不变性得证。

三、 经典力学的绝对时空观

1. 绝对时间

伽利略变换中 $t'=t$，可知 $\Delta t'=\Delta t$。在两个相互做匀速运动的惯性系中，对同一个物

理过程所观测到的时间间隔相等，即时间与运动无关，时间均匀地流逝着，称为经典力学的绝对时间观；由于 $\Delta t'=\Delta t$，表明伽利略变换还说明了同时性是绝对的，两事件发生的先后次序也是绝对的。

2. 绝对空间

在 S 系中同一时刻 t 测得物体两端点的坐标为(x_1,y_1,z_1,t)和(x_2,y_2,z_2,t)，则该物体的长度 $l=\sqrt{(x_2-x_1)^2+(y_2-y_1)^2+(z_2-z_1)^2}$；在系中 S'同一时刻 t'测得这物体两端点坐标分别为(x'_1,y'_1,z'_1,t')和(x'_2,y'_2,z'_2,t')，其长度为 $l'=\sqrt{(x'_2-x'_1)^2+(y'_2-y'_1)^2+(z'_2-z'_1)^2}$ 。根据伽利略变换可得 $l'=l$，这说明在两个相互做匀速直线运动的惯性系中测得的空间任意两点之间的距离相等，即空间的测量与惯性参考系无关，空间两点间的距离对任何惯性系来说，都是绝对不变的，这就是所谓的绝对空间观。伽利略变换所隐含的绝对时间和绝对空间的概念，构成了经典力学的绝对时空观。

四、 迈克耳逊-莫雷实验

经典力学和经典电磁学是经典物理学的两大理论。在经典力学的时空观下，物理学面临的两个基本事实是：经典力学满足伽利略相对性原理，但是经典电磁理论不满足伽利略相对性原理。19 世纪末一些物理学家希望麦克斯韦创立的电磁场理论也适用伽利略变换。该理论的结论是：光是一种电磁波，光在真空中的传播速度 $c=\dfrac{1}{\sqrt{\varepsilon_0\mu_0}}\approx 3\times 10^8\,\mathrm{m/s}$（$\varepsilon_0$，$\mu_0$分别为真空介电常数和真空磁导率）。机械波的传播是需要媒质的。我们会问：光在真空中是靠什么传播的？为了解释这个问题，有人提出了以太学说。以太学说认为，以太是充满整个空间的一种特殊媒质，光在真空中是靠以太来传播的；以太是绝对静止的，以太参考系称为绝对静止参考系，相对以太的运动速度称为绝对速度。当时认为以太可以观察到，在相对以太以$\boldsymbol{u}$速度运动的参考系中光的速度各向异性，在地球上就可以通过光学实验测定地球相对以太的速度，只要能测出地球的绝对速度，以太系就找到了。迈克耳逊-莫雷实验就是为测量这个速度而设计的。该实验所用仪器就是迈克耳逊干涉仪。实验装置，如图 5-2 所示，为迈克耳逊干涉仪的原理图，整个装置可以绕垂直书面的轴转动，且 $PM_1=PM_2=l$ 不变。假定地球（即仪器）参考系（地球可近似地看成惯性系）相对

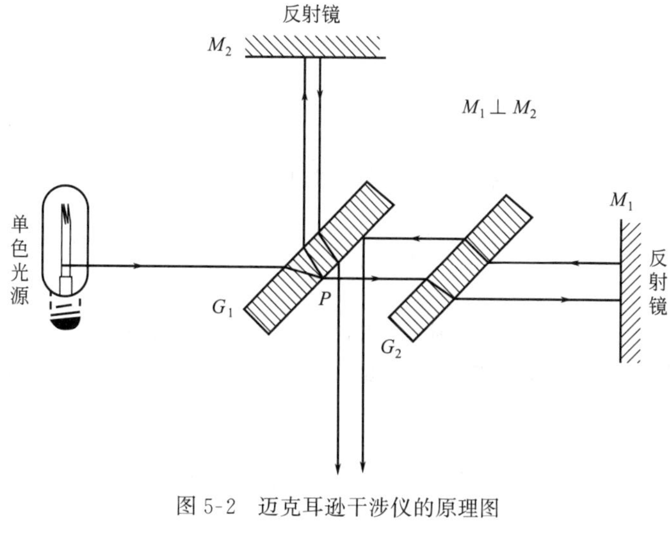

图 5-2　迈克耳逊干涉仪的原理图

于以太以速度$\boldsymbol{u}$沿 G_1M_1 方向运动，光相对于地球（即仪器）的速度为$\boldsymbol{v}$。取以太为 S 系，地球为 S'系，则由伽利略速度变换法则有

$$\boldsymbol{v}=\boldsymbol{c}-\boldsymbol{u} \tag{5.7}$$

由式（5.7）知，$\boldsymbol{u}$的大小和方向都是一定的，$\boldsymbol{c}$的大小也是一定的，但其方向可以变化，所以，光对地球的速度$\boldsymbol{v}$的大小随方向而变化。沿$\boldsymbol{u}$方向 $v=c-u$[图 5-3(a)]，逆$\boldsymbol{u}$方向 $v=c+u$[图 5-3(b)]，垂直$\boldsymbol{u}$的方向 $v=\sqrt{c^2-u^2}$[图 5-3(c)]。所以来回于 G_1、M_1 之间的光束所需时间为

$$t_2=\frac{l}{c-u}+\frac{l}{c+u}=\frac{2l}{c}\left(1-\frac{u^2}{c^2}\right)^{-1}\approx\frac{2l}{c}\left(1+\frac{u^2}{c^2}\right)$$

来回于 G_2，M_2 之间的光束所需时间为

$$t_1=\frac{2l}{\sqrt{c^2-u^2}}=\frac{2l}{c}\left(1-\frac{u^2}{c^2}\right)^{-1/2}\approx\frac{2l}{c}\left(1+\frac{u^2}{2c^2}\right)$$

这两束光的时间差为

$$t_2-t_1=\frac{2l}{c}\left[\left(1+\frac{u^2}{c^2}\right)-\left(1+\frac{u^2}{2c^2}\right)\right]=\frac{lu^2}{c^3} \tag{5.8}$$

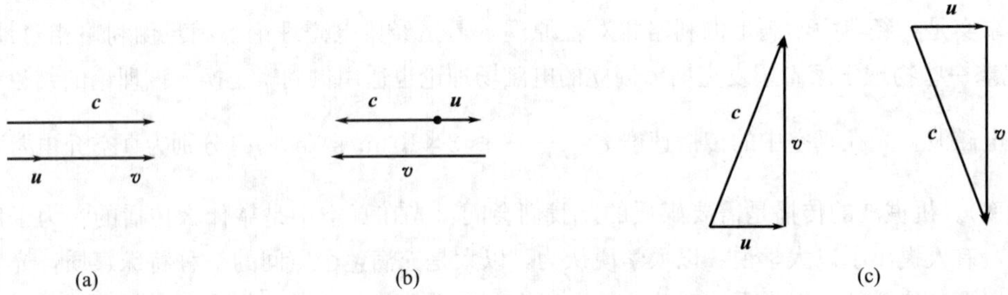

图 5-3 速度关系示意图

这两束光的光程差为

$$\delta=c(t_2-t_1)=\frac{lu^2}{c^2} \tag{5.9}$$

整个装置可以绕垂直书面的轴转动 90°，这两束光互换位置，其光程差由 δ 变为$-\delta$，可见由旋转引起的光程差的改变为 2δ。相当于 M_2 镜移动 d 距离，即

$$d=\frac{2\delta}{2}=\frac{lu^2}{c^2}$$

由迈克耳逊干涉仪的原理，在转动过程中移过视场的干涉条纹数为

$$\Delta N=\frac{d}{\lambda/2}=\frac{2\delta}{\lambda}=\frac{2lu^2}{\lambda c^2}$$

实验中光束来回反射 8 次，上式中 $c=3.0\times10^8$ m/s，$l=11$m，取地球（即仪器）相对于以太的速度等于地球绕太阳运动（公转）的速度，即 $u=3.0\times10^4$ m/s，光波波长 $\lambda=5.9\times10^{-7}$ m 代入上式有

$$\Delta N=\frac{2\times11\times(3.0\times10^4)^2}{5.9\times10^{-7}\times(3.0\times10^8)^2}\approx0.4$$

实验的精确度很高，可以观察到 0.01 条条纹的移动。但遗憾的是，经过反复实验，始终没有观察到条纹的移动。这一实验结果表明：相对于以太的绝对运动是不存在的，以太不存在。地球上各方向的光速相同，与地球的运动状态无关，在各个惯性系中，光速都相同。该实验也成功地否定了绝对参考系的存在。

第二节 狭义相对论的基本假设 洛伦兹变换

一、 狭义相对论的基本假设

1905 年，爱因斯坦发表了《论运动物体的电动力学》，其中提出了如下两个基本假设。

1. 相对性原理

任何物理学规律在所有惯性系中都具有相同的数学表达式。这就是**爱因斯坦相对性原理**，即**相对性原理**。此原理说明任何惯性系都是等价的，不存在特殊的惯性系。

2. 光速不变原理

任何惯性系中，真空中的光速具有相同的数值 c，与观测者或光源的运动无关。

二、 洛伦兹变换

荷兰物理学家洛伦兹在研究电磁场理论时提出了一套适合麦克斯韦方程组的坐标变换公式，称此变换为**洛伦兹变换**。

如图 5-4 所示，惯性系 S'相对于静止惯性系 S 在 x 方向上以$\boldsymbol{u}$作匀速直线运动，位于 S'和 S 系上的两个直角坐标系 $O'x'y'z'$和 $Oxyz$ 的三个对应轴平行，且 x 和 x'轴重合。两个惯性系分别有自己的计时系统，当两个参考系的坐标原点重合时，两个参考系的计时系统开始计时（即 $t'=t=0$），对同一物理事件 P 在 S 系中的时空坐标为(x,y,z,t)，在 S'系中的时空坐标为(x',y',z',t')，则 P 点发生事件的两组时空坐标之间必有确定的联系，即时空坐标变换。

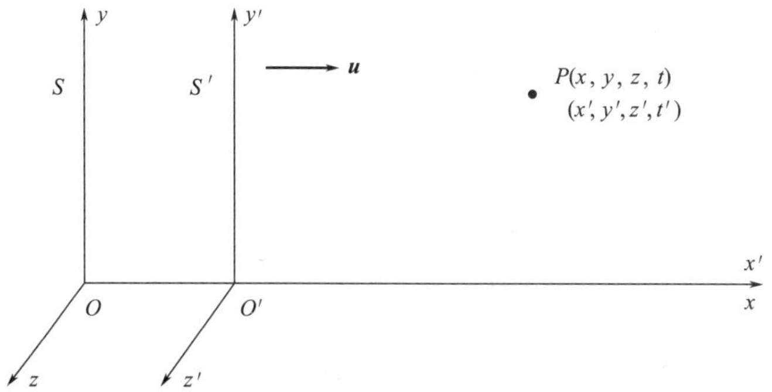

图 5-4 洛伦兹坐标变换

由狭义相对论的两个基本假设出发，可以导出某一事件在两个惯性系中的时空坐标之间的变换关系式为

$$\begin{cases} x'=\gamma(x-ut) \\ y'=y \\ z'=z \\ t'=\gamma\left(t-\dfrac{u}{c^2}x\right) \end{cases} \tag{5.10}$$

式中，$\gamma=\dfrac{1}{\sqrt{1-\dfrac{u^2}{c^2}}}$。

由相对性原理可以得到时空坐标的逆变换式

$$\begin{cases} x=\gamma(x'+ut') \\ y=y' \\ z=z' \\ t=\gamma\left(t'+\dfrac{u}{c^2}x'\right) \end{cases} \tag{5.11}$$

变换式（5.10）和式（5.11）统称为洛伦兹变换。

关于洛伦兹变换的几点说明如下。

（1）洛伦兹变换表示同一物理事件 P 在两个不同惯性参考系中观察时的时空坐标之间的关系，可以看出它把时间和空间联系在一起。

（2）洛伦兹变换体现了狭义相对论的基本原理。

（3）狭义相对论要求所有的物理学规律在洛伦兹变换下的形式不变。

（4）当 $u\ll c$ 时，洛伦兹变换过渡到伽利略变换，相对论力学过渡到经典力学。由此表明：洛伦兹变换更具普遍性。

（5）将洛伦兹变换式（5.10）和式（5.11）两边微分，有

$$\begin{cases} v'_x=\dfrac{v_x-u}{1-\dfrac{uv_x}{c^2}} \\ v'_y=\dfrac{v_y}{\gamma\left(1-\dfrac{uv_x}{c^2}\right)} \\ v'_z=\dfrac{v_z}{\gamma\left(1-\dfrac{uv_x}{c^2}\right)} \end{cases} \tag{5.12}$$

$$\begin{cases} v_x=\dfrac{v'_x+u}{1+\dfrac{uv'_x}{c^2}} \\ v_y=\dfrac{v'_y}{\gamma\left(1+\dfrac{uv'_x}{c^2}\right)} \\ v_z=\dfrac{v'_z}{\gamma\left(1+\dfrac{uv'_x}{c^2}\right)} \end{cases} \tag{5.13}$$

式（5.12）称为洛伦兹速度变换；式（5.13）称为洛伦兹速度变换的逆变换。

【例 5-1】 甲乙两人所乘飞行器沿 Ox 轴作相对运动，甲测得两个事件的时空坐标为 $x_1=6\times10^4\text{m}$，$y_1=z_1=0$，$t_1=2\times10^{-4}\text{s}$；$x_2=12\times10^4\text{m}$，$y_2=z_2=0$，$t_2=1\times10^{-4}\text{s}$，如果乙测得这两个事件同时发生于 t' 时刻，问

（1）乙对于甲的运动速度是多少？

（2）乙所测得的两个事件的空间间隔是多少？

【解】 （1）设乙对于甲的运动速度为 $\boldsymbol{u}$。由洛伦兹变换 $t'=\gamma(t-\frac{u}{c^2}x)$ 可知乙所测得的这两个事件的时间间隔应为

$$t_2'-t_1'=\gamma[(t_2-t_1)-\frac{u}{c^2}(x_2-x_1)]$$

按题意 $t_2'-t_1'=0$，代入已知数据，可解得

$$u=-\frac{c}{2}$$

由洛伦兹变换 $x'=\gamma(x-ut)$

可知乙所测得的这两个事件的空间间隔为

$$x_2'-x_1'=\gamma[(x_2-x_1)-u(t_2-t_1)]=5.2\times10^4\text{m}$$

第三节 狭义相对论时空理论

一、 同时的相对性

牛顿力学中，时间是绝对的，同时性也是绝对的，即 S 系中同时发生的事件，在 S' 系中看来也是同时的。在狭义相对论中，同时性不再是绝对的，而是相对的。

在惯性系 S 中，观察两事件 A 和 B，它们分别发生在 x_1 处、t_1 时刻和 x_2 处、t_2 时刻，惯性系 S' 中观察两事件 A 和 B 分别发生于 t_1' 和 t_2' 时刻。由洛伦兹变换有

$$t_2'-t_1'=\gamma[(t_2-t_1)-\frac{u}{c^2}(x_2-x_1)] \tag{5.14}$$

现作如下讨论。

（1）如果事件 A 和 B 在 S 系中是同时发生的，即 $t_1=t_2$，则 $t_2'-t_1'=\gamma\frac{u}{c^2}(x_1-x_2)\neq0$，可见，在一个惯性系中不同地点同时发生的两事件，在另一惯性系中观察就不是同时发生的，这种现象称为同时的相对性。

（2）在一个惯性系中观察是同时同地发生的两事件，即 $t_1=t_2$，$x_1=x_2$，在另一惯性系中观察亦必然是同时发生的，即 $t_1'=t_2'$。

二、 长度收缩效应

设甲、乙两人分别相对静止于惯性系 S 和 S' 中，惯性系 S' 相对于惯性系 S 以速度 $\boldsymbol{u}$ 沿

Ox 轴正方向运动（图 5-5）。S'系有一根标尺沿 Ox'轴放置并与 S'系相对静止。在 S'测得标尺的长度 l_0，其坐标分别为 x'_1，x'_2，则

$$l_0 = x'_2 - x'_1$$

这就是乙所观察到的标尺长度。

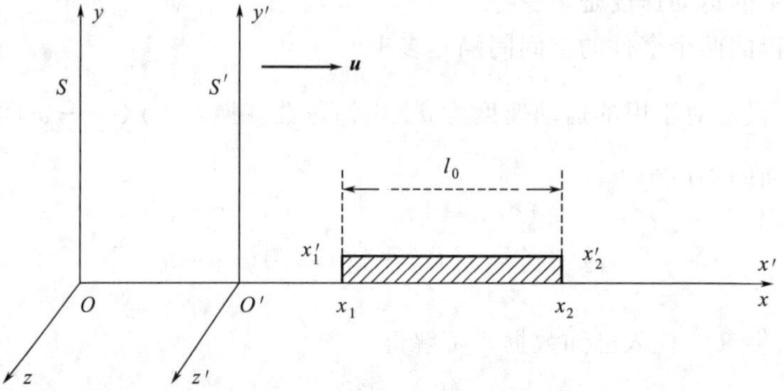

图 5-5　长度收缩效应公式推导图

而甲测得标尺的长度为 l，同时测得坐标分别为 x_1，x_2，则 $l = x_2 - x_1$ 由洛伦兹变换求出标尺长度

$$l = x_2 - x_1 = \sqrt{1-\frac{u^2}{c^2}}(x'_2 - x'_1) = l_0\sqrt{1-\frac{u^2}{c^2}} \tag{5.15}$$

因为$\sqrt{1-\frac{u^2}{c^2}}<1$，所以 $l<l_0$。

这就是相对于标尺运动的观察者甲看到的标尺长度缩短了。l_0 通常称为物体的固有长度，它是相对于物体静止的观察者测得的物体长度。显然 $l<l_0$，这种效应称为运动长度收缩效应。有以下几点说明。

(1) 长度收缩有两点含义：一是物体沿运动方向上长度收缩；二是长度收缩是以观察者为标准，只有当物体与观察者发生相对运动时，才能在运动方向观察到收缩效应。

(2) 长度测量原则。当物体与观察者静止时，同时测量与否均可；但当物体与观察者发生相对运动时，必须同时测量。当 $u \ll c$ 时，$\gamma \to 1$，$l = l_0$，“收缩”效应可以忽略。

【例 5-2】 飞船上有一米尺，长度 $l_0 = 1\text{m}$ 以 45°角伸出飞船外，飞船速度 $u=\frac{\sqrt{3}}{2}c$，如图 5-6 所示 。求地球上的观察者测得米尺的长度及米尺与飞船的夹角。

【解】 飞船上看，米尺的水平长度和垂直长度分别为 l_{0x} 与 l_{0y}

$$\begin{cases} l_{0x} = l_0\cos45° = \frac{\sqrt{2}}{2} \\ l_{0y} = l_0\cos45° = \frac{\sqrt{2}}{2} \end{cases}$$

由长度收缩效应公式得地球上看水平长度为

$$l_x = l_{0x}\sqrt{1-\frac{u^2}{c^2}} = \frac{\sqrt{2}}{4}$$

米尺的长度为

$$l=\sqrt{l_x^2+l_{0y}^2}=\sqrt{(\frac{\sqrt{2}}{4})^2+(\frac{\sqrt{2}}{2})^2}=0.79\text{m}$$

$$\tan\theta=\frac{l_{0y}}{l_x}=\frac{\frac{\sqrt{2}}{2}}{\frac{\sqrt{2}}{4}}=2,\ \theta=63°27'$$

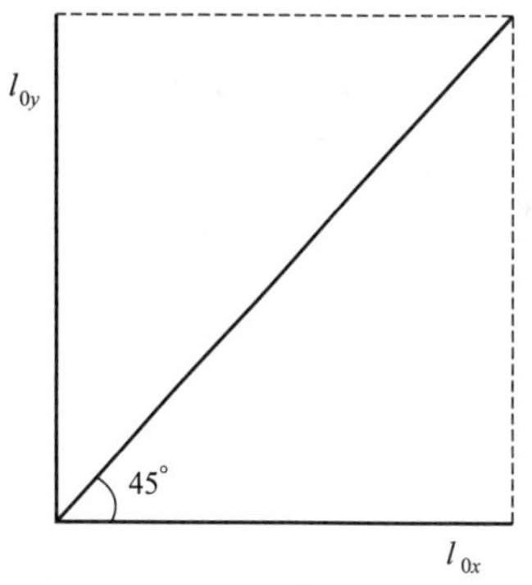

图 5-6 例 5-2 题图

三、 时间延缓效应

设在惯性系 S' 中观察，同一地点 x' 处，某事件 A 发生于 t_1' 时刻（图 5-7），某事件 B 发生于 t_2' 时刻；S' 系中观测到的两事件发生的时间间隔 $\Delta t'=t_2'-t_1'$；在惯性系 S 中观察，前一事件发生在 t_1 时刻 x_1 处，后一事件发生在 t_2 时刻 x_2 处且 $x_2\neq x_1$，则在 S 系中观测到的两事件发生的时间间隔 $\Delta t=t_2-t_1$，用 τ 表示为

$$\tau=t_2-t_1=\gamma(t_2'+\frac{u}{c^2}x_2')-\gamma(t_1'+\frac{u}{c^2}x_1')=\gamma(t_2'-t_1')=\gamma\Delta t'=\gamma\tau_0 \tag{5.16}$$

$\Delta t'=t_2'-t_1'$ 通常称为固有时间，用 τ_0 表示，显然 $\tau>\tau_0$，这种效应称为时间延缓效应。当 $u\ll c$ 时，$\gamma\to 1$，$\Delta t\approx\Delta t'$，时间“延缓”效应可忽略。

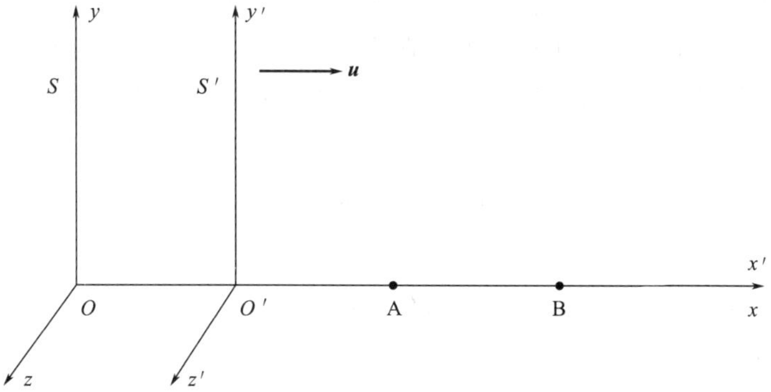

图 5-7 时间延缓效应公式推导图

【例 5-3】 μ 子是一种基本粒子，在相对于 μ 子静止的坐标系中测得其寿命为 $\tau_0=2\times10^{-6}$s。如果 μ 子相对于地球的速度 $v=0.988c$（c 为真空中的光速），求 μ 子在地球坐标系中的寿命。

【解】 由相对论时间延缓效应公式

$$\tau=\gamma\tau_0=\frac{\tau_0}{\sqrt{1-(\frac{v}{c})^2}}=\frac{2\times10^{-6}}{\sqrt{1-0.988^2}}=1.29\times10^{-5}(\text{s})$$

第四节 狭义相对论动力学基础

一、 相对论中的动量和质量

牛顿力学中，动量表达式

$$\boldsymbol{p}=m\boldsymbol{v}$$

式中，质量 m 与物体的运动无关。

大量实践证明：动量守恒定律对所有惯性参考系均成立。但在狭义相对论中，这一定律在洛伦兹变换下不能对一切惯性系成立。为此，我们必须修正动量的定义式。狭义相对论中，质量的定义式

$$m=\frac{m_0}{\sqrt{1-\frac{v^2}{c^2}}} \tag{5.17}$$

式（5.17）称为质量与速率的关系式。式中，$\boldsymbol{v}$ 为物体运动的速度；m_0 为相对于物体静止的参考系中的物体的质量，称为物体的静止质量；m 为物体相对于观察者以速度 $\boldsymbol{v}$ 运动时的质量，称为物体的运动质量。

在此基础上，相对论力学中引入物体的动量与经典力学中物体动量表述形式相同（可以证明），即

$$\boldsymbol{p}=m\boldsymbol{v}=\frac{m_0}{\sqrt{1-\frac{v^2}{c^2}}}\boldsymbol{v} \tag{5.18}$$

对于一般物体而言，其静止质量 $m_0\neq 0$，当其运动速度 $v\to c$ 时，其运动质量 $m\to\infty$，这时不论对物体加多大的力，也不可能再使它的速度增加，故一切物体的速度再大也不能大于光速。物体质量随速度而变这一事实，已被许多近代物理实验所证实，相对论力学中物体运动的基本方程式为

$$\boldsymbol{F}=\frac{\mathrm{d}(m\boldsymbol{v})}{\mathrm{d}t}=m\frac{\mathrm{d}\boldsymbol{v}}{\mathrm{d}t}+\boldsymbol{v}\frac{\mathrm{d}m}{\mathrm{d}t} \tag{5.19}$$

可以证明，上式在洛伦兹变换下满足相对性原理。

二、 相对论动能

下面是在只考虑物体受力的方向与其运动方向相同的特殊情况，所得结果对一般情况也普遍成立。设物体自静止开始在合外力 $\boldsymbol{F}$ 的作用下，由位置 a 到位置 b，速度由零增至 $\boldsymbol{v}$。由动能定理得

$$\begin{aligned}E_{\mathrm{k}}&=\int\mathrm{d}A=\int\boldsymbol{F}\cdot\mathrm{d}\boldsymbol{r}=\int\frac{\mathrm{d}(m\boldsymbol{v})}{\mathrm{d}t}\cdot\mathrm{d}\boldsymbol{r}=\int\boldsymbol{v}\cdot\mathrm{d}(m\boldsymbol{v})=\int(v^2\mathrm{d}m+m\boldsymbol{v}\mathrm{d}\boldsymbol{v})=\int(\boldsymbol{v}^2\mathrm{d}m+mv\mathrm{d}v)\\&=\int_0^v v\mathrm{d}(mv)=\int_0^v v\mathrm{d}\left(\frac{m_0v}{\sqrt{1-\frac{v^2}{c^2}}}\right)=m_0c^2\left(\frac{1}{\sqrt{1-\frac{v^2}{c^2}}}-1\right)\\&=mc^2-m_0c^2\end{aligned}$$

即

$$E_{\mathrm{k}}=E-E_0=mc^2-m_0c^2 \tag{5.20}$$

式（5.20）就是静止质量为 m_0 的物体，以速度 $\boldsymbol{v}$ 运动时的相对论动能。该式表明：当 $v\to c$ 时，$E_{\mathrm{k}}\to\infty$。就是说要使物体加速到光速，外力所做的功应为无限大，即无论外力对物体做多大的功，都不能使物体达到光速，说明光速是物体的极限速度。

三、质能关系式

在相对论动能公式 $E_k=mc^2-m_0c^2$ 中，动能 E_k 为 mc^2 与 m_0c^2 之差，可见 mc^2 和 m_0c^2 也具有能量的含义。爱因斯坦把 m_0c^2 称为物体的静止能量（简称静能），把 mc^2 称为物体的总能量，分别用 E_0 和 E 表示，即

$$E_0=m_0c^2 \tag{5.21}$$

$$E=mc^2=m_0c^2+E_k \tag{5.22}$$

式（5.22）就是著名的相对论**质能关系式**。它显示了质量和能量的普遍关系，揭示了物体的质量和能量之间有着不可分割的紧密联系，说明哪里存在质量，哪里就存在着相当的能量，反之亦然；如果物体的质量发生 Δm 的变化，则物体的能量也一定有相应的变化，即

$$\Delta E=\Delta(mc^2)=c^2\Delta m \tag{5.23}$$

式（5.23）称为**质能守恒定律**。重核裂变或轻核聚变过程中都有质量亏损，因此在上述核变化过程中都会释放出大量核能。

四、相对论能量与动量的关系

为解释一些物理现象，我们必须建立动量与能量的关系，由式（5.22）得

$$\left(\frac{E}{m_0c^2}\right)^2=\frac{1}{1-\frac{v^2}{c^2}}$$

由式（5.18）得

$$\left(\frac{pc}{m_0c^2}\right)^2=\frac{\frac{v^2}{c^2}}{1-\frac{v^2}{c^2}}$$

上述两式相减整理得

$$E^2=m_0{}^2c^4+p^2c^2=E_0^2+p^2c^2 \tag{5.24}$$

式（5.23）称为相对论中**能量与动量的关系。**

对于光子，其静止质量与静止能量均为零。由式（5.23）得

光子的能量

$$E=pc \tag{5.25}$$

能量为 E 的光子具有动量

$$p=\frac{E}{c} \tag{5.26}$$

能量为 E 的光子具有动质量 m，由式（5.22）得

$$m=\frac{E}{c^2}=\frac{p}{c} \tag{5.27}$$

由光的量子理论

$$E=h\nu$$

$$m=\frac{E}{c^2}=\frac{h\nu}{c^2} \tag{5.28}$$

$$p=\frac{E}{c}=\frac{h\nu}{c}=\frac{h}{\lambda} \tag{5.29}$$

可见，光子没有静止质量和静止能量，却有动质量和动量，这已被大量实验所证实。

【例 5-4】 质子在加速器中被加速，当其动能为静止能量的 4 倍时，求其质量是静止质量的多少倍?

【解】 设质子的静止质量为 m_0，加速到动能为静止能量的 4 倍时，其质量为 m。

由相对论动能公式

$$E_k=E-E_0 \Rightarrow \quad \frac{E_k}{E_0}=\frac{1}{\sqrt{1-\beta^2}}-1$$

即

$$\frac{1}{\sqrt{1-\frac{v^2}{c^2}}}=5$$

对上式两边同时乘以 m_0 得

$$m=5m_0$$

练习题

选择题

5-1 一高速电子总能量为其静能的 k 倍，此时电子的速度为（　）。

(A) kc　　(B) c/k　　(C) $\frac{c}{k}\sqrt{1-k^2}$　　(D) $\frac{c}{k}\sqrt{k^2-1}$

5-2 两个惯性系 S 和 S'，S'系相对 S 系以速度 $\boldsymbol{u}$ 沿 x（x'）轴方向做相对运动，设在 S'系中某点先后发生了两个事件，用固定于 S'系的钟测出两事件的时间间隔为 Δt_0，而用固定在 S 系的钟测出这两个事件的时间间隔为 Δt。又在 S'系 x 轴上放置一固有长度为 l_0 的细杆，从 S 系测得此杆的长度为 l 则（　）。

(A) $\Delta t<\Delta t_0$；$l<l_0$　　(B) $\Delta t<\Delta t_0$；$l>l_0$

(C) $\Delta t>\Delta t_0$；$l>l_0$　　(D) $\Delta t>\Delta t_0$；$l<l_0$

5-3 T 是粒子的动能，p 是它的动量，那么粒子的静止能量为（　）。

(A) $(p^2c^2-T^2)/2T$　　(B) $(p^2c^2+T^2)/2T$

(C) $(pc-T^2)/2T$　　(D) $T+pc$

5-4 一飞船的固有长度为 l_0，其相对于地面做匀速直线运动的速度为 $\boldsymbol{v}_1$，飞船上有一个人从飞船的后端向飞船前端投掷出一个相对于飞船的速度为 $\boldsymbol{v}_2$ 的小球，在飞船上测得小球从后端到达前端所用时间是（　）。

(A) $\frac{l_0}{v_1+v_2}$　　(B) $\frac{l_0}{v_2}$

(C) $\frac{l_0}{v_2-v_1}$　　(D) $\frac{1}{v_1\sqrt{1-\left(\frac{v_1}{c}\right)^2}}$

5-5 一边长为 a 且静质量为 m 的正方形金属薄板，静止放置在一位于 Oxy 平面内的惯性系 S 上，且两边分别与 x，y 轴平行。今有惯性系 S' 在 x 轴上以 $\frac{4}{5}c$（c 表示真空中光速）的速度相对于 S 系做匀速直线运动，则从 S' 系测得金属薄板的面积为（　　）。

(A) a^2　　(B) $\frac{3}{5}a^2$　　(C) $\frac{4}{5}a^2$　　(D) $\frac{5}{3}a^2$

5-6 有一直棒固定在 S' 系中，它与 Ox' 轴的夹角 $\theta'=30°$，如果 S' 系以速度 $\boldsymbol{u}$ 沿 Ox 方向相对于 S 系运动，S 系中观察者测得该棒与 Ox 轴的夹角（　　）。

(A) 大于 30°　　(B) 小于 30°　　(C) 等于 30°

(D) 当 S' 系沿 Ox 轴正方向运动时大于 30°，而当 S' 系沿 Ox 轴负方向运动时小于 30°

填空题

5-7 电子运动速度 $u=0.99c$，它的动能是________。(电子的静止能量为 0.51MeV)

5-8 质子在加速器中被加速，当其动能为静止能量的 5 倍时，其质量为静止质量的________倍。

5-9 两个惯性系 S 和 S'，S' 系以速度 $\boldsymbol{u}$ 沿 x（x'）轴正方向做匀速直线运动。在惯性系 S 的 A 地发生了两个事件，静止于 S 系的甲测得两个事件时间间隔为 4s，静止于 S' 系的乙测得两个事件时间间隔为 5s，则乙相对于甲的运动速度是（c 表示真空中光速）________。

5-10 把一个静止质量为 m_0 的粒子，由静止加速到 $u=0.6c$，具有动能________。

5-11 设电子静止质量为 m_e，将一个电子从静止加速到速率为 $0.8c$（c 表示真空中光速），需做功________。

5-12 一观察者测得运动着的米尺长 0.5m，则此米尺接近观察者的速度大小为________。

5-13 π^+ 介子是一个不稳定粒子，在相对于 π^+ 介子静止的坐标系中测得其寿命为 $\tau_0=2\times10^{-6}$s。如果 π^+ 介子相对于地球的速度为 $u=0.988c$（c 表示真空中光速），则在地球坐标系中测出的 π^+ 介子的飞行距离________。

5-14 观察者甲以 $0.8c$（c 表示真空中光速）相对于静止的观察者乙运动，若甲携带一质量为 2kg 的物体，则：

(1) 甲测得此物体的总能量为________；

(2) 乙测得此物体的总能量为________。

5-15 如果将电子的速率由 $v_1=0.8c$ 增加到 $v_2=0.9c$，需对电子做________功。(电子静止质量 $m_e=9.11\times10^{-31}$kg；真空中光速 $c=3\times10^8$m/s)

5-16 μ 介子是一种基本粒子，从“诞生”到“死亡”只有 2×10^{-6}s 这个时间是在相对于 μ 子静止的参考系中测量的。μ 介子相对于地球的速度为 $0.998c$，则地球上的人测得 μ 介子的寿命以及飞行的距离分别为________。

5-17 一个电子用静电场加速到动能为 0.25MeV，此时它的速度为________。

5-18 一个电子用静电场加速到动能为 0.25MeV，此时电子质量为电子静质量的________倍。

5-19 一物体由于运动速度的加快而使其质量增加了 10%，则此物体在其运动方向上的长度缩短了________。

5-20 静止质量为 m_0 的物体，以 $0.6c$ 的速度运动，物体的动能为________倍静能；总能量为________。

5-21 某种介子静止时的寿命是 10^{-8}s，如它以速度 $V=2\times10^8$m/s 的速度运动，它能飞行

的距离 s 为________。

5-22 观察者 A 以 $\frac{3}{5}c$ 的速度（c 为真空中光速）相对于静止的观察者 B 运动，若 A 携带一长度为 L、截面积为 S、质量为 m 的棒，这根棒安放在运动方向上，则 A 测得此棒的密度为________，B 测得此棒的密度为________。

5-23 在惯性系 K 中观察到两事件发生在同一地点，时间先后相差 2s，在另一相对于 K 运动的惯性系 K' 中观察到两事件之间的时间间隔为 3s，则 K' 系相对于 K 系的速度为________，K' 系中测得两事件之间的空间距离为________。

5-24 已知一静止质量为 m_0 的粒子，其固有寿命为实验室测量到的寿命的 $1/n$，则此粒子的动能是________。

5-25 静止时边长为 50cm 的立方体，当它沿着与它的一个棱边平行的方向相对于地面以匀速度 2.4×10^8 m/s 运动时，在地面上测得它的体积是________。

5-26 设电子静止质量为 m_e，将一个电子从静止加速到速率为 $0.6c$（c 为真空中光速），需做功________。

5-27 在某地发生两件事，静止位于该地的甲测得时间间隔为 4s，若相对甲做匀速直线运动的乙测得时间间隔为 5s，则乙相对于甲的运动速度是（c 表示真空中光速）________。

5-28 在地球上进行的一场足球比赛持续时间为 90min，在速率 $v=0.8$c 飞行的火箭上的乘客观测，这场球赛的持续时间为________。

计算题

5-29 两个惯性系 S 和 S'（S' 系相对于 S 系做平行于 x 轴的运动）中，在 S 系中测得在 x 轴上两点发生的两个事件的空间间隔和时间间隔分别为 500m 和 2×10^{-7}s，而在 S' 系测得这两个事件是同时发生的，求 S' 系应以多大速率相对于 S 系运动。

5-30 设固有寿命为 $\tau_0=2\times10^{-6}$s 的高速运动粒子能量约为 $E=3000$MeV，而这种粒子在静止时的能量为 $E_0=100$MeV，求它运动的距离（设真空中 $c=2.9979\times10^8$ m/s）。

5-31 设有两个参照系 S 和 S'，它们的原点在 $t=0$ 和 $t'=0$ 时重合在一起。有一事件，在 S' 系中发生在 $t'=8.0\times10^{-8}$s，$x'=60$m，$y'=0$，$z'=0$ 处。若 S' 系相对于 S 系以速率 $v=0.6c$ 沿 x（x'）轴运动。求：该事件在 S 系中的时空坐标各为多少？

5-32 质子以 $v=0.800c$ 的速度运动，它的静止质量 $m_0=1.67\times10^{-27}$ kg。求其总能量、动能和动量的大小。

5-33 在惯性系 S 中，有两个事件同时发生在 x 轴上相距 1.0×10^3 m 处。从惯性系 S' 观察到这两事件相距 2.0×10^3 m。试求 S' 系测得此两事件的时间间隔。

5-34 现有一电子以 $v=0.99c$（c 为真空中光速）的速率运动。求：

(1) 电子的总能量；

(2) 电子的经典力学动能与相对论动能之比（电子静止质量 $m_e=9.11\times10^{-31}$ kg）。

5-35 质量亏损及原子核的结合能。如果一个复杂的原子核由 N 个静止质量为 m_{0i} 的粒子所组成，这个原子核的静止质量为 M_0，实验数据指出：$\Delta M_0=\sum_{i=1}^{N}m_{0i}-M_0>0$，$\Delta M_0$ 称为质量亏损，相应地，$\Delta E=\Delta M_0c^2$，ΔE 称为原子核的结合能，即粒子结合成原子核时释放的能量。重核裂变和轻核聚变都有质量亏损，即都有大量能量放出，这就是原子核能。在一种热核反应 ${}_1^2\mathrm{H}+{}_1^3\mathrm{H}\rightarrow{}_2^4\mathrm{H_e}+{}_0^1n$ 中，各种粒子的静止质量如下

氘核（${}_1^2\mathrm{H}$）$m_D=3.3437\times10^{-27}$ kg

氚核（$^{3}_{1}H$）$m_T=5.0049\times10^{-27}kg$

氦核（$^{4}_{2}H_e$）$m_{He}=6.6425\times10^{-27}kg$

中子（n）$m_n=1.6750\times10^{-27}kg$

试求这一热核反应释放的能量。

思考题

5-36　在某惯性系中发生于同一时刻、不同地点的两个事件，它们在其他惯性系中是否同时发生？

5-37　对某观察者来说，发生在某惯性系中的同一地点、同一时刻的两个事件，对于相对该惯性系做匀速直线运动的其他惯性系中的观察者来说，它们是否同时发生？

第六章

机械振动

物体在一定位置附近所做的来回往复的运动称为机械振动。振动现象是自然界和科学技术中极为常见的现象。如摆的运动，汽缸活塞的运动，一切发声物体的运动，地震等都是振动，晶体中的原子也在不停地振动着。从广义上说，任何一个物理量（如物体的位置矢量、电流、电场强度或磁场强度等）在某一数值附近周期性地变化，都可称为振动。在不同的振动现象中，最简单、最基本的振动是简谐振动。任何复杂的振动都可看成是若干简谐振动的合成。本章的主要内容就是讨论简谐振动的规律以及振动的合成。

第一节　简谐振动的描述

一、 简谐振动

当物体运动时，如果离开平衡位置的位移（或角位移）按余弦函数（或正弦函数）的规律随时间变化，就称为简谐振动。

以弹簧振子为例来讨论简谐振动的特征及其运动规律。质量为 m 的物体系于弹簧的一端，弹簧的另一端固定，这就构成一个弹簧振子。将弹簧振子置于光滑的水平面上，当弹簧处于自然长度时，物体所受合力为零，处于平衡状态，此时物体所处的位置就是平衡位置。如果将物体稍微拉离平衡位置然后释放，物体就在平衡位置两侧做往复运动。

取物体的平衡位置为坐标原点，作如图 6-1 所示的坐标系。在水平方向上，物体只受弹性力。

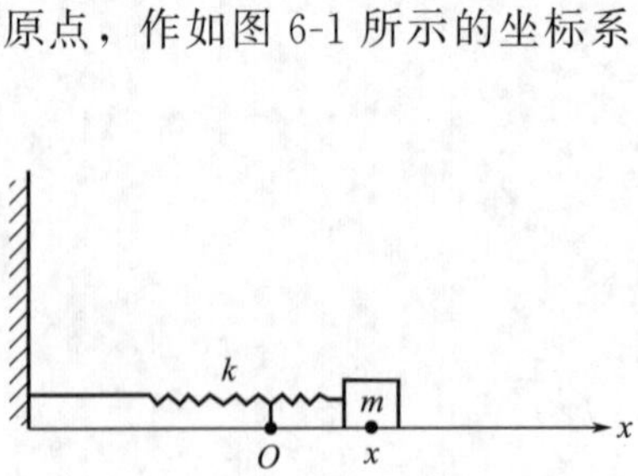

图 6-1　弹簧振子

由胡克定律可知

$$F=-kx$$

式中，k 为弹簧的劲度系数，负号表示力的方向和位移的方向相反。我们把这种力称为弹性恢复力或线性回复力。

由牛顿第二定律知，物体的加速度为

$$a=\frac{d^2x}{dt^2}=\frac{F}{m}=-\frac{k}{m}x$$

取$\frac{k}{m}=\omega^2$，k，m 是由弹簧振子所决定的常数，所以 ω 也为常数。则上式可写为

$$a=\frac{d^2x}{dt^2}=-\omega^2x \tag{6.1}$$

从式（6.1）可以看出，简谐振动的加速度大小和位移大小成正比而方向相反，这也是简谐振动的运动学特征。式（6.1）可以写成微分方程

$$\frac{d^2x}{dt^2}+\omega^2x=0 \tag{6.2}$$

式（6.2）通常称为简谐振动的动力学方程，此微分方程的解为

$$x=A\cos(\omega t+\varphi) \tag{6.3}$$

式（6.3）即为简谐振动的运动学方程。

根据速度和加速度的定义，我们可以得到物体做简谐振动时的速度和加速度

$$v=\frac{dx}{dt}=-A\omega\sin(\omega t+\varphi)=-v_m\sin(\omega t+\varphi) \tag{6.4}$$

$$a=\frac{d^2x}{dt^2}=-A\omega^2\cos(\omega t+\varphi)=-a_m\cos(\omega t+\varphi) \tag{6.5}$$

式中，$v_m=A\omega$，$a_m=A\omega^2$ 分别为物体做简谐振动时的速度最大值和加速度最大值。从式（6.4）、式（6.5）可以看出，简谐振动的速度和加速度也随时间作周期性的变化。

若振动的初始条件为：$t=0$ 时，物体所处的位置为 x_0，初速度为 v_0。代入式（6.3）和式（6.4）得

$$\begin{cases}x_0=A\cos\varphi \\ v_0=-A\omega\sin\varphi\end{cases} \tag{6.6}$$

由式（6.6）可得常数 A 和 φ 分别为

$$\begin{cases}A=\sqrt{x_0^2+\frac{v_0^2}{\omega^2}} \\ \varphi=\arctan(-\frac{v_0}{\omega x_0})\end{cases} \tag{6.7}$$

式中，φ 在 $[0, 2\pi)$ 或 $[-\pi, \pi)$ 区间有两个取值，应结合式（6.6）最终确定。

二、 简谐振动的振幅　周期　相位

1. 振幅

在简谐振动的表达式（6.3）中，物体的振动范围在 $+A$ 和 $-A$ 之间，我们把做简谐振动的物体离开平衡位置的最大位移的绝对值 A 叫作**振幅**，单位是米，用符号 m 表示。它的大小由初始条件决定。

2. 周期和频率

振动的特征之一是具有周期性，物体完成一次完整振动所经历的最短时间称为**周期**，用 T 表示，单位是秒，符号为 s。物体的振动状态由位置 x 和速度 v 共同决定。由式（6.3）、式（6.4）及周期函数的定义：$f(t)=f(t+T)$，有

$$x=A\cos(\omega t+\varphi)=A\cos[\omega(t+T)+\varphi]$$
$$v=-A\omega\sin(\omega t+\varphi)=-A\omega\sin[\omega(t+T)+\varphi]$$

同时满足以上两式的周期 T 为

$$T=\frac{2\pi}{\omega} \tag{6.8}$$

单位时间内物体所作的完全振动的次数称为振动**频率**，用 ν 表示，单位是赫兹，符号为 Hz，1Hz=1/s。显然，频率与周期的关系为

$$\nu=\frac{1}{T}=\frac{\omega}{2\pi} \tag{6.9}$$

上式给出了 ω 和 ν 的关系，即

$$\omega=2\pi\nu \tag{6.10}$$

所以 ω 表示物体在 2π 秒时间内所作的完全振动的次数，称为振动的**圆频率**或**角频率**，单位是弧度/秒（rad/s）。对弹簧振子，$\omega=\sqrt{\frac{k}{m}}$，代入式（6.8）、式（6.9）得

$$T=2\pi\sqrt{\frac{m}{k}} \tag{6.11}$$

$$\nu=\frac{1}{2\pi}\sqrt{\frac{k}{m}} \tag{6.12}$$

从上两式可看出弹簧振子的周期和频率只决定于振动系统本身固有的性质，即振子的质量 m 和弹簧的劲度系数 k，而与初始条件无关，因此常称之为振动系统的**固有周期**和**固有频率**。

3. 相位　初相　相位差

由式（6.3）、式（6.4）可看出，振动物体在任一时刻 t 的位置 x 和速度 v 都由（$\omega t+\varphi$）决定，所以 $\omega t+\varphi$ 是决定简谐振动运动状态的物理量，称为**相位**。$t=0$ 时，相位为 φ，称为**初相**。

对于一个简谐振动，如果 A，ω，φ 都知道了，就可以写出简谐振动的运动学方程，也就是完全掌握了该简谐振动的特征了。因此，这三个量也叫作描述简谐振动的三个特征量。

振动的相位直接与物体的振动状态相对应，因此相位也常用来比较两个振动之间在“步调”上的差异。设有两个同频率的简谐振动，它们的振动表达式分别为

$$x_1=A_1\cos(\omega t+\varphi_1)$$
$$x_2=A_2\cos(\omega t+\varphi_2)$$

它们的相位差为

$$\Delta\varphi=(\omega t+\varphi_2)-(\omega t+\varphi_1)=\varphi_2-\varphi_1 \tag{6.13}$$

即它们在任意时刻的相位差都等于它们的初相差。

当 $\Delta\varphi=\pm 2k\pi\ (k=0,1,2,3,\cdots)$时，两简谐振动将同时到达正的最大位移处，同时通过平衡位置，又同时到达负的最大位移处，它们的步调完全相同，我们称二者为同相。

当 $\Delta\varphi=\pm(2k+1)\pi\ (k=0,1,2,3,\cdots)$时，则一个振动到达正的最大位移处时，另一个到达负的最大位移处，它们同时通过平衡位置但速度的方向相反，它们的步调完全相反，我们称二者为反相。

当 $\Delta\varphi$ 为其他值时，我们通常说二者不同相。当 $\Delta\varphi=\varphi_2-\varphi_1>0$ 时，x_2 将先到达正的

最大位移处，即 x_2 振动相位比 x_1 超前 $\Delta\varphi$，或者说，x_1 振动相位比 x_2 落后 $\Delta\varphi$。

相位也可以用来比较不同物理量变化的步调。如果我们将式(6.4)、式(6.5)改写为

$$v=-v_m\sin(\omega t+\varphi)=v_m\cos(\omega t+\varphi+\frac{\pi}{2})$$

$$a=-a_m\cos(\omega t+\varphi)=a_m\cos(\omega t+\varphi+\pi)$$

把上面两式同式（6.3）比较，可以发现，位移、速度、加速度这三个物理量除了振幅不同，相位也不同，速度的相位比位移相位超前$\frac{\pi}{2}$，加速度的相位比位移相位超前 π，或说落后 π，即二者是反相的。

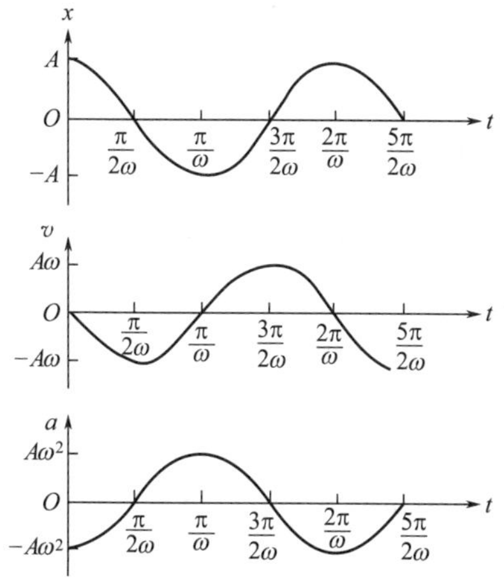

图 6-2 位移、速度、加速度与时间的关系

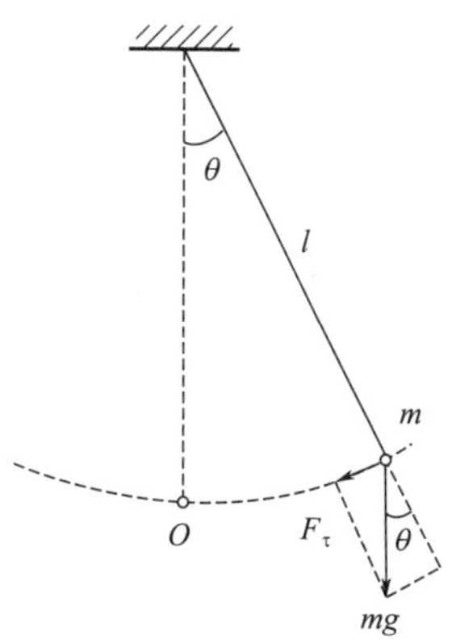

图 6-3 例 6-1 题图

令初相 $\varphi=0$，简谐振动的位移、速度、加速度随时间的变化曲线 $x(t)$,$v(t)$,$a(t)$ 如图 6-2 所示。其中位移随时间的变化曲线称为**振动曲线**。

【例 6-1】 如图 6-3 所示，一根细绳长为 l，质量可以忽略并不可伸长，上端固定，下端系一质量为 m 的小球，小球可看作质点，此系统构成单摆。拉动小球，使细线与铅直线的夹角为 θ，然后松手，小球将在平衡位置附近来回运动。试证明：当 θ 很小时，单摆的运动为简谐振动。

【证明】 当细线位于铅直方向时，小球所受合力为零，取此位置为平衡位置。当细线与铅直方向夹角为 θ 时，小球所受合力沿圆弧切线方向，大小为 $mg\sin\theta$，取逆时针方向为角位移 θ 的正方向，则此力可写成

$$F_\tau=-mg\sin\theta$$

当 θ 很小时，$\sin\theta\approx\theta$，所以

$$F_\tau=-mg\theta$$

小球在切向加速度为 $$a_\tau=l\frac{d^2\theta}{dt^2}$$

由牛顿第二定律得 $$ml\frac{d^2\theta}{dt^2}=-mg\theta$$

上式可写成 $$\frac{d^2\theta}{dt^2}+\frac{g}{l}\theta=0$$

令 $\omega=\sqrt{\frac{g}{l}}$，则上式可写成

$$\frac{d^2 l}{dt^2}+\omega^2 l=0$$

这与式（6.2）具有相同的形式，所以单摆的运动是简谐振动。单摆的周期为

$$T=\frac{2\pi}{\omega}=2\pi\sqrt{\frac{l}{g}}$$

【例 6-2】 质点做简谐振动的振动曲线如图 6-4 所示，求该质点的振动方程。

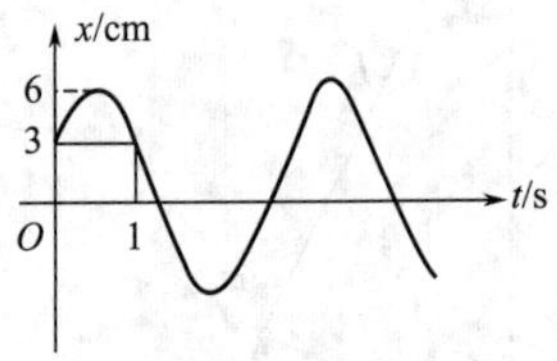

图 6-4 例 6-2 题图

【解】 机械振动的振动方程为 $x=A\cos(\omega t+\varphi)$

由图可知，$A=6\times10^{-2}\,\mathrm{m}$

$t=0$ 时，$x_0=A\cos\varphi=3\times10^{-2}\,\mathrm{m}$

所以 $\cos\varphi=\frac{1}{2}$ 则 $\varphi=\frac{\pi}{3}$ 或 $-\frac{\pi}{3}$

又因为 $v_0=-A\omega\sin\varphi>0$

所以 $\sin\varphi<0$

则 $\varphi=-\frac{\pi}{3}$

$t=1$ 时，$x=A\cos(\omega\times1-\frac{\pi}{3})=3\times10^{-2}\,\mathrm{m}$

$$\cos(\omega\times1-\frac{\pi}{3})=\frac{1}{2}$$

通过此时的速度可判断 $\omega-\frac{\pi}{3}=\frac{\pi}{3}$，即

$$\omega=\frac{2}{3}\pi$$

所以质点的振动方程为 $x=6\times10^{-2}\cos(\frac{2}{3}\pi t-\frac{\pi}{3})$

三、 简谐振动的旋转矢量表示法

简谐振动与匀速圆周运动有密切联系。用圆周运动描述简谐振动，可以使我们更加直观地领会简谐振动表达式中 A,ω,φ 这三个特征量，尤其是处理简谐振动的叠加时，这种方法要比用振动表达式方便得多。

如图 6-5（a）所示，一质点 P 在以 O 为圆心，半径为 A 的圆周上逆时针做匀速圆周运动，角速度为 ω。若 $t=0$ 时，位置矢量 $\overrightarrow{OP}$ 与 x 轴的夹角为 φ，则任一时刻 t，$\overrightarrow{OP}$ 与 x 轴的夹角为 $\omega t+\varphi$，此时将矢量 $\overrightarrow{OP}$ 向 x 轴上投影，得

$$x=A\cos(\omega t+\varphi)$$

这正是简谐振动的表达式。矢量 $\overrightarrow{OP}$ 的长度等于振幅，它以角速度 ω 旋转，故称为振幅矢量，又称**旋转矢量**。P 点所在的圆称为参考圆。

在图 6-5（b）中，用 v_m 表示质点 P 的速度大小，其方向是 P 点所在处圆周的切线方向，$v_m=A\omega$，在时刻 t 它在 x 轴上投影为

$$v=-v_m\sin(\omega t+\varphi)=-A\omega\sin(\omega t+\varphi)$$

这正是简谐振动的速度表达式。

在图 6-5（c）中，用 a_m 表示质点 P 的向心加速度，其方向指向圆心，其大小为 $A\omega^2$，它在 x 轴上投影为

$$a=-a_m\cos(\omega t+\varphi)=-A\omega^2\cos(\omega t+\varphi)$$

这正是简谐振动的加速度表达式。

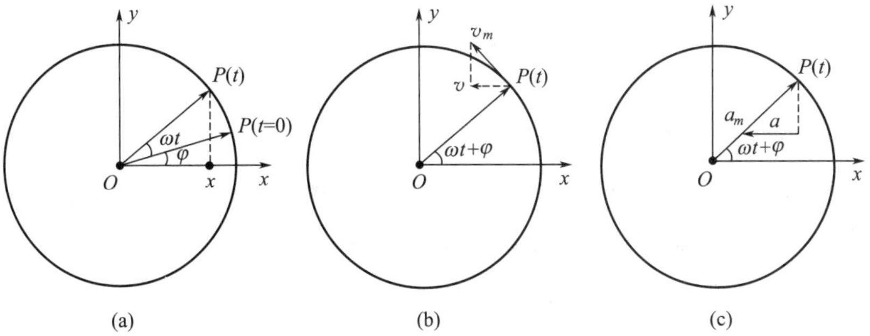

图 6-5 旋转矢量图

由此可见，旋转矢量的长度就是简谐振动的振幅，角速度 ω 就是简谐振动的圆频率，t 时刻旋转矢量与 x 轴的夹角就是简谐振动中的相位，$t=0$ 时的夹角就是初相 φ。旋转矢量转一周所需要的时间就是简谐振动的周期。因此可以用旋转矢量来表示一个确定的简谐振动，这种借助图形的描述方法称为旋转矢量表示法。旋转矢量在 y 轴上的投影为

$$y=A\sin(\omega t+\varphi)=A\cos(\omega t+\varphi-\frac{\pi}{2})$$

这也是简谐振动，可见 x 方向的简谐振动比 y 方向上的简谐振动超前 $\frac{\pi}{2}$ 的相位。由此可知，匀速圆周运动可分解为两个互相垂直方向的同振幅、同频率、相位差为 $\frac{\pi}{2}$ 简谐振动。反之，两个互相垂直方向的同振幅、同频率、相位差为 $\frac{\pi}{2}$ 简谐振动的合运动必为匀速圆周运动。

旋转矢量图为我们提供了一幅清晰、直观的简谐振动图像，对解决振动问题十分有益。下面我们来看一个前面已经解过的问题，现在尝试用旋转矢量法来求解。

【例 6-3】 质点作简谐振动的振动曲线如图 6-6（a）所示，求该质点的振动方程。

【解】 由振动曲线可知 $t=0\text{s}$ 和 $t=1\text{s}$ 时，旋转矢量的末端在 x 轴上投影都为 3cm。从这两个时刻的速度可知，$t=0\text{s}$ 时，质点的速度沿 x 轴正向，所以，此时旋转矢量与 x 轴的夹角为 $-\dfrac{\pi}{3}$ 即为初相 φ；$t=1\text{s}$，旋转矢量与 x 轴的夹角为 $\dfrac{\pi}{3}$，如图 6-6（b）所示。

再由 $\omega\cdot\Delta t=\dfrac{2}{3}\pi$ 得 $\omega=\dfrac{2}{3}\pi$，即可写出振动方程为

$$x=6\times10^{-2}\cos\left(\frac{2}{3}\pi t-\frac{\pi}{3}\right)$$

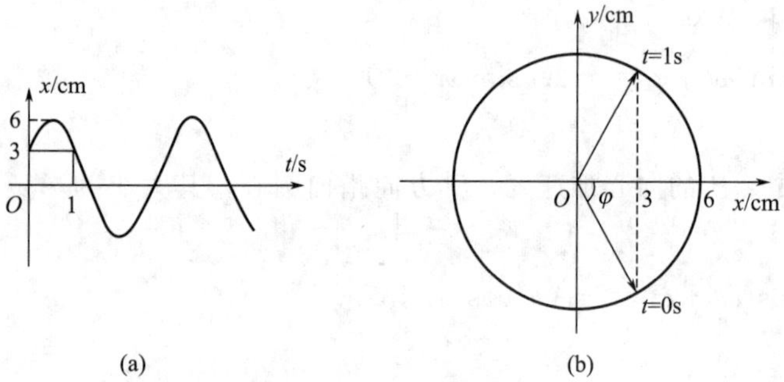

图 6-6　例 6-3 题图

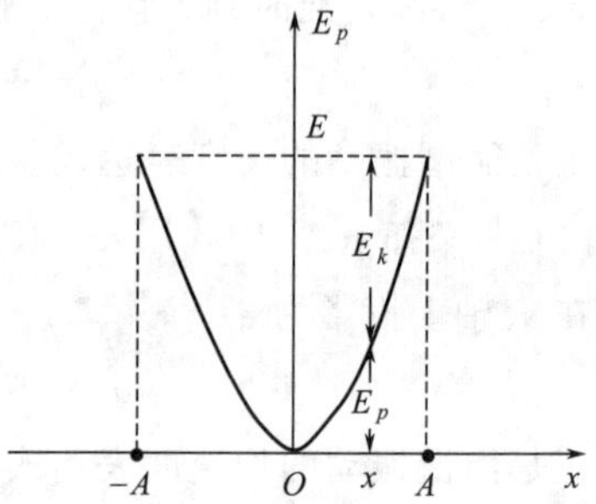

图 6-7　势能随位移的变化曲线

四、 简谐振动的能量

我们仍以弹簧振子为例，讨论一下简谐振动的能量。弹簧振子在运动过程中，某个时刻，振子的位移为 x，速度为 v 时，系统的能量为振子的动能和弹簧的弹性势能之和，即

$$E_k=\frac{1}{2}mv^2=\frac{1}{2}mA^2\omega^2\sin^2(\omega t+\varphi)=\frac{1}{2}kA^2\sin^2(\omega t+\varphi) \tag{6.14}$$

$$E_p=\frac{1}{2}kx^2=\frac{1}{2}kA^2\cos^2(\omega t+\varphi) \tag{6.15}$$

$$E=E_k+E_p=\frac{1}{2}kA^2 \tag{6.16}$$

在式（6.14）中用到了 $\omega=\sqrt{\dfrac{k}{m}}$。

由以上三式可知，在不受外力作用的情况下，弹簧振子系统的动能和势能都随时间作周期性的变化，但系统的总能量不随时间而变化，即系统的机械能守恒。

式（6.16）还说明弹簧振子系统的总能量和振幅的平方成正比，这一结论同样也适用于其他的简谐振动系统。

图 6-7 表示弹簧振子的势能曲线，它是一条抛物线，从图上可看出弹簧振子在运动中的能量变化情况。

如图 6-7 所示，当振子离平衡位置 O 点距离为 x 时，系统的势能为 E_p，动能为 E_k，当振子向最大位移处移动时，势能 E_p 逐渐增加，动能 E_k 逐渐减小，到了最大位移处，势能 E_p 等于总能量 E，动能 E_k 为零，所以此时速度为零；然后开始返回向平衡位置运动，势能 E_p 逐渐减小至零，动能 E_k 由零逐渐增加至 E，此时速度为负的最大值；过了平衡位

置向负最大位移处运动，势能 E_p 逐渐增加至 E，动能 E_k 逐渐减小至零，此时速度为零；再从负最大位移处向平衡位置移动，势能 E_p 逐渐减小至零，动能 E_k 逐渐增加至 E，此时速度为正的最大值。所以，在振动过程中，系统的动能和势能不断地进行交换，但总能量保持不变。这决定了振动系统不停地做等幅运动。

由式（6.14）和式（6.15）已知弹簧振子系统的动能和势能都随时间作周期性的变化，可以求出弹簧振子系统的动能和势能对时间的平均值。将式（6.14）和式（6.15）代入周期函数 $H(t)$ 在一个周期内的平均值 $\overline{H(t)}=\frac{1}{T}\int_0^T H(t)\mathrm{d}t$ 的定义式，得

$$\overline{E_k}=\frac{1}{T}\int_0^T E_k\,\mathrm{d}t=\frac{1}{T}\int_0^T \frac{1}{2}kA^2\sin^2(\omega t+\varphi)\mathrm{d}t=\frac{1}{4}kA^2$$

$$\overline{E_p}=\frac{1}{T}\int_0^T E_p\,\mathrm{d}t=\frac{1}{T}\int_0^T \frac{1}{2}kA^2\cos^2(\omega t+\varphi)\mathrm{d}t=\frac{1}{4}kA^2$$

即弹簧振子系统的动能和势能的平均值相等且等于总能量的一半。这一结论同样也适用于其他形式的简谐振动。

第二节 阻尼振动 受迫振动

一、阻尼振动

在前面几节中所讨论的以弹簧振子系统为例的简谐振动，只是一种理想情况，只考虑了弹簧的弹性力对振子的作用，没有考虑其他的力，如空气的阻力。这样的振动又称无阻尼自由振动。实际上，任何振动系统都是要受到阻力的作用，这时，系统所做的振动叫作**阻尼振动**。在阻尼振动中，系统要不断地克服阻力做功，所以系统的能量要不断地减小，因而系统的振幅也不断地减小，所以阻尼振动也被称为减幅振动。

我们仍以弹簧振子为例，讨论一下阻尼振动，现在要考虑空气对振子的阻力作用。从力学中，我们可以得知，流体（气体或液体）对物体的阻力 f 与物体的运动速度 v 之间的关系为

$$f=-bv=-b\frac{\mathrm{d}x}{\mathrm{d}t} \tag{6.17}$$

式中，b 为正的比例系数，它的大小与物体的形状、大小、表面状况以及流体的黏滞性有关；负号表示阻力的方向总是与速度反向。

现在振子受弹簧的弹性力和阻力这两个力的作用，根据牛顿定律，物体的运动方程为

$$m\frac{\mathrm{d}^2x}{\mathrm{d}t^2}=-kx-b\frac{\mathrm{d}x}{\mathrm{d}t} \tag{6.18}$$

令 $\omega_0^2=\frac{k}{m}$，$2\beta=\frac{b}{m}$，代入式（6.18）中，得

$$\frac{\mathrm{d}^2x}{\mathrm{d}t^2}+2\beta\frac{\mathrm{d}x}{\mathrm{d}t}+\omega_0^2x=0 \tag{6.19}$$

式中，ω_0 是不存在阻尼时系统的固有角频率；β 称为阻尼系数。式（6.19）是一个常系数二阶线性微分方程。当阻尼较小，即 $\beta<\omega_0$ 时，此方程的解为

$$x=A\mathrm{e}^{-\beta t}\cos(\omega t+\varphi_0) \tag{6.20}$$

式中，$\omega=\sqrt{\omega_0^2-\beta^2}$，而 A 和 φ_0 是由初始条件决定的积分常数。

式（6.20）就是阻尼振动的表达式，它的位移随时间的变化曲线如图 6-8 所示。

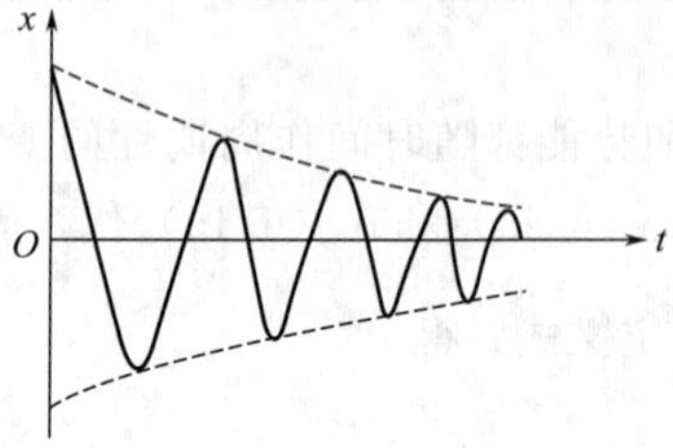

图 6-8 阻尼振动位移与时间的关系

若将式（6.20）中的 $Ae^{-\beta t}$ 看成是随时间变化的振幅，那么阻尼振动仍具有周期运动的形式，称之为准周期振动，它的振幅是随时间按指数规律衰减的。我们把因子 $\cos(\omega t+\varphi_0)$ 的相位变化了 2π 所经历的时间，叫作周期。那么阻尼振动的周期为

$$T=\frac{2\pi}{\omega}=\frac{2\pi}{\sqrt{\omega_0^2-\beta^2}} \tag{6.21}$$

从式（6.21）中可以看出，阻尼振动的周期比振动系统的固有周期要长。

若 $\beta>\omega_0$，即当阻尼作用过大时，式（6.20）就不再是方程（6.19）的解。振子在趋向平衡位置的运动过程中所受的阻力很大，在未达到平衡位置时速度已经很小，需要较长时间才能回到平衡位置，这时振子的运动已无周期性可言，这种情况称为过阻尼。

若 $\beta=\omega_0$，即振子所受阻力与弹性恢复力的大小相近，这种情况称为临界阻尼。其运动情况与过阻尼相似，但振子回到平衡位置所需的时间最短。因此当物体偏离平衡位置时，如果要它在不发生振动的情况下，最快地回到平衡位置，常用施加临界阻力的方法。例如，灵敏电流计等精密仪表，为使指针能稳定指示和快速回零，常使电流计的偏转系统处在临界阻尼状态下工作。

阻尼振动、过阻尼振动和临界阻尼情况的 x-t 曲线分别如图 6-9 中的 a，b 和 c 三条曲线所示。

二、受迫振动和共振现象

实际的振动系统中，阻尼总是客观存在的，这会使振幅不断衰减。为了获得稳定的振动，通常要对振动系统施加一个周期性的外力。这种周期性的外力称为驱动力。系统在驱动力的作用下所做的振动称为**受迫振动**。受迫振动在日常生活中是常见的，如大家非常熟悉的荡秋千、马达的转动导致基座的振动等。

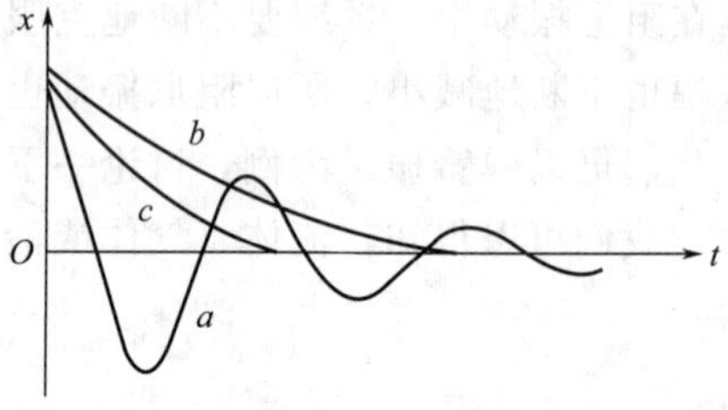

图 6-9 三种阻尼振动

我们仍以弹簧振子为例进行分析。为简单起见，设驱动力是随时间按余弦规律变化的，即

$$F=F_0\cos\omega t \tag{6.22}$$

现在，振子受三个力，即弹簧的弹性力 $-kx$，阻力 $-b\dfrac{dx}{dt}$，和驱动力 $F_0\cos\omega t$。根据牛顿定律，有

$$m\frac{d^2x}{dt^2}=-kx-b\frac{dx}{dt}+F_0\cos\omega t \tag{6.23}$$

令 $\omega_0^2=\dfrac{k}{m}$，$2\beta=\dfrac{b}{m}$，则上式可变化成

$$\frac{d^2x}{dt^2}+2\beta\frac{dx}{dt}+\omega_0{}^2x=\frac{F_0}{m}\cos\omega t \tag{6.24}$$

这是受迫振动的微分方程，它的解为

$$x=A_o e^{-\beta t}\cos\left(\sqrt{\omega_0{}^2-\beta^2 t}+\varphi_0\right)+A\cos(\omega t+\varphi) \tag{6.25}$$

式（6.25）表明，受迫振动可以看成是两个振动的合成。一个振动由式（6.25）中的第一项表示，它是一个减幅的振动，这一运动随时间作指数衰减，经过一段时间达到稳定状态后，可忽略不计。余下的式（6.25）中的第二项表示的是振幅不变的振动。因此受迫振动的稳定状态的表达式为

$$x=A\cos\ (\omega t+\varphi) \tag{6.26}$$

将式（6.26）代入式（6.24）得

$$A=\frac{F_0/m}{\sqrt{(\omega_0{}^2-\omega^2)^2+4\beta^2\omega^2}} \tag{6.27}$$

$$\varphi=\arctan\frac{-2\beta\omega}{\omega_0{}^2-\omega^2} \tag{6.28}$$

从式（6.27）和式（6.28）中可看出振幅 A 和初相 φ 与初始条件无关，和驱动力的频率 ω 有关。

将式（6.27）对 ω 求导，令 $\frac{dA}{d\omega}=0$，得

$$\omega=\sqrt{\omega_0{}^2-2\beta^2} \tag{6.29}$$

将式（6.29）代入式（6.27），得到最大振幅为

$$A_m=\frac{F_0/m}{2\beta\sqrt{\omega_0{}^2-2\beta^2}} \tag{6.30}$$

在阻尼很小，即 $\beta\ll\omega_0$ 时，由式（6.29）可得，$\omega=\omega_0$，即当驱动力频率等于振动系统的固有频率时，振幅达到最大值。我们把这种现象叫作**共振**。受迫振动的振幅 A 随驱动力频率 ω 变化的曲线如图 6-10 所示。

在共振情况下，将式（6.29）代入式（6.28），可得 $\varphi=-\frac{\pi}{2}$。由式（6.26）可得振动的速度为

$$v=\frac{dx}{dt}=A\omega\cos(\omega t+\varphi+\frac{\pi}{2})=A\omega\cos\omega t \tag{6.31}$$

将式（6.31）与式（6.22）比较，发现振动的速度与驱动力同相，因而，驱动力总是对系统做正功，系统能最大限度地从外界得到能量，因而能形成具有最大振幅的共振现象。

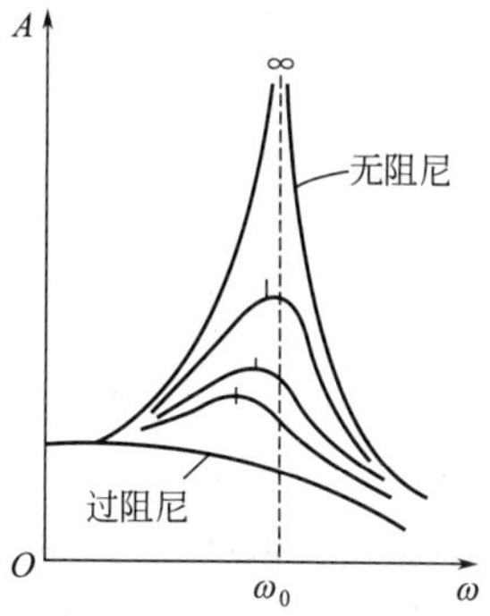

图 6-10 受迫振动的振幅 A 随驱动力频率 ω 变化的曲线

共振现象的应用极为广泛，如利用共振来提高乐器的音响效果，利用核内的核磁共振来研究物质结构以及医疗诊断等。但共振也有不利的一面，有时会造成极大的危害。美国的 Tacoma 大桥倒塌事故就是一个很典型的例子。该桥刚落成不久，因刮风激起桥身的振动，风力虽不大，但其频率与桥的固有频率相近，引起共振，经数小时的剧烈振

动后，桥身终于断裂落入水中。

第三节　简谐振动的合成

简谐振动是最简单、最基本的振动，任何复杂的振动都可看成是由若干个简谐振动合成的。

一、 同方向同频率简谐振动的合成

设一质点同时参与两个同方向、同频率的简谐振动，振动表达式分别为

$$x_1=A_1\cos(\omega t+\varphi_1)$$
$$x_2=A_2\cos(\omega t+\varphi_2)$$

该质点在任意时刻的合振动为

$$x=x_1+x_2=A_1\cos(\omega t+\varphi_1)+A_2\cos(\omega t+\varphi_2)=A\cos(\omega t+\varphi)$$

利用三角函数公式运算可得

$$A=\sqrt{A_1{}^2+A_2{}^2+2A_1A_2\cos(\varphi_2-\varphi_1)}$$
$$\tan\varphi=\frac{A_1\sin\varphi_1+A_2\sin\varphi_2}{A_1\cos\varphi_1+A_2\cos\varphi_2}$$

我们也可以用旋转矢量更为直观地得到上述结论。用$\boldsymbol{A}_1$，$\boldsymbol{A}_2$来表示这两个简谐振动的旋转矢量，如图 6-11 所示。

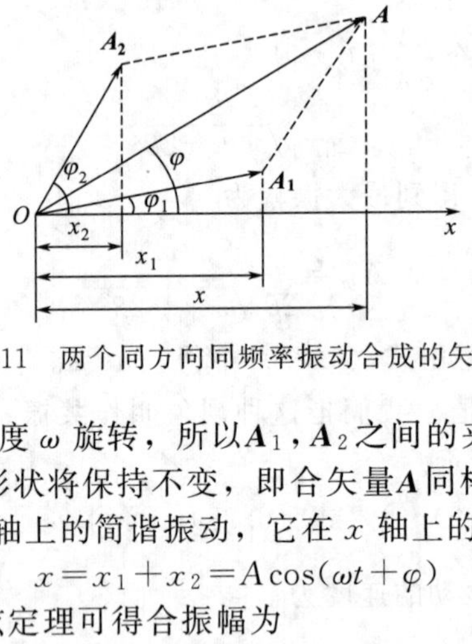

图 6-11　两个同方向同频率振动合成的矢量图

因为$\boldsymbol{A}_1$，$\boldsymbol{A}_2$以相同的加速度 ω 旋转，所以$\boldsymbol{A}_1$，$\boldsymbol{A}_2$之间的夹角 $\Delta\varphi=\varphi_2-\varphi_1$将保持不变，所以平行四边形 OA_1AA_2 的形状将保持不变，即合矢量$\boldsymbol{A}$同样以角速度 ω 逆时针绕 O 点旋转。因而合矢量$\boldsymbol{A}$仍可表示 x 轴上的简谐振动，它在 x 轴上的投影为

$$x=x_1+x_2=A\cos(\omega t+\varphi) \tag{6.32}$$

观察图 6-11 中，利用余弦定理可得合振幅为

$$A=\sqrt{A_1{}^2+A_2{}^2+2A_1A_2\cos(\varphi_2-\varphi_1)} \tag{6.33}$$

合振动的初相 φ 满足

$$\tan\varphi=\frac{A_1\sin\varphi_1+A_2\sin\varphi_2}{A_1\cos\varphi_1+A_2\cos\varphi_2} \tag{6.34}$$

由式（6.33）可以看出，合振幅 A 不但与 A_1 和 A_2 有关，还与两个分振动的初相差 $\Delta\varphi$ 有关。下面讨论两个重要的特例。

（1）当两简谐振动同相，即 $\Delta\varphi=\varphi_2-\varphi_1=\pm 2k\pi\quad(k=0,1,2,3,\cdots)$时，有

$$A=A_1+A_2 \tag{6.35}$$

这时合振动的振幅最大。

（2）当两简谐振动反相，即 $\Delta\varphi=\varphi_2-\varphi_1=\pm(2k+1)\pi\quad(k=0,1,2,3,\cdots)$时，有

$$A=|A_1-A_2| \tag{6.36}$$

这时合振动的振幅最小。当 $A_1=A_2$时，则合振幅 $A=0$，说明两个反相的同振幅的简谐振

动的合成将使质点处于静止状态。

当相位差 $\Delta\varphi$ 取其他值时，合振幅的值在 A_1+A_2 和 $|A_1-A_2|$ 之间。

上述两个简谐振动的合成也可推广到多个同方向、同频率的简谐振动的合成。如

$$x_1=A\cos\omega t$$
$$x_2=A\cos(\omega t+\delta)$$
$$x_3=A\cos(\omega t+2\delta)$$
$$\vdots$$
$$x_N=A\cos[\omega t+(N-1)\delta]$$

则合振动 $x=x_1+x_2+x_3+\cdots+x_N$，同样可以用旋转矢量法进行叠加。

【例 6-4】 某质点同时参与如下的振动，

$$x_1=0.03\cos(\pi t+\frac{\pi}{3})$$

$$x_2=0.08\sin(\pi t+\frac{\pi}{6})$$

求合振动的表达式。

【解】 x_2 的表达式可写成 $x_2=0.08\cos(\pi t-\frac{\pi}{3})$。根据前面的讨论，合振动的振幅 A 及初相 φ 分别为

$$A=\sqrt{A_1^2+A_2^2+2A_1A_2\cos(\varphi_2-\varphi_1)}$$

$$=\sqrt{(0.03)^2+(0.08)^2+2\times0.03\times0.08\cos(-\frac{\pi}{3}-\frac{\pi}{3})}=0.07\text{m}$$

$$\varphi=\arctan\frac{A_1\sin\varphi_1+A_2\sin\varphi_2}{A_1\cos\varphi_1+A_2\cos\varphi_2}$$

$$=\arctan\frac{0.03\sin\frac{\pi}{3}+0.08\sin(-\frac{\pi}{3})}{0.03\cos\frac{\pi}{3}+0.08\cos(-\frac{\pi}{3})}=-0.67\text{rad}$$

所以,合振动的表达式为

$$x=0.07\cos(\pi t-0.67)$$

二、 同方向不同频率的简谐振动的合成

如果质点所参与的两个同方向的简谐振动的频率不同，其合振动仍可用旋转矢量法求得。为简单起见，设两个振动初相均为零，则

$$x_1=A_1\cos\omega_1 t$$
$$x_2=A_2\cos\omega_2 t$$

在任一时刻 t，旋转矢量$\boldsymbol{A}_1$，$\boldsymbol{A}_2$的位置如图 6-12 所示，它们的夹角为 $\Delta\varphi=(\omega_2-\omega_1)t$，是随时间变化的，其合矢量的大小也随时间而变化。如果令两个振动的振幅相等，即 $A_1=A_2$，由几何关系可求得合矢量的大小为 $2A_1\cos(\frac{\omega_2-\omega_1}{2})t$，合矢量与 x 轴的夹角为$(\frac{\omega_2+\omega_1}{2})t$,则合振动在 x 轴上的投影为

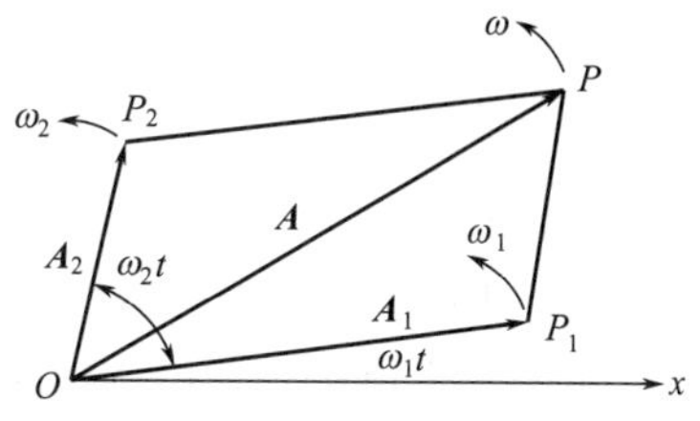

图 6-12 同方向不同频率的简谐振动的合成

$$x=2A_1\cos(\frac{\omega_2-\omega_1}{2})t\cos(\frac{\omega_2+\omega_1}{2})t \tag{6.37}$$

从式（6.37）中可看出，合振动不是简谐振动，它的振幅 $2A_1\cos(\frac{\omega_2-\omega_1}{2})t$ 是随时间作周期变化的，如果两个简谐振动的频率相近，即 $\omega_1\approx\omega_2$，则其变化是非常缓慢的，我们称振幅被调制，如图 6-13 所示。

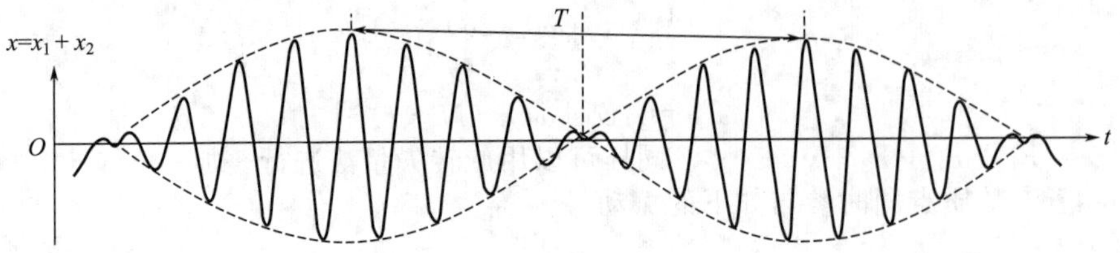

图 6-13 拍

这种合振动强弱交替变化的现象称为拍。单位时间内忽强（或忽弱）的次数，称为拍频。振动忽强，相当于式（6.37）中 $\cos(\frac{\omega_2-\omega_1}{2})t=\pm1$，即一个周期内出现两次，所以拍频

$$\nu=|\nu_2-\nu_1| \tag{6.38}$$

可见，拍频为两个简谐振动的频率之差。

在日常生活和工作中，常常利用拍现象，由一已知频率来测定另一未知频率，例如校正乐器的音调。

三、 相互垂直简谐振动的合成

若质点同时参与两个不同方向的振动，质点的合位移是两个分振动的位移的矢量和。下面我们介绍相互垂直的两个简谐振动的合成。

1. 两个同频率的相互垂直的简谐振动的合成

设有两个同频率的简谐振动，振动方向分别沿着 x 方向和 y 方向，振动表达式为

$$x=A_1\cos(\omega t+\varphi_1)$$

$$y=A_2\cos(\omega t+\varphi_2)$$

消去时间参量 t 可得质点的轨迹方程，得

$$\frac{x^2}{A_1{}^2}+\frac{y^2}{A_2{}^2}-\frac{2xy}{A_1A_2}\cos(\varphi_2-\varphi_1)=\sin^2(\varphi_2-\varphi_1) \tag{6.39}$$

这是个椭圆方程。如图 6-14 所示，当 x 方向和 y 方向的简谐振动的初相差 $\Delta\varphi=\varphi_2-\varphi_1$ 取不同值时，对应不同形状、不同绕行方向的椭圆轨迹。

2. 两个不同频率、相互垂直的简谐振动的合成

如果两垂直的分振动的频率不同，合振动的轨迹被为李萨如图形。李萨如图的形状除了与初相差 $\Delta\varphi=\varphi_2-\varphi_1$ 有关，还与 x 方向和 y 方向的分振动的频率之比 ω_2/ω_1 有关。图 6-15 给出了几种初相差和频率比的图形。

如果在两个分振动的合成中，一个振动的频率已知，就可以通过李萨如图形判断另一个分振动的频率。

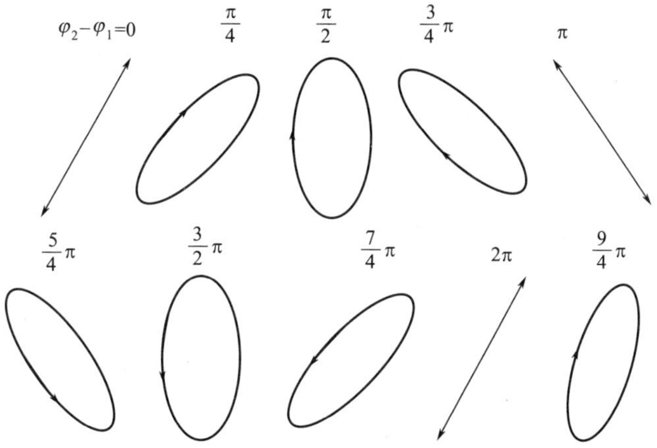

图 6-14　两个相互垂直、同频率简谐振动的合成

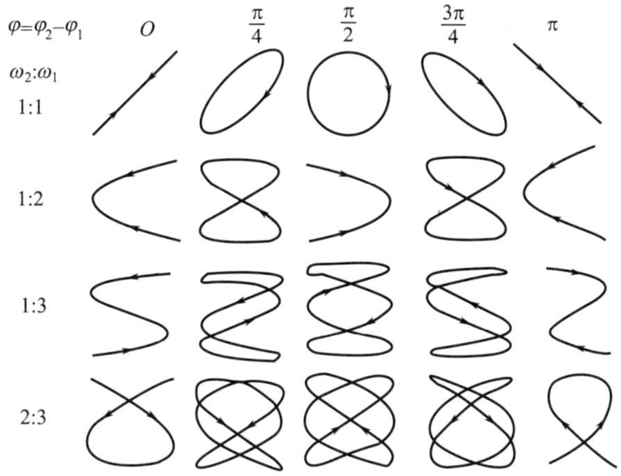

图 6-15　相位差为不同值的同频率相互垂直振动的合成

练习题

选择题

6-1　一个弹簧振子和一个单摆（只考虑小幅度摆动），在地面上的固有振动周期分别为 T_1 和 T_2. 将它们拿到月球上去，相应的周期分别为 T'_1 和 T'_2. 则有（　　）。

(A) $T'_1=T_1$ 且 $T'_2=T_2$　　(B) $T'_1=T_1$ 且 $T'_2>T_2$

(C) $T'_1>T_1$ 且 $T'_2>T_2$　　(D) $T'_1<T_1$ 且 $T'_2<T_2$

6-2　对于做简谐振动的物体，说法正确的是（　　）。

(A) 物体位于正方向的端点时，速度和加速度都为零

(B) 物体位于平衡位置且向负方向运动时，速度和加速度都达到最大值

(C) 物体位于平衡位置且向正方向运动时，速度最大，加速度为零

(D) 物体处在负方向的端点时，速度最大，加速度为零

6-3　把单摆摆球从平衡位置向位移正方向拉开，使摆线与竖直方向成一微小角度 θ，然后由静止放手任其振动，从放手时开始计时。若用余弦函数表示其运动方程，则该单摆振动的初相为（　　）。

(A) π (B) 0 (C) $\pi/2$ (D) θ

6-4 一质点沿 x 轴做简谐振动，振动方程为 $x=8\times10^{-2}\cos\left(2\pi t+\frac{1}{3}\pi\right)$ m。从 $t=0$ 时刻起，到质点位置在 $x=-4$cm 处，且向 x 轴正方向运动的最短时间间隔为（ ）。

(A) $\frac{1}{8}$s (B) $\frac{1}{6}$s (C) $\frac{1}{4}$s (D) $\frac{1}{2}$s

6-5 一质点做简谐振动，振动方程为 $x=A\cos(\omega t+\phi)$，当时间 $t=T/2$（T 为周期）时，质点的速度为（ ）。

(A) $-A\omega\sin\phi$ (B) $A\omega\sin\phi$ (C) $-A\omega\cos\phi$ (D) $A\omega\cos\phi$

6-6 如图 6-16 所示，一个质点做简谐振动，振幅为 A，在起始时刻质点的位移为 $\frac{1}{2}A$，且向 x 轴的正方向运动，代表此简谐振动的旋转矢量图为（ ）。

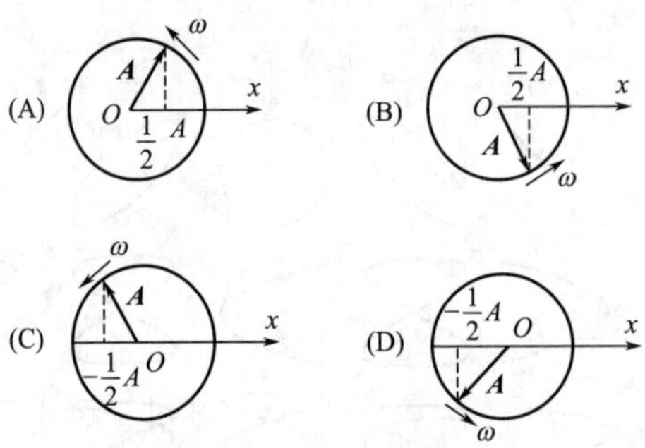

图 6-16 6-6 题图

6-7 两个同周期简谐振动曲线如图 6-17 所示，x_1 的相位比 x_2 的相位（ ）。

(A) 落后 $\pi/2$ (B) 超前 $\pi/2$ (C) 落后 π (D) 超前 π

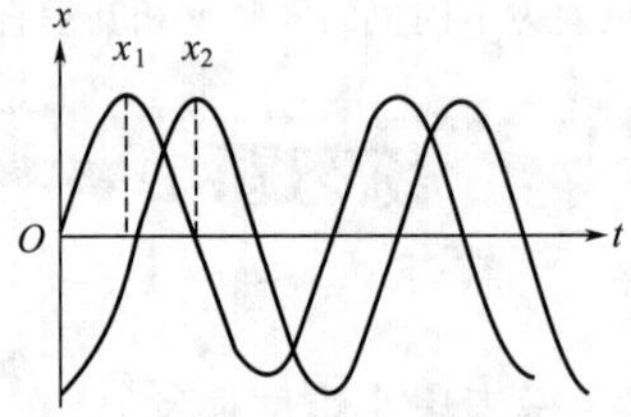

图 6-17 6-7 题图

6-8 一质点做简谐振动，振幅为 A，周期为 T。质点由 $\frac{1}{2}A$ 到 $-\frac{1}{2}A$ 这段路程所需的最短时间是（ ）。

(A) $T/4$ (B) $T/6$ (C) $T/8$ (D) $T/12$

6-9 一简谐振动曲线如图 6-18 所示。则振动周期是（ ）s。

(A) 10 (B) 11 (C) 12 (D) 14

6-10 如图 6-19 所示，一弹簧振子，当把它水平放置时，它可以做简谐动。若把它竖直放置或放在固定的光滑斜面上，试判断下面哪种情况是正确的（ ）。

(A) a 可做简谐振动，b 不能做简谐振动 (B) a 不能做简谐振动，b 上可做简谐振动

(C) a、b 都可做简谐振动 (D) a、b 都不能做简谐振动

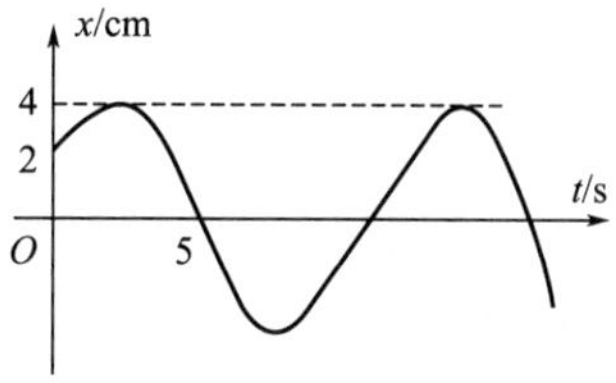

图 6-18　6-9 题图

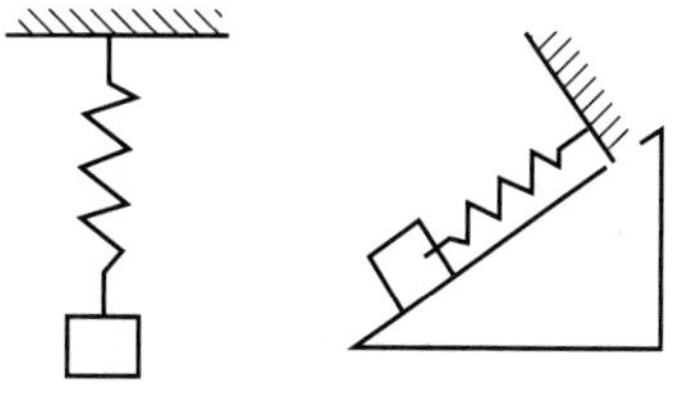

图 6-19　6-10 题图

6-11　用余弦函数描述一简谐振子的振动。若其速度-时间（$v \sim t$）关系曲线如图 6-20 所示，则振动的初相位为（　　）。

（A）π/6　　（B）π/3　　（C）π/2　　（D）5π/6

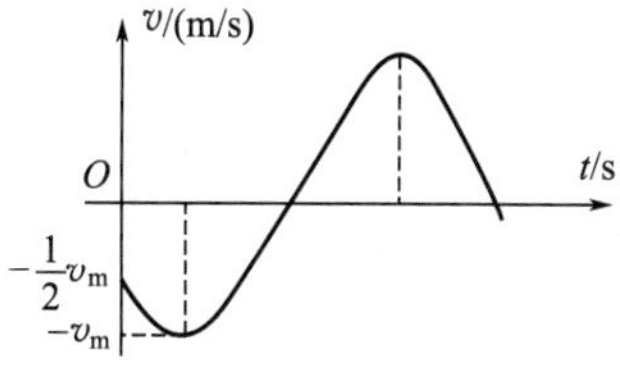

图 6-20　6-11 题图

6-12　一弹簧振子做简谐振动，当位移为振幅的一半时，其动能与势能的比值为（　　）。

（A）1/4　　（B）3/1　　（C）3/4　　（D）$\sqrt{3}/2$

6-13　当质点以频率 υ 做简谐振动时，它的势能的变化频率为（　　）。

（A）$\frac{1}{2}\upsilon$　　（B）υ　　（C）2υ　　（D）4υ

填空题

6-14　如图 6-21 所示，质量为 m 的物体，由劲度系数为 k_1 和 k_2 的两个轻弹簧连接到固定端，在水平光滑导轨上做微小振动，其振动频率为__________。

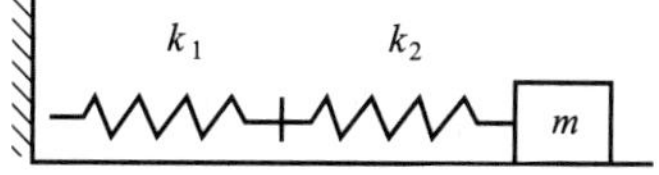

图 6-21　6-14 题图

6-15　两个质点各自做简谐振动，它们的振幅相同、周期相同。第一个质点的振动方程为 $x_1 = A\cos(\omega t + \varphi)$。当第一个质点从正位移处回到平衡位置时，第二个质点正在最大正位移处，则第二个质点的振动方程为__________。

6-16　一弹簧振子做简谐振动，周期为 T，总能量为 E，如果简谐振动振幅增加为原来的 2 倍，重物的质量增为原来的 4 倍，则它周期变为__________，总能量变为__________。

6-17　图 6-22 中所画的是两个简谐振动的振动曲线。若这两个简谐振动可叠加，则合振动的振幅为__________，初相为__________。

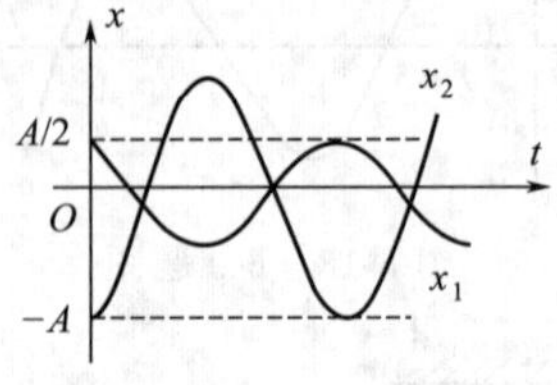

图 6-22　6-17 题图

6-18　一弹簧振子，重物的质量为 m，弹簧的劲度系数为 k，该振子做振幅为 A 的简谐振动。当重物通过平衡位置且向规定的正方向运动时，开始计时。则其振动方程为__________。

6-19　已知两个简谐振动的振动曲线如图 6-23 所示，两简谐振动的最大加速度之比为__________。

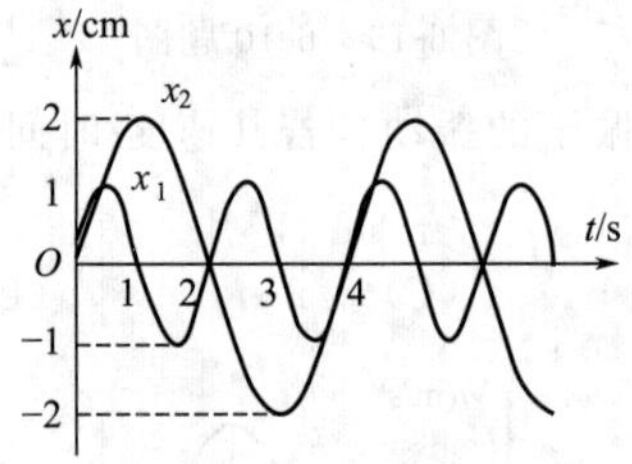

图 6-23　6-19 题图

6-20　一简谐振动的旋转矢量图如图 6-24 所示，旋转矢量长 4cm，则振动方程为__________。

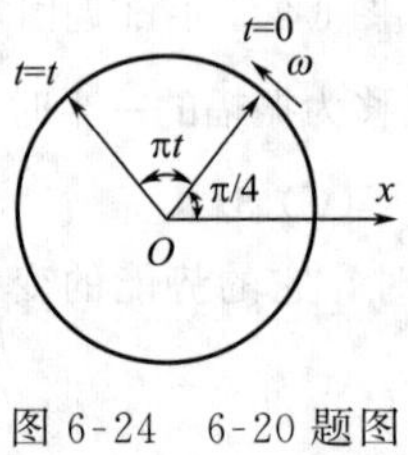

图 6-24　6-20 题图

6-21　一个质点同时参与两个在同一直线上的简谐振动，其表达式分别为 $x_1=0.06\cos(2t+\frac{1}{6}\pi)$，$x_2=0.02\cos(2t-\frac{5}{6}\pi)$，则其合成振动的振动方程为__________。

计算题

6-22　一质点沿 x 轴以 $x=0$ 为平衡位置做简谐振动，已知振动的周期为 $\frac{2}{3}\pi$，$t=0$ 时初位移为 0.04m，初速度为 0.09m/s，求振动的表达式。

6-23　一质量为 0.30kg 的质点做简谐振动，其振动方程为 $x=0.2\cos(5t+\frac{1}{2}\pi)$m。求：

(1) 质点的初速度；

(2) 质点在正向最大位移一半处所受的力。

6-24　一物体做简谐振动，其速度最大值 $v_m=3\times10^{-2}$ m/s，其振幅 $A=3\times10^{-2}$ m。若 $t=0$ 时，物体位于平衡位置且向 x 轴的负方向运动。求：

(1) 振动周期 T;

(2) 加速度的最大值 a_m;

(3) 振动方程表达式。

6-25 一简谐振动的振动曲线如图 6-25 所示，求振动方程。

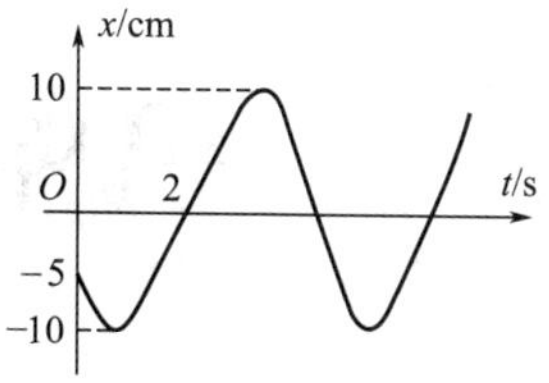

图 6-25 6-25 题图

6-26 如图 6-26 所示，一物体质量 $m=2\text{kg}$，受到的作用力大小为 $F=-8x$。若该物体偏离坐标原点 O 的最大位移为 $A=0.30\text{m}$，则物体动能的最大值为多少?

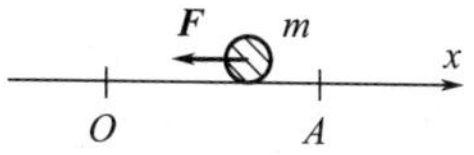

图 6-26 6-26 题图

思考题

6-27 两个简谐振动的能量相同，振幅也相同，则最大速率是否也一定相同?

6-28 洗衣机的脱水装置在启动后短暂的一段时间内振动得很厉害，为什么?

第七章

机械波

通常振动系统都存在于一定介质中的，因此当系统振动时，会带动其周围的介质一起振动，于是系统的振动就会在介质中传播开来。振动的传播称为波动，简称波。机械振动在弹性介质中传播时，形成机械波，电磁振荡在真空中或在介质中传播时形成电磁波。机械波与电磁波的本质是不同的，但他们的运动规律具有共同的特征，即都有一定的传播速度，且都伴随着能量的传播，都能产生反射、折射、干涉、衍射等现象。本章以机械波为研究对象，讨论机械波在传播过程中的基本规律，从而了解波的一般运动规律。

第一节　机械波的产生与传播

一、 机械波的产生　横波　纵波

1. 机械波的产生

机械波是机械振动在介质中的传播。因此机械波的形成要有两个条件：首先要有做机械振动的物体作为波源，其次要有能够传播这种振动的弹性介质。在弹性介质中，各质点之间是以弹性力相互联系着的，当相邻质点间有相对位移时，都要受到弹性恢复力的作用。当某质点离开平衡位置开始运动时，它临近的质点将对它施加一个弹性恢复力，使其回到平衡位置，由于惯性，它不能停留在平衡位置，而是在平衡位置附近做振动。同时，该质点也会对临近质点施加一个反作用力，使临近质点也在自己的平衡位置附近振动。而临近质点又将带动自己周围的临近质点振动。这样，振动就会由近及远地以一定的速度在介质中传播开来，形成机械波。

2. 横波与纵波

当机械波在介质中传播时，只是振动状态的传播，介质中的质点并不随波前行，只是在各自的平衡位置附近振动，因此波的传播速度和质点的振动速度是两个不同的物理量。根据这两个物理量方向的关系，可将波分为两类。如果质点的振动方向和波的传播方向相互垂直，这种波称为**横波**。如果质点的振动方向和波的传播方向相互平行，这种波称为**纵波**。

在弹性介质中形成横波时，介质中相邻的两质点要发生横向的平移，即发生切变，固体会产生切变，因此横波能在固体中传播。而在弹性介质中形成纵波时，介质要发生压缩或拉伸，即发生体变（也称容变），固体、液体和气体都会产生体变，因而纵波可以在固体、液体和气体中传播。

如图 7-1（a）和（b）中分别表示在弹簧中所形成的横波与纵波，横波在外形上有波峰、波谷，纵波在外形上有密部、疏部。

(a) 弹簧上的横波　　(b) 弹簧上的纵波

图 7-1　横波和纵波

横波和纵波是波的两种基本类型。有一些波既不是纯粹的横波也不是纯粹的纵波，例如水波，当波通过时，水中的质点的运动既有上下运动也有左右运动。

通常，介质中质点振动情况是很复杂的，由此产生的波动也很复杂。当波源做简谐振动时，介质中的各质点也做简谐振动，这时形成的波称为**简谐波**。简谐波是一种最简单的波，其他复杂的波可看成是由简谐波合成的。本章主要讨论的是简谐波。

二、 波线　波面　波前

当波源在弹性介质中振动时，振动将向各个方向传播。我们把波传播过程中，振动相位相同的点连接起来，所形成的曲面称为**波面**，最前面的波面称为**波前**。在任意时刻，有无数个波面，而只有一个波前。如图 7-2 所示，波前是平面的称为平面波，波前是球面的称为球面波。

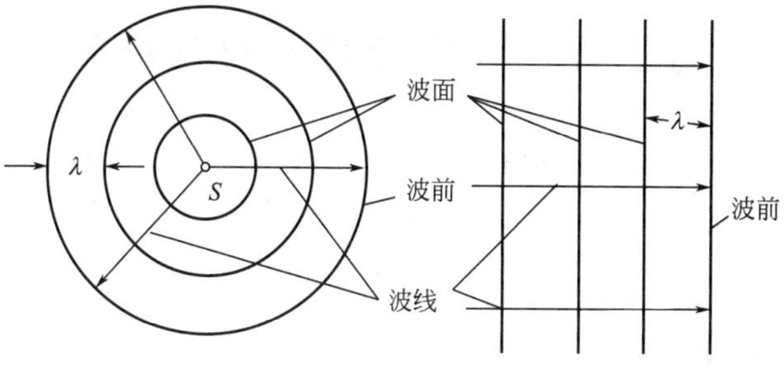

(a) 球面波　　(b) 平面波

图 7-2　波面、波前与波线

用带箭头的直线代表波的传播方向，称为**波线**。在各向同性的介质中，波线总是与波面垂直的。平面波的波线是垂直于波面的平行直线，球面波的波线是以波源为中心向外的径向直线。

对于球面波，在离波源很远的空间区域，各相邻波面可近似看成是相互平行的平面，此时球面波可近似看成是平面波。

三、 波长　周期　频率　波速

在简谐波的传播过程中，同一波线上相邻的、相位相同的两个质点之间的距离正是一个完整的波形的长度，我们称之为**波长**，用 λ 表示。以横波为例，波长 λ 就等于相邻的两波峰（或波谷）的距离。

波向前传播一个波长或一个完整的波形经过同一个质点所用的时间称为波的**周期**，用

T 表示。周期的倒数称为波的**频率**，用 ν 表示。

由于波源作一次完整的简谐振动波就向前传播一个波长的距离，所以波的周期（或频率）就等于波源的周期（或频率）。周期和频率仅由波源决定，而与介质无关。

单位时间内波向前传播的距离称为**波速**，用 u 表示。由于振动状态的传播也就是相位的传播，因而波速也称为相速。波速 u 是由介质的性质决定的。固体内横波和纵波的传播速度 u 为

$$u=\sqrt{\frac{G}{\rho}}\ （横波），\ u=\sqrt{\frac{Y}{\rho}}\ （纵波）$$

在液体和气体内，纵波的传播速度 u 为

$$u=\sqrt{\frac{K}{\rho}}\ （纵波）$$

在以上各式中，G 为固体的切变模量；Y 为固体的杨氏模量；K 为体积模量；ρ 为介质的密度。波长、周期、波速三者之间的关系为

$$\lambda=uT \tag{7.1}$$

由于 $\nu=\frac{1}{T}$，代入式（7.1）得

$$u=\lambda\nu \tag{7.2}$$

由于周期和频率是由波源决定的，波速是由介质决定的，所以同一个波在不同的介质中传播时，其波长是不同的。

第二节　平面简谐波的波函数

波面为平面的简谐波称为**平面简谐波**，这是一种最简单、最基本的波。

同一波面上各质点的振动相位相同，而波线又垂直波面，由于平面波的波线是相互平行的，因此在研究平面简谐波的传播规律时，我们只需讨论一条波线上所有质点的运动情况。

一、 平面简谐波的波函数

设有一平面简谐横波，沿 x 轴正方向传播，取任意一条波线为 x 轴。质点的平衡位置在 x 轴上，质点的振动方向与 y 轴平行，在 t 时刻所有质点离开平衡位置的位移，即 t 时刻的波形图如图 7-3 所示，此时坐标原点 O 处的质点的振动表达式为

$$y_0(t)=A\cos(\omega t+\varphi_0) \tag{7.3}$$

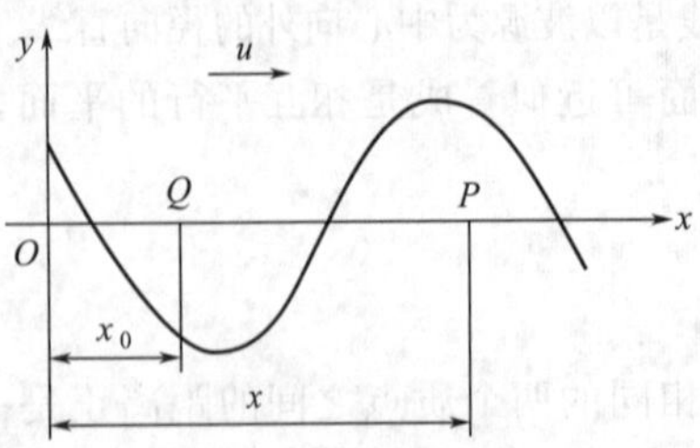

图 7-3　t 时刻波形图

式中，y_0是 O 处质点离开平衡位置的位移；A 是振幅；ω 是角频率；φ_0是初相。在各向均匀、无吸收的介质中，各点的振幅将保持不变，因而距 O 点为 x 处的质点 P 也做同振幅的简谐振动，那么 t 时刻质点 P 在 y 方向的位移 y_P 将是多少呢？因为振动是沿 x 轴正方向传播的，所以 P 点振动的相位落后于 O 点，如果振动从 O 点传到 P 点所用的时间为

t'，那么 P 处质点在时刻 t 的位移就是 O 处质点在时刻 $t-t'$ 的位移，即

$$y_P(t)=y_0(t-t')=A\cos[\omega(t-t')+\varphi_0]$$

若波的传播速度为 u，则 $t'=\dfrac{x}{u}$，代入上式，可得 x 轴上任一质点在 t 时刻的位移为

$$y(x,t)=A\cos[\omega(t-\frac{x}{u})+\varphi_0] \tag{7.4}$$

这就是沿 x 轴正方向传播的平面简谐波的表达式，即波函数。

利用关系式 $\omega=\dfrac{2\pi}{t}=2\pi\nu$，$uT=\lambda$，平面简谐波的波函数可改写为

$$y(x,t)=A\cos[2\pi(\frac{t}{T}-\frac{x}{\lambda})+\varphi_0] \quad [7.4(a)]$$

$$y(x,t)=A\cos[2\pi(\nu t-\frac{x}{\lambda})+\varphi_0] \quad [7.4(b)]$$

$$y(x,t)=A\cos(\omega t-kx+\varphi_0) \quad [7.4(c)]$$

式中，$k=\dfrac{2\pi}{\lambda}$称为角波数，它表示单位长度上波的相位变化，它在数值上等于 2π 长度内所包含的完整波的个数。

如果波沿 x 轴负方向传播，则 P 处质点的振动的时间比 O 处质点早 t'，所以 P 处质点在时刻 t 的位移就是 O 处质点在时刻 $t+t'$ 的位移，即沿 x 轴负方向传播的平面简谐波的波函数为

$$y(x,t)=A\cos[\omega(t+\frac{x}{u})+\varphi_0] \tag{7.5}$$

或者写成

$$y(x,t)=A\cos[2\pi(\frac{t}{T}+\frac{x}{\lambda})+\varphi_0] \quad [7.5(a)]$$

$$y(x,t)=A\cos[2\pi(\nu t+\frac{x}{\lambda})+\varphi_0] \quad [7.5(b)]$$

$$y(x,t)=A\cos(\omega t+kx+\varphi_0) \quad [7.5(c)]$$

可以将以上的讨论推广到更一般的情况，若波沿 x 轴传播，波速为 u，已知在 x 轴坐标为 x_0 的 Q 点的振动表达式为

$$y_Q(t)=A\cos(\omega t+\varphi)$$

则相应的波函数为

$$y(x,t)=A\cos[\omega(t\mp\frac{x-x_0}{u})+\varphi] \tag{7.6}$$

或者写成

$$y(x,t)=A\cos[2\pi(\frac{t}{T}\mp\frac{x-x_0}{\lambda})+\varphi] \quad [7.6(a)]$$

$$y(x,t)=A\cos[2\pi(\nu t\mp\frac{x-x_0}{\lambda})+\varphi] \quad [7.6(b)]$$

$$y(x,t)=A\cos[\omega t\mp k(x-x_0)+\varphi] \qquad [7.6(c)]$$

式（7.6）中，“∓”分别表示波向 x 轴的正向传播和向 x 轴的负向传播。

以上是通过讨论平面简谐横波所得到的结论，这些结论对平面简谐纵波也是成立的。

二、 波函数的物理意义

从波函数的表达式中，可以看出位移 y 是变量 x 和 t 的函数，为了便于理解其物理意义，作如下分析。

(1) 当 x 为定值，y 只是 t 的函数。例如当 $x=x_1$时，将 x_1代入式（7.4）得

$$y=A\cos\left[\omega t+\left(\varphi_0-\frac{2\pi}{\lambda}x_1\right)\right]=A\cos(\omega t+\varphi_1) \qquad (7.7)$$

式（7.7）表示的是一个简谐振动，初相为 $\varphi_0-\frac{2\pi}{\lambda}x_1$。从中可以看出，随着波的传播，介质中的每个质点都在做简谐振动，它们的频率和振幅都是相同的，但是，不同位置上的质点，初相是不同的。对 $x=x_2$处的质点，它的初相为（$\varphi_0-\frac{2\pi}{\lambda}x_2$）。相距为 $\Delta x=x_2-x_1$的两个质点的相位差为

$$\Delta\varphi=\varphi_2-\varphi_1=-\frac{2\pi}{\lambda}(x_2-x_1)=-k\Delta x \qquad (7.8)$$

当 $\Delta x=\lambda$ 时，$\Delta\varphi=-2\pi$，这正是波动具有空间周期性的反映。

(2)当 t 为定值，y 只是 x 的函数。例如当 $t=t_1$时，式(7.4)变为

$$y=A\cos\left(\omega t_1+\varphi_0-\frac{2\pi}{\lambda}x\right) \qquad (7.9)$$

这时，波函数就表示 t_1时刻各质点离开平衡位置的分布情况，即 t_1时刻的波形图。

(3) 当 x 和 t 都变化时，波函数就表达了所有质点的位移随时间变化的整体情况。图 7-4 分别画出了 t_1时刻和 t_2时刻的波形图（$t_2>t_1$）。

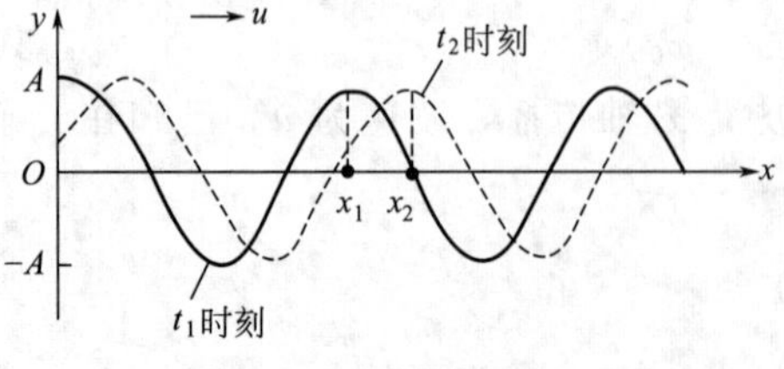

图 7-4 t_1时刻和 t_2时刻的波形图

从图 7-4 上可以看出，x_1处质点在 t_1时刻的相位与 x_2处质点在 t_2时刻的相位是相同的，即

$$\omega\left(t_1-\frac{x_1}{u}\right)=\omega\left(t_2-\frac{x_2}{u}\right)$$

整理得 $$x_2-x_1=u(t_2-t_1)$$

即 $$\Delta x=u\Delta t \qquad (7.10)$$

式（7.10）说明 x_1处的相位以速度 u 经 Δt 时间传播到 x_2处，即波速 u 就是相位或波形向前传播的速度，所以波速也称为相速，这种波也称为行波，或前进波。

【例 7-1】 一平面简谐波，沿 x 轴正向传播，$u=10$m/s，$t=0.2$s 时刻的波形图如图 7-5 (a) 所示，求波函数。

【解】 由图可知，振幅 $A=0.02$m，波长 $\lambda=4$m，又已知波速 $u=10$m/s，

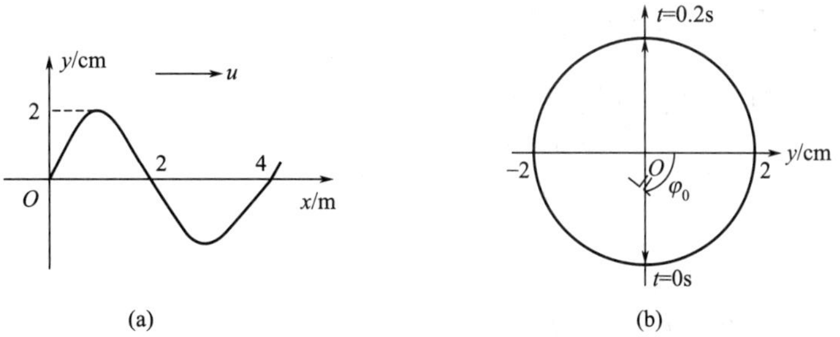

图 7-5　例 7-1 题图

则周期　　$T=\dfrac{\lambda}{u}=0.4\text{s}$

圆频率　　$\omega=\dfrac{2\pi}{T}=5\pi$

由图 7-5(a)可知，原点处质点在 $t=0.2\text{s}$ 即 $t=\dfrac{T}{2}$时位于平衡位置且向 y 轴负向运动，可用旋转矢量法分别表示出其 $t=\dfrac{T}{2}$和 $t=0$ 时的相位，如图 7-5(b)所示，即原点处质点的振动的初相为 $\varphi_0=-\dfrac{\pi}{2}$。则原点处质点的振动方程为

$$y_0=0.02\cos(5\pi t-\frac{\pi}{2})$$

则沿 x 轴正向传播的波函数为

$$y=0.02\cos\left[5\pi(t-\frac{x}{10})-\frac{\pi}{2}\right]$$

第三节　波的能量

一、 波的能量

波在弹性介质中传播时，介质中的质元由于振动而具有动能，同时又因为产生形变而具有弹性势能。这样随着振动的传播，机械能也随之传播，这是波的一个重要特征。我们以固体棒中传播的纵波为例说明一下波的能量。

如图 7-6 所示，沿 x 轴有一横截面积为 S，密度为 ρ 的匀质杆，其质点的振动方向与 x 轴平行。设 x 处质点 t 时刻离开平衡位置的位移为

$$y=A\cos[\omega(t-\frac{x}{u})]$$

取 x 处长为 dx 的体积元 $dV=Sdx$ 为研究对象。其振动速度为

$$v=\frac{\partial y}{\partial t}=-A\omega\sin[\omega(t-\frac{x}{u})]$$

体积元动能为

$$dE_k=\frac{1}{2}dmv^2=\frac{1}{2}\rho dVA^2\omega^2\sin^2[\omega(t-\frac{x}{u})] \tag{7.11}$$

体积元左端即 x 处质点振动位移为 y，右端质点即 $x+dx$ 处质点振动位移为 $y+dy$，则体积元的形变量为 dy，其势能为

$$dE_p=\frac{1}{2}k(dy)^2 \tag{7.12}$$

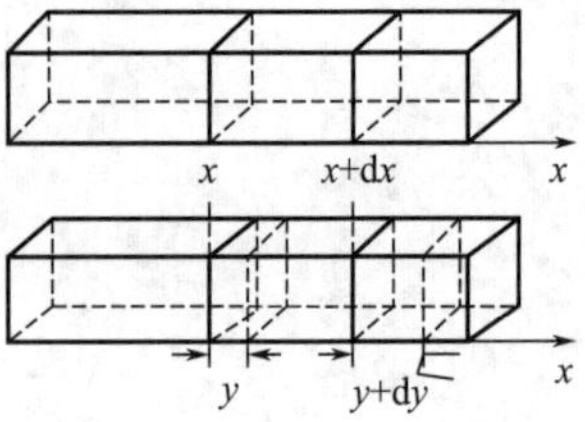

图 7-6 固体棒中传播的纵波

式中，劲度系数 $k=\frac{YS}{dx}$；Y 为介质的杨氏模量。由于纵波的波速 $u=\sqrt{\frac{Y}{\rho}}$，整理可得 $k=\frac{u^2\rho dV}{dx^2}$，代入式(7.12)可得

$$dE_p=\frac{1}{2}\rho dVA^2\omega^2\sin^2[\omega(t-\frac{x}{u})] \tag{7.13}$$

比较体积元的动能和势能可看出,其动能和势能是同相的,大小也是完全相等的。动能达到最大值时,势能也达到最大值,动能为零时,势能也为零。体积元的总能量为动能和势能之和,即

$$dE=dE_k+dE_p=\rho dVA^2\omega^2\sin^2[\omega(t-\frac{x}{u})] \tag{7.14}$$

对于任意体积元来说，它的机械能是不守恒的，即沿着传播方向，体积元不断地从前面获得能量，又不断地把能量向后传递。这样，能量就随着波的行进，从介质中的一部分传向另一部分。所以波动是能量传递的一种方式。

二、 波的强度

单位体积中波的能量称为波的**能量密度**，用 w 表示。

$$w=\frac{dE}{dV}=\rho A^2\omega^2\sin^2[\omega(t-\frac{x}{u})] \tag{7.15}$$

上式说明，介质中任一点波的能量密度随时间 t 而变化。取其在一个周期内的平均值，叫作**平均能量密度**$\overline{w}$。

$$\overline{w}=\frac{1}{T}\int_0^T w\,dT=\frac{1}{2}\rho A^2\omega^2 \tag{7.16}$$

可见，波的平均能量密度与介质的密度 ρ、角频率 ω 的平方及振幅的平方成正比。这一结论虽然是由平面简谐波导出的，但它对于各种机械波均适用。

单位时间内垂直通过某一面积的能量，叫作通过该面积的**能流**，用 P 表示，即

$$P=wuS \tag{7.17}$$

单位时间内通过截面的平均能流为 $\overline{P}$，即

$$\overline{P}=\overline{w}uS \tag{7.18}$$

单位时间通过单位面积的平均能流称为**能流密度**，用 I 表示，即

$$I=\frac{\overline{P}}{S}=\overline{w}u=\frac{1}{2}\rho A^2\omega^2 u \tag{7.19}$$

I 的单位是瓦/米^2，符号为 W/m^2。I 也称为波的**强度**，对于平面简谐波，沿波的传播方向波的振幅是不变的，因而波的**强度**也是不变的。

三、 声强

在弹性介质中传播的机械纵波，一般统称为声波。频率在 20～20 000Hz 范围内，能够引起人的听觉，称为可闻声波，简称**声波**。频率低于 20Hz 的叫做次声波；频率高于20 000 Hz 称为超声波。声波具有机械波的一般特性。

声波的平均能流密度叫作**声强**。能够引起人的听觉的声强范围从 10^{-12}～$1W/m^2$。声强太小，不能引起听觉；声强太大，则会引起痛觉。

由于可闻声强级相差悬殊，通常用声强级来描述声波的强弱。以声强 $I_0=10^{-12}W/m^2$（相当于频率为 100Hz 的声波能引起听觉的最弱声强）为测定声强的标准，某声波强度为 I，则比值 I/I_0的对数，叫作相应于 I 的声强级，用 L 表示，即

$$L=\lg\frac{I}{I_0} \tag{7.20}$$

声强级的单位为贝尔（Bel)。贝尔这一单位太大，通常用分贝（dB）为单位，1Bel=10dB。

这样，声强级可表示为

$$L=10\lg\frac{I}{I_0}\mathrm{dB} \tag{7.21}$$

第四节　惠更斯原理

一、 惠更斯原理

波的传播是由于介质中质点的相互作用，介质中任一点的振动都将引起临近质点的振动，因而介质中任一点都可看成新的波源。

如图 7-7 观察水面上的水波时会发现，如果水波在传播过程中遇到障碍物，并且障碍物上有孔隙，则在孔隙的后方也出现了水波，好像是以小孔为波源产生的一样。

惠更斯在研究波动现象时，于 1960 年提出：介质中任一波面的各点，都可看作是发射子波的波源。而在其后的任一时刻，这些子波的包迹就是新的波前。这就是**惠更斯原理**。

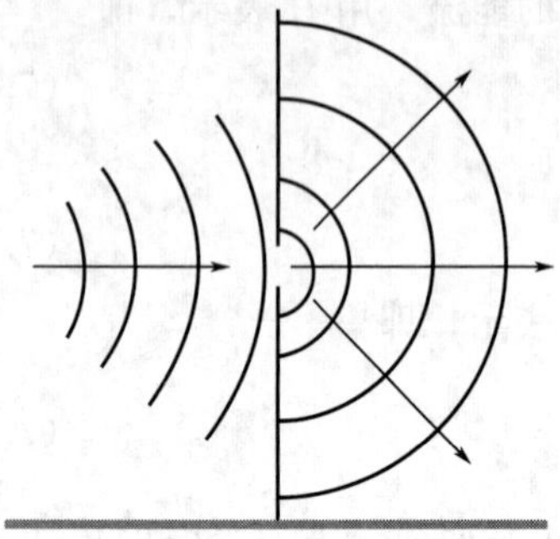

图 7-7　小孔成为新的波源

根据惠更斯原理，只要知道某一时刻的波前就可以用几何作图法来决定下一时刻的波前。

下面举例说明惠更斯原理的应用。如图 7-8(a)所示，在各向同性介质中，以波速 u 传播的平面波在某一时刻的波前为 S_1，在经过 Δt 时间后其上各点发出的子波的包迹 S_2 仍是平面，这就是新的波前，S_1 与 S_2 的距离为 $u\Delta t$。

同样在各向同性介质中以波速 u 传播的球面波 t 时刻的波前为 S_1，如图 7-8(b)所示，仍可利用同样的作图法画出 Δt 时间后新的波前 S_2，仍是球面波，$R_2-R_1=u\Delta t$。

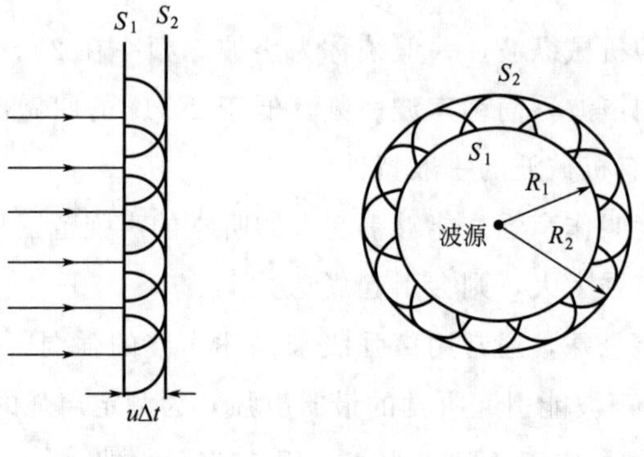

(a) 平面波　　(b) 球面波

图 7-8　惠更斯原理应用

二、 波的衍射

当波在传播过程中遇到障碍物时，其传播方向绕过障碍物发生偏折，这种现象称为波的衍射。

如图 7-9 所示，平面波通过狭缝后，在障碍物后方的阴影区域也出现了波。这一现象可用惠更斯作图法简捷地说明。当波前到达狭缝时，子波的包迹在边缘处不再是平面，从而进入狭缝两侧的阴影区域。

衍射现象是否显著，和障碍物的大小与波长之比有关。若障碍物的线度与波长差不多或小于波长，衍射现象较明显；若障碍物的线度远大于波长，则衍射现象不明显。

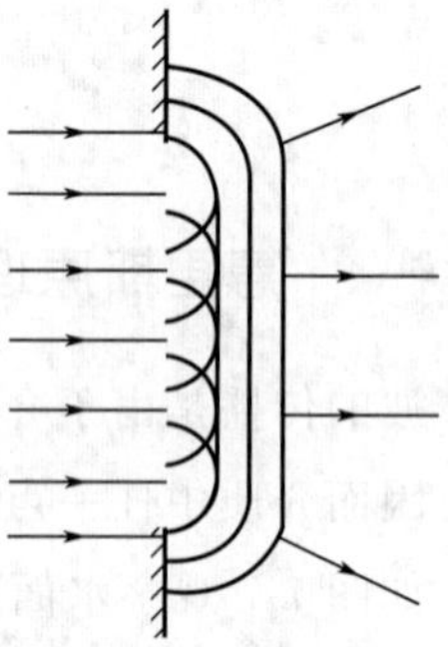

图 7-9　波的衍射

三、 波的反射　折射

当波传播到两种介质的分界面时，一部分从界面返回原介质，形成反射波；另一部分进入另一种介质，形成折射波。

可以用惠更斯作图法说明反射定律和折射定律。i 和 i' 分别为入射角和反射角，γ 是折射角。波在第一种介质中波速为 u_1，在第二种介质中波速为 u_2。

1. 反射定律

（1）反射线、入射线和界面的法线在同一平面内；

（2）反射角等于入射角，即 $i'=i$。

设一平面波，向两介质的分界面 MN 传播，t 时刻的波前为 AA'，在 A 点反射，经 Δt 时间，A'点波传播到 B'点，则 $A'B'=u_1\Delta t$。经相同时间 Δt，A 点波传播到 B 点，所以 B、B'点在同一波面，$AB=u_1\Delta t$，连接 B、B'点可得 $Rt\triangle ABB'$与 $Rt\triangle AA'B'$，由几何关系可证明 $i'=i$。如图 7-10 所示。

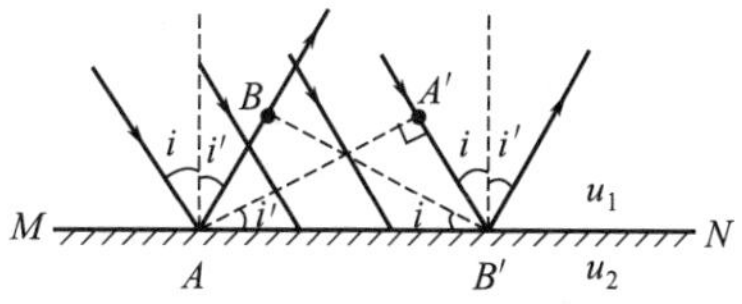

图 7-10 波的反射

2. 折射定律

（1）折射线、入射线和界面的法线在同一平面内；

（2）入射角的正弦和折射角的正弦之比等于波在两种介质中的波速之比，即

$$\frac{\sin i}{\sin\gamma}=\frac{u_1}{u_2}$$

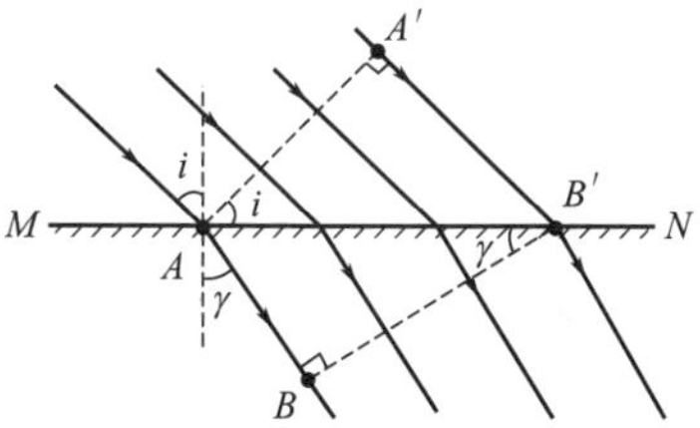

图 7-11 波的折射

如图 7-11 所示，t 时刻的波前 AA'，经 Δt 时间，在第一种介质中，由 A'传播到 B'，则 $A'B'=u_1\Delta t$，相同时间内，从 A 点进入第二种介质到达 B 点，则 $AB=u_2\Delta t$。B、B'点在同一波面，连接 B、B'点得到 $Rt\triangle ABB'$与 $Rt\triangle AA'B'$，由几何关系可证

$$\frac{\sin i}{\sin\gamma}=\frac{u_1}{u_2} \tag{7.22}$$

第五节 波的叠加原理 波的干涉

一、 波的叠加原理

当几列波同时通过同一介质，每一列波不受其他波的影响，保持各自原有的特性（频率、波长、振幅、振动方向等），继续沿原来的传播方向前进，好像这几列波从未相遇一样。这被称为波传播的独立性。在波相遇的区域，任一点的振动为各个波单独在该点产生的振动的合成。这就是波的**叠加原理**。

二、 波的干涉

如果两列波的振动方向相同、频率相同、相位差恒定，这两列波就是相干波。相干波的叠加称为相干叠加，合成波强度在空间一些地方始终加强，在另一些地方始终减弱，这种现象称为波的干涉。

设 S_1、S_2 为两个相干波源，如图 7-12 所示。它们的振动可表示为

$$y_{10}=A_1\cos(\omega t+\varphi_1)$$
$$y_{20}=A_2\cos(\omega t+\varphi_2)$$

它们在 P 点相遇，P 点到两波源的距离分别为 r_1，r_2，则两波源在 P 点引起的振动分

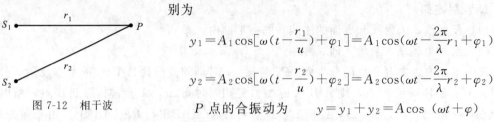

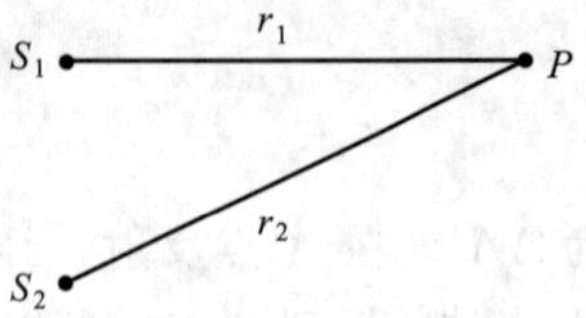

图 7-12 相干波

别为

$$y_1=A_1\cos[\omega(t-\frac{r_1}{u})+\varphi_1]=A_1\cos(\omega t-\frac{2\pi}{\lambda}r_1+\varphi_1)$$

$$y_2=A_2\cos[\omega(t-\frac{r_2}{u})+\varphi_2]=A_2\cos(\omega t-\frac{2\pi}{\lambda}r_2+\varphi_2)$$

P 点的合振动为 $y=y_1+y_2=A\cos\ (\omega t+\varphi)$

由同方向同频率的简谐振动的合成可知，合振动的振幅

$$A=\sqrt{A_1{}^2+A_2{}^2+2A_1A_2\cos\Delta\varphi}$$

$$\Delta\varphi=(\varphi_2-\varphi_1)-\frac{2\pi}{\lambda}\delta$$

其中 $\delta=r_2-r_1$，称为两相干波源到 P 点的波程差。

由上两式可看出，满足

$$\Delta\varphi=\pm 2k\pi\ (k=0,1,2,3,\cdots) \qquad [7.23(a)]$$

的空间各点，合振动的振幅最大，$A=A_1+A_2$；而满足

$$\Delta\varphi=\pm(2k+1)\pi\quad(k=0,1,2,3,\cdots) \qquad [7.23(b)]$$

的空间各点，合振幅最小，$A=|A_1-A_2|$。

这样，干涉的结果使空间某些点的振动始终加强，而另一些点的振动始终减弱。式[7.23(a)]、式[7.23(b)]分别为干涉加强和干涉减弱的条件。

下面讨论一种特殊情况，若两相干波源的初相相同，即 $\varphi_2=\varphi_1$，则干涉加强条件可写为

$$\delta=r_2-r_1=\pm k\lambda\quad(k=0,1,2,3,\cdots) \qquad [7.24(a)]$$

干涉减弱的条件为 $\delta=r_2-r_1=\pm(2k+1)\frac{\lambda}{2}\quad(k=0,1,2,3,\cdots)$ [7.24(b)]

即波程差等于波长整数倍的空间各点，合振幅最大；而波程差等于半波长的奇数倍的空间各点，合振幅最小。

【例 7-2】 S_1 和 S_2 为两相干波源，其振动方程分别为

$$y_1=0.1\cos 2\pi t$$

$$y_2=0.2\cos(2\pi t+\pi)$$

它们传到 P 点相遇。已知波速 $u=20\text{m/s}$，S_1 到 P 点的距离 $r_1=40\text{m}$，S_2 到 P 点的距离 $r_2=50\text{m}$，试求两波在 P 点的分振动表达式及合振幅。

【解】 两波传至 P 点，引起 P 点处质点振动的表达式分别为

$$y_{p1}=0.1\cos 2\pi(t-\frac{r_1}{u})=0.1\cos 2\pi(t-\frac{40}{20})=0.1\cos 2\pi t$$

$$y_{p2}=0.2\cos[2\pi(t-\frac{r_2}{u})+\pi]=0.2\cos[2\pi(t-\frac{50}{20})+\pi]=0.2\cos 2\pi t$$

所以，P 点处质点的合振动为

$$y=y_{p1}+y_{p2}=0.3\cos 2\pi t$$

合振幅为 $A=0.3\text{m}$。

三、 驻波

驻波是干涉的特例。当两列振幅相等沿相反方向传播的相干波叠加时，将形成驻波。

1. 驻波方程

设两振幅相同、频率相同、初相皆为零、分别沿 x 轴正负方向传播的简谐波的波函数为

$$y_1=A\cos(\omega t-\frac{2\pi}{\lambda}x)$$

$$y_2=A\cos(\omega t+\frac{2\pi}{\lambda}x)$$

叠加后，其合成波为
$$y=y_1+y_2=A\cos(\omega t-\frac{2\pi}{\lambda}x)+A\cos(\omega t+\frac{2\pi}{\lambda}x)$$

由三角函数可得
$$y=2A\cos\frac{2\pi}{\lambda}x\cos\omega t \tag{7.25}$$

这就是**驻波方程**。由上式可看出，x 处质点做简谐振动，圆频率为 ω，振幅为 $\left|2A\cos\frac{2\pi}{\lambda}x\right|$。

2. 波节 波腹

振幅最大的各点称为波腹。波腹处满足 $\left|\cos\frac{2\pi}{\lambda}x\right|=1$，即

$$\frac{2\pi}{\lambda}x=\pm k\pi \quad (k=0,1,2,3,\cdots)$$

因此，波腹处
$$x=\pm k\frac{\lambda}{2} \quad (k=0,1,2,3,\cdots) \tag{7.26(a)}$$

振幅最小的各点称为波节。波节处应满足 $\left|\cos\frac{2\pi}{\lambda}x\right|=0$，即

$$\frac{2\pi}{\lambda}x=\pm(2k+1)\pi \quad (k=0,1,2,3,\cdots)$$

因此,波节处
$$x=\pm(2k+1)\frac{\lambda}{4} \quad (k=0,1,2,3,\cdots) \tag{7.26(b)}$$

由式[7.26(a)]、式[7.26(b)]可看出，相邻两波腹和相邻两波节的间距都为 $\frac{\lambda}{2}$。因而，在实验中只要测得相邻两波腹或相邻两波节的间距，就可确定波长。

可用图 7-13 说明形成驻波时各点的位移与时间的关系。

3. 各点的相位

相邻两波节之间的各点，它们各自的位移不同，但同时到达正最大位移，又同时回到平衡位置。即相邻两波节之间这一段上各点振动步调相同，是同相的。而任一波节两侧的各

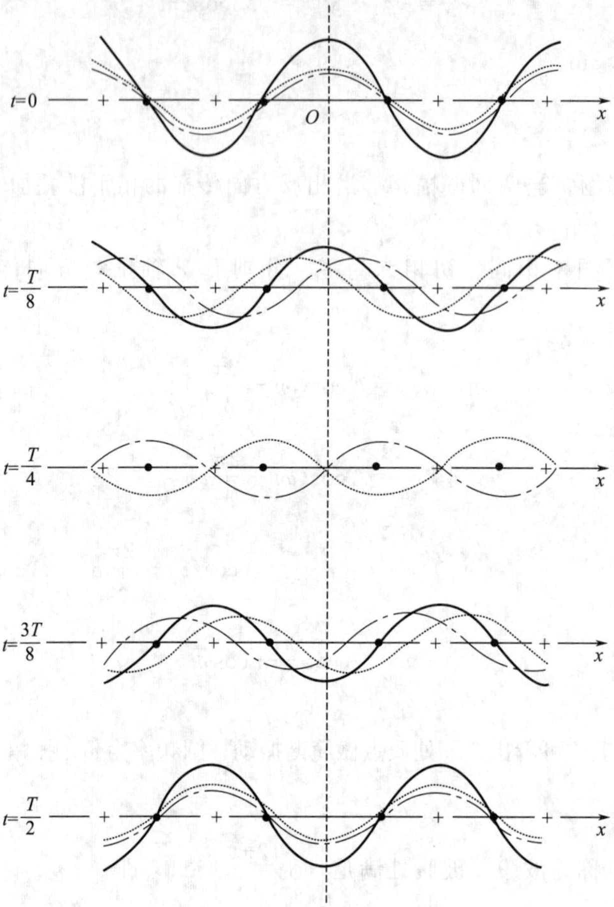

图 7-13　驻波

点，步调相反，即相位差为 π。因此，驻波是分段振动，每一段可看作一个整体同步振动。每一时刻，驻波都有一定的波形，但波形既不左移也不右移。因此叫作**驻波**。

4. 驻波的能量

驻波是振幅相同、传播方向相反的两列相干波叠加而成。两列相干波平均能流密度大小相等、方向相反，即波的总能流为零，没有能量的传播。只是在两波节之间，动能与势能来回交换，而总和保持不变。

5. 相位跃变

入射波与反射波满足形成驻波的条件。若在两种介质的分界面形成波节，说明入射波与反射波在此处的相位相反，即在分界面处反射波的相位比入射波的相位跃变了 π，相当于出现了半个波长的波程差。因此把这种现象形象地称为**"半波损失"**。

波阻：介质的密度 ρ 和波速 u 的乘积 ρu 叫作**波阻**。

两种介质相比较，ρu 大的叫作波密介质，ρu 小的叫作波疏介质。

波从波疏介质垂直入射到波密介质，反射波有半波损失，在反射处形成波节；反之，当波从波密介质垂直入射到波疏介质，反射波无半波损失，在反射处形成波腹。

6. 振动的简正模式

并不是任意波长的波都能在一定线度的介质中形成驻波。对于两端固定的弦线，形成驻

波时，弦线两端因为固定，必为波节。所以，波长 λ_n 和弦线长度 l 之间满足

$$l=n\frac{\lambda_n}{2}\quad(n=1,2,3,\cdots)\tag{7.27}$$

即只有当弦线长度 l 等于半波长的整数倍时，才能在此弦线上形成驻波。由 $\nu=\frac{u}{\lambda}$ 可得

$$\nu_n=n\frac{u}{2l}\quad(n=1,2,3,\cdots)\tag{7.28}$$

每个频率对应弦线的一种可能的振动方程，称为弦振动的简正模式，相应的频率称为简正频率。

如果外界策动源的频率与系统的某一简正频率相同（或接近），就会激起强驻波。这种现象也称为共振。

【例 7-3】 某入射波的方程为 $y_1=A\cos 2\pi(\frac{t}{T}+\frac{x}{\lambda})$，在 $x=0$ 处反射，反射点为一固定端，设反射时无能量损失。求：

（1）反射波的方程式；

（2）入射波与反射波叠加之后的驻波方程；

（3）波节和波腹的位置。

【解】 （1）反射点是固定端，所以反射时存在“半波损失”，由于反射时无能量损失，所以反射波的振幅仍为 A，因此反射波的表达式为

$$y_2=A\cos[2\pi(\frac{t}{T}-\frac{x}{\lambda})-\pi]$$

（2）驻波方程为

$$y=y_1+y_2=2A\cos(2\pi\frac{x}{\lambda}+\frac{\pi}{2})\cos(2\pi\frac{t}{T}-\frac{\pi}{2})$$

（3）波腹的位置

$$2\pi\frac{x}{\lambda}+\frac{\pi}{2}=n\pi,\quad x=(n-\frac{1}{2})\frac{\lambda}{2}\quad(n=1,2,3,\cdots)$$

波节的位置

$$2\pi\frac{x}{\lambda}+\frac{\pi}{2}=n\pi+\frac{\pi}{2},\quad x=n\frac{\lambda}{2}\quad(n=0,1,2,3,\cdots)$$

第六节 多普勒效应

一、多普勒效应

前面讨论的波源和观察者都是相对介质静止的，波、波源与观察者接收到的频率都相同。如果波源或观察者相对于介质运动，则观察者接收到的频率就会发生改变，这种现象称

为多普勒效应。

二、 多普勒效应公式

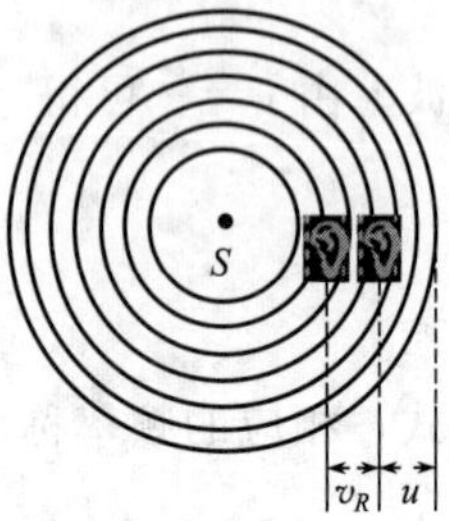

图 7-14 波源不动，观察者运动

为简单起见，假设波源和观察者在同一直线上运动。波速用 u 表示，波源频率用 ν_s，观察者接收频率为 ν_R。

1. 波源不动， 观察者相对介质以速度 v_R 向波源运动

此时，波的频率与波源频率相同。如图 7-14 所示，单位时间内，观察者观察到的完整波数目为分布在 $u+v_R$ 距离内完整的波的数目。即

$$\nu_R=\frac{u+v_R}{\lambda}=\frac{u+v_R}{\frac{u}{\nu_s}}=\frac{u+v_R}{u}\nu_s \tag{7.29}$$

当观察者以速度 $\boldsymbol{v_R}$ 远离波源时，通过上述分析，可得

$$\nu_R=\frac{u-v_R}{u}\nu_s \tag{7.30}$$

2. 观察者不动， 波源相对介质以速度 v_s 向观察者运动

波源运动时，波的频率不再等于波源的频率，如图 7.15 所示，此时，介质中波长

$$\lambda=uT-v_sT=(u-v_s)T=\frac{u-v_s}{\nu_s}\quad(T\text{ 为波源周期})$$

此时波的频率为

$$\nu=\frac{u}{\lambda}=\frac{u}{u-v_s}\nu_s$$

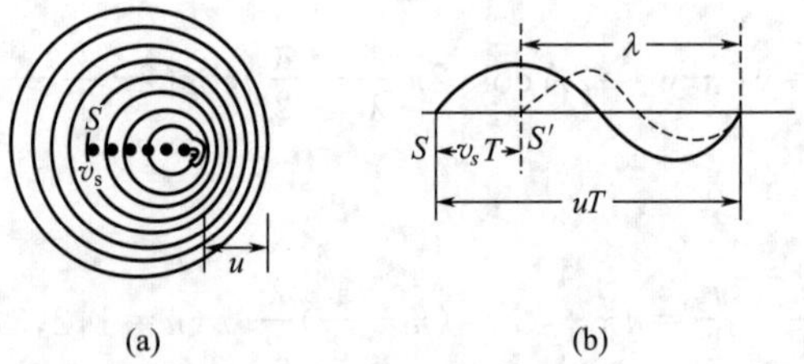

图 7-15 观察者静止、波源运动

由于观察者静止，所以接收到的频率 ν_R 就是波的频率，即

$$\nu_R=\frac{u}{u-v_s}\nu_s \tag{7.31}$$

3. 观察者和波源同时相对介质运动

综合以上两种分析，可得

$$\nu_R=\frac{u+v_R}{u-v_s}\nu_s \tag{7.32}$$

当观察者与波源沿二者连线相向运动时，其速度取正值，反之取负值。

练习题

选择题

7-1 已知一平面简谐波的表达式为 $y=A\cos(at+bx)$（a,b 为正值常量），则（　　）。

(A) 波的频率为 a　　(B) 波的周期为 $2\pi/a$

(C) 波长为 π/b　　(D) 波的传播速度为 b/a

7-2 一平面简谐波沿 Ox 正方向传播，波动表达式为 $y=0.10\cos\left[2\pi\left(\frac{t}{2}-\frac{x}{4}\right)+\frac{\pi}{2}\right]$，该波在 $t=0.5\text{s}$ 时刻的波形图是（　　）。（见图 7-16）

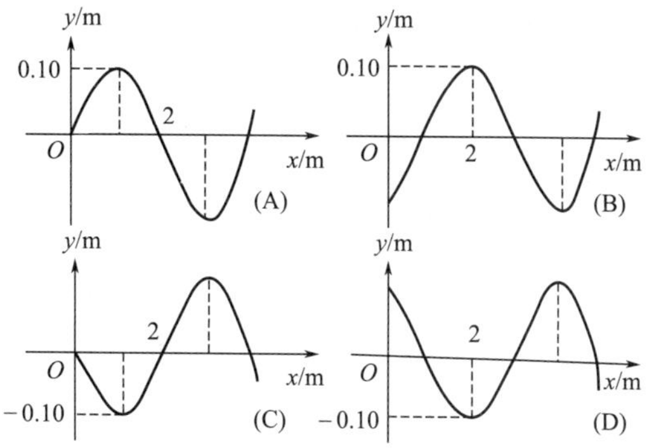

图 7-16　7-2 题图

7-3 横波以波速 u 沿 x 轴正方向传播。t 时刻波形曲线如图 7-17 所示，则该时刻（　　）。

(A) A 点振动速度大于零　　(B) B 点静止不动

(C) C 点向上运动　　(D) D 点振动速度小于零

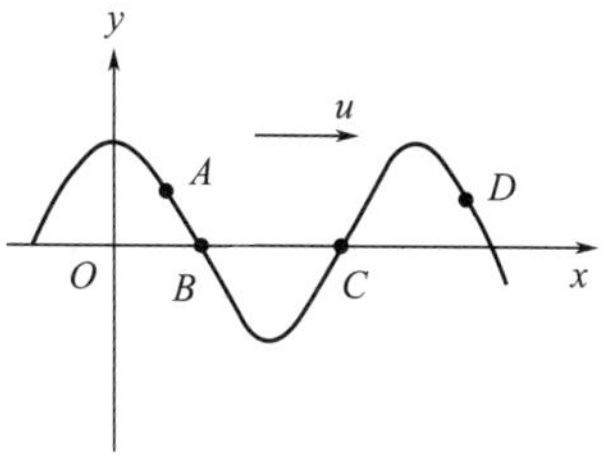

图 7-17　7-3 题图

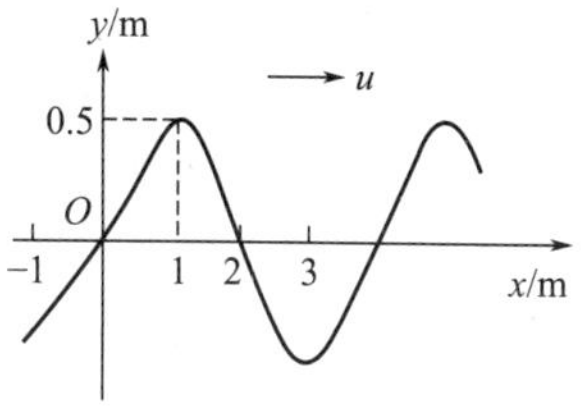

图 7-18　7-6 题图

7-4 在下面几种说法中，正确的说法是（　　）。

(A) 波源振动的速度与波速相同

(B) 波源不动时，波源的振动周期与波动的周期在数值上是不同的

(C) 在波传播方向上的任一质点振动相位总是比波源的相位滞后（按差值不大于 π 计）

(D) 在波传播方向上的任一质点的振动相位总是比波源的相位超前

7-5 在简谐波传播过程中，沿传播方向相距为 $\frac{1}{2}\lambda$（λ 为波长）的两点的振动速度必定（　　）。

(A) 大小相同，而方向相反　　(B) 大小不同，而方向相反

(C) 大小不同，方向相同　　(D) 大小和方向均相同

7-6 一沿 x 轴正方向传播的平面简谐波，波速的大小为 $u=1.0\text{m/s}$，在 $t=2\text{s}$ 时的波形曲线如图 7-18 所示，则原点 O 的振动方程为（　　）。

(A) $y=0.50\cos(\pi t+\frac{1}{2}\pi)$

(B) $y=0.50\cos(\frac{1}{2}\pi t-\frac{1}{2}\pi)$

(C) $y=0.50\cos(\frac{1}{2}\pi t+\frac{1}{2}\pi)$

(D) $y=0.50\cos(\frac{1}{4}\pi t+\frac{1}{2}\pi)$

7-7 一平面简谐波以速度 u 沿 x 轴负方向传播，在 $t=t'$ 时波形曲线如图 7-19 所示. 则坐标原点 O 的振动方程为（ ）。

(A) $y=a\cos[\pi\frac{u}{b}(t-t')+\frac{\pi}{2}]$

(B) $y=a\cos[2\pi\frac{u}{b}(t-t')-\frac{\pi}{2}]$

(C) $y=a\cos[\pi\frac{u}{b}(t+t')+\frac{\pi}{2}]$

(D) $y=a\cos[\pi\frac{u}{b}(t-t')-\frac{\pi}{2}]$

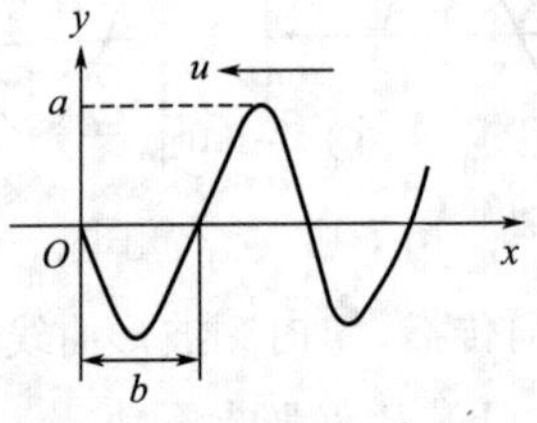

图 7-19 7-7 题图

7-8 如图 7-20 所示，一平面简谐波沿 x 轴正向传播，已知 P 点的振动方程为 $y=A\cos(\omega t+\phi)$，则波的表达式为（ ）。

(A) $y=A\cos\{\omega[t-(x-l)/u]+\phi\}$

(B) $y=A\cos\{\omega[t-(x/u)]+\phi\}$

(C) $y=A\cos\omega(t-x/u)$

(D) $y=A\cos\{\omega[t+(x-l)/u]+\phi\}$

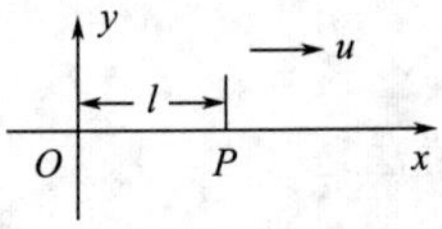

图 7-20 7-8 题图

7-9 一平面简谐波沿 Ox 轴正方向传播，$t=0$ 时刻的波形图如图 7-21 所示，则 P 处介质质点的振动方程是（ ）。

(A) $y_P=0.60\cos(4\pi t+\frac{1}{3}\pi)$ (B) $y_P=0.60\cos(4\pi t-\frac{1}{3}\pi)$

(C) $y_P=0.60\cos(2\pi t+\frac{1}{3}\pi)$ (D) $y_P=0.60\cos(2\pi t+\frac{1}{6}\pi)$

7-10 如图 7-22 所示，一沿 x 轴正向传播的平面简谐波在 $t=0$ 时刻的波形。若振动以余弦函数表示，且各点振动初相取 $-\pi$ 到 π 之间的值，则（ ）。

(A) O 点的初相为 $\phi_0=0$　　　(B) 1 点的初相为 $\phi_1=0$

(C) 2 点的初相为 $\phi_2=0$　　　(D) 3 点的初相为 $\phi_3=0$

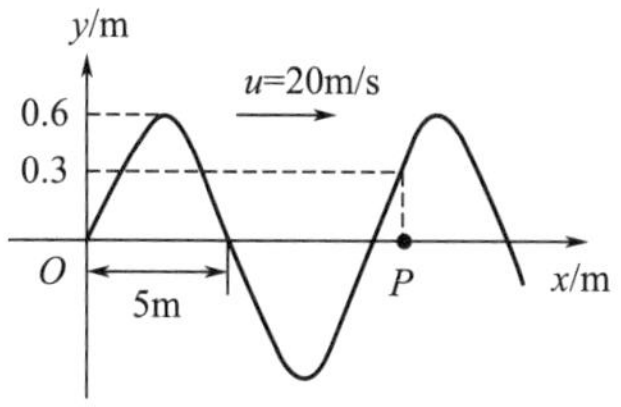

图 7-21　7-9 题图

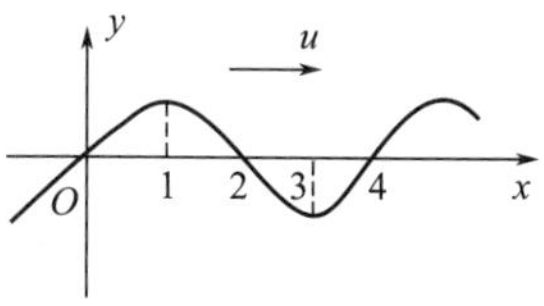

图 7-22　7-10 题图

7-11　一平面简谐波在弹性介质中传播，在介质质元从平衡位置运动到最大位移处的过程中（　　）。

(A) 它的势能转换成动能

(B) 它的动能转换成势能

(C) 它从相邻的一段质元获得能量其能量逐渐增大

(D) 它把自己的能量传给相邻的一段质元，其能量逐渐减小

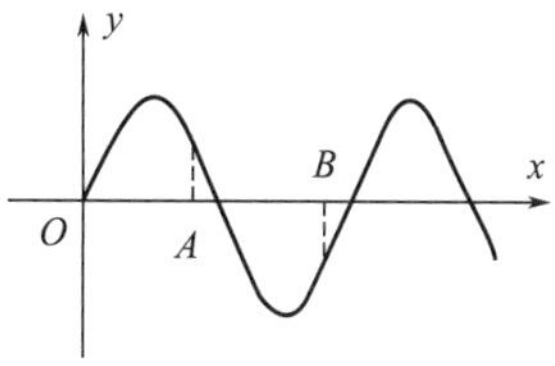

图 7-23　7-12 题图

7-12　某时刻驻波的波形图如图 7-23 所示，则 A，B 两点的相位差为（　　）。

(A) 0　　　(B) $\frac{1}{2}\pi$　　　(C) π　　　(D) $\frac{3}{2}\pi$

7-13　设声波在介质中的传播速度为 μ，声源的频率为 ν。若声源 S 不动，而接收器 R 相对于介质以速度 v_R 沿着 S、R 连线向着声源 S 运动，则位于 S、R 连线中点的质点 P 的振动频率为（　　）。

(A) ν　　　(B) $\frac{u}{u-\nu_R}\nu$　　　(C) $\frac{u}{u+\nu_R}\nu$　　　(D) $\frac{u+\nu_R}{u}\nu$

填空题

7-14　图 7-24 中画出一平面简谐波在 $t=2\text{s}$ 时刻的波形图，则平衡位置在 P 点的质点的振动方程是________。

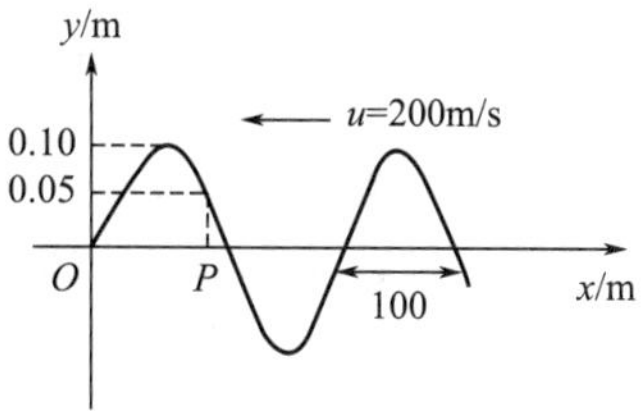

图 7-24　7-14 题图

7-15　如图 7-25 所示，一平面简谐波以波速 u 沿 x 轴正方向传播，O 为坐标原点。已知 P

点的振动方程为 $y=A\cos\omega t$，则波的表达式为________；C 点的振动方程为________。

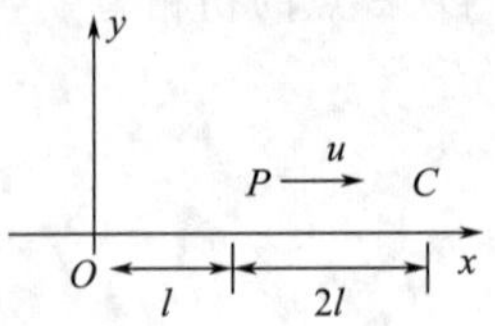

图 7-25　7-15 题图

7-16　在同一介质中两列相干的平面简谐波的强度之比是 $I_1/I_2=4$，则两列波的振幅之比是________。

7-17　在弦线上有一简谐波，其表达式为　$y_1=0.50\cos[2\pi(\frac{t}{0.02}-\frac{x}{20})+\frac{1}{3}\pi]$，为了在此弦线上形成驻波，并且在 $x=0$ 处为一波节，则弦线上另一简谐波的表达式为________。

7-18　在驻波中，两个相邻波节间各质点的振动振幅________相位________。（填“相同”或“不同”）

7-19　两列波在一根很长的弦线上传播，其表达式为

$$y_1=4.0\times10^{-2}\cos\pi(x-40t)/2$$

$$y_2=4.0\times10^{-2}\cos\pi(x+40t)/2$$

则合成波的表达式为________；在 $x=0$ 至 $x=10.0\text{m}$ 内波节的位置是________。

7-20　频率为 100Hz 的波，其波速为 300m/s，在同一条波线上，相距为 0.3m 的两点的相位差为________。

计算题

7-21　一波函数为 $y=A\cos\frac{2\pi}{\lambda}(ut+x)$，式中 $A=0.01\text{m}$，$\lambda=0.2\text{m}$，$u=25\text{m/s}$，求 $t=0.1\text{s}$ 时在 $x=1\text{m}$ 处质点振动的位移、速度、加速度。

7-22　如图 7-26 所示，一平面波在介质中以波速 $u=20\text{m/s}$ 沿 x 轴正方向传播，已知 A 点的振动方程为 $y=3\times10^{-2}\cos4\pi t$。

(1) 以 A 点为坐标原点写出波的表达式；

(2) 以距 A 点 5m 处的 B 点为坐标原点，写出波的表达式。

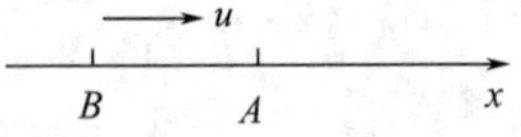

图 7-26　7-22 题图

7-23　一列平面简谐波在介质中以波速 $u=5\text{m/s}$ 沿 x 轴正向传播，原点 O 处质元的振动曲线如图 7-27 所示。

(1) 求波动方程；

(2) $x=25\text{m}$ 处质点的振动方程。

7-24　如图 7-28 所示，S_1，S_2 为两平面简谐波相干波源。S_1 的相位比 S_2 的相位落后 $\pi/2$，波长 $\lambda=8.00\text{m}$，$r_1=12.0\text{m}$，$r_2=14.0\text{m}$，S_1 在 P 点引起的振动振幅为 0.30m，S_2 在 P 点引起的振动振幅为 0.20m，求 P 点的合振幅。

7-25　一平面简谐波沿 Ox 轴正方向传播，波的表达式为 $y_1=A\cos2\pi(\nu t-x/\lambda)$，而另一平面简谐波沿 Ox 轴负方向传播，波的表达式为 $y_2=3A\cos2\pi(\nu t+x/\lambda)$。求

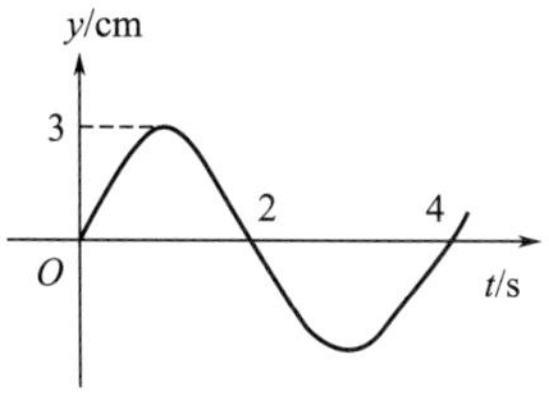

图 7-27 7-23 题图

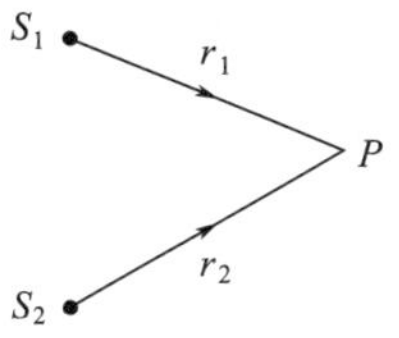

图 7-28 7-24 题图

(1) $x=\lambda/4$ 处介质质点的合振动方程；

(2) $x=\lambda/4$ 处介质质点的速度表达式。

7-26 两波在一很长的弦线上传播，其表达式分别为

$$y_1=3.00\times10^{-2}\cos\frac{1}{3}\pi(4x-24t)$$

$$y_2=3.00\times10^{-2}\cos\frac{1}{3}\pi(4x+24t)$$

求(1) 合成波的表达式；

(2) 叠加后振幅最大的那些点的位置。

思考题

7-27 波在传播过程中，从一种介质进入另一种介质，波长、频率、周期和波速这四个量，哪些是不变的？

7-28 观察者向波源运动和波源向观察者运动，都会产生频率增加的多普勒效应，两者有何区别？

第八章 气体动理论

气体动理论的研究对象是分子的热运动。气体动理论就是从物质是由大量分子组成和分子作热运动这一观点出发，研究热现象的本质。热现象就是组成物体的大量分子、原子热运动的集体表现。由于分子的数目特别多、运动情况又特别混乱，分子热运动就具有明显的无序性和统计性。于是，我们用统计的方法对大量分子求它们的微观量的统计平均值，建立微观量的统计平均值与宏观量之间的关系。从而阐明气体的压强、温度、内能等宏观量的微观本质，从物质的微观结构出发说明物质热现象的微观本质。

第一节　热力学第零定律　热力学平衡态

一、 热力学第零定律

实验事实表明，如果将两个物体 A 和 B 用绝热材料隔开，彼此不发生热接触，引入第三个物体 C，让物体 C 通过导热材料同时与物体 A 和 B 发生热接触。经过一段时间后，C 和 A 以及 C 和 B 将分别达到热平衡。这时，如果再使物体 A 和 B 发生热接触，则 A 和 B 的宏观性质都不随时间变化，表明 A 和 B 也达到了热平衡．由这个实验得出结论：在无外界影响的条件下，如果两个物体各自都与第三个物体达到热平衡，则这两个物体也必定处于热平衡。这一结论称为**热力学第零定律**，或**热平衡定律**。处于同一热平衡状态的所有物体都具有共同的宏观性质：它们的冷热程度相同，即它们的温度相同。温度的概念与我们日常对物体冷热程度的理解是一致的。温度是决定一个物体能否与其他物体处于热平衡的宏观性质。两个冷热不同的物体相接触，热的物体变冷，冷的物体变热，经过一段时间后，两物体的宏观性质（即温度）不再随时间变化，从而达到了热平衡。

二、 平衡态

大量粒子（分子、原子等）组成的宏观物体（气体、液体、固体等）为热学中研究的对象称为**热力学系统**。平衡态是热力学系统一种基本且重要的宏观状态。例如，将一块烧红的铁放入一盆冷水中，铁将逐渐变凉，周围的水会逐渐变热，引起水中各处冷热的不均匀。经过一段时间后，铁和水将达到冷热均匀的状态。如果没有外界影响，系统将保持这一状态而不再发生宏观变化，这个状态就是平衡态。所谓**平衡态**是指在不受外界影响的条件下，系统的所有可观测的宏观性质都不随时间变化的状态。这里所说的不受外界影响，是指外界对系统既不做功也不传热，但是并不要求系统不受外力的作用。只要外力不做功，对系统的热力学状态就没影响。

应该指出，平衡总是相对的，热力学系统平衡态的相对性有两方面：其一，热力学系统处在平衡态时，组成系统的分子仍在做无规则的热运动，只是分子运动的平均效果不随时间改变，为此，与热现象有关的一切平衡都是动平衡；其二，事物都是相互联系、相互作用的，系统完全不受外界影响，因而宏观性质保持绝对不变的情况，在实际中是不存在的。平衡态是一个理想的概念，是在一定条件下对实际情况的概括和抽象。

三、 状态参量 准静态过程

系统处于平衡态时，系统可观察到的一系列宏观性质都不随时间改变，因而可以用某些确定的物理量来表征。我们可以用若干个可由实验测定的物理量来描写系统的状态，它们叫作**状态参量**。究竟需要用多少个状态参量才能单值地确定一个系统的状态呢？这由系统的复杂程度和所研究问题的要求来决定。对于大量分子组成的气体系统，我们用体积、温度、压强这三个物理量来描述它的状态，称为**气体状态参量**。

气体的体积是气体分子所能达到的空间，并非气体分子本身体积的总和。气体体积的单位：在国际单位制中，采用立方米（m^3）；在实用单位制中，采用升、毫升、立方分米、立方毫米等。

气体的压强是气体施加于容器器壁单位面积上的垂直压力。压强的单位：在国际单位制中，采用帕斯卡（Pa），即牛顿/米^2（N/m^2）；在实用单位制中，采用大气压（atm）、毫米汞高（mmHg）等。

$$1mmHg=133.3Pa，1atm=1.013\times10^5Pa，1atm=760mmHg$$

温度的概念比较复杂，它是建立在热平衡基础上的。根据热力学第零定律，对于A、B、C三个物体，如果A与B彼此间处于热平衡，B与C彼此间也处于热平衡，则A与C也一定处于热平衡。基于这一事实，A，B，C就具有一个共同的宏观性质，我们将这个性质称为**温度**。温度的本质与物质分子运动密切相关，温度的不同反映物质内部分子运动剧烈程度的不同。在宏观上，我们用温度表示物体的冷热程度，并规定较热的物体有较高的温度。通常建立一种温标需要三要素：测温物质、测温属性和固定标准点。温度数值的标定方法称为温标，常用的有**摄氏温标**，用t表示，单位是摄氏度，符号为℃。摄氏温标规定：在标准大气压下，冰水混合物的平衡温度（冰点）为0℃，水沸腾的温度（汽点）为100℃，在0℃和100℃之间按温度计测温物质的测温属性随温度作线性变化来刻度。由于不同测温物质的测温属性随温度的变化不可能都是一致的，因此，建立温标的三要素都与测温物质和测温属性的选择有关，故称为**经验温标**。这样就有必要找到一种不依赖于物质属性的温标作为统一标准的温标，我们将其称为**热力学温标**，单位是开尔文，简称为开，符号为K。热力学温度以绝对零度为零点，水、冰和水蒸气三相平衡共存的温度规定为固定标准点温度，即将水的三相点温度273.16K规定为热力学温标的基本固定温度，用该温标确定的温度称为热力学温度，用T表示。可以证明，在理想气体温标能适用的范围内，理想气体温标与热力学温标是一致的。同一物体的热力学温度T(K)和摄氏温度t(℃)的关系是

$$T(K)=t(℃)+273.16$$

质量为M的气体处于平衡态时，其状态可用一组状态参量（p,V,T）来表示。也可以

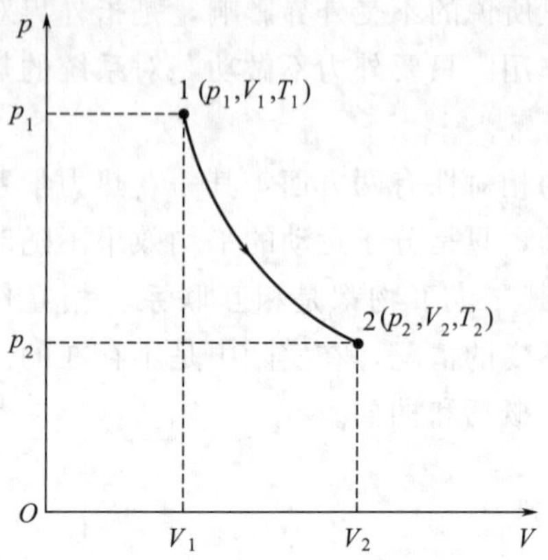

图 8-1　p-V 图

用 p-V 图（p 为纵坐标，V 为横坐标）上的一确定点来表示。图 8-1 中的状态 1（p_1,V_1,T_1）点或状态 2（p_2,V_2,T_2）点。在外界因素影响下，系统的状态将发生变化，即经历一个状态变化过程。过程所经历的中间状态一般不一定是平衡态，如果气体从某一平衡态，经过一系列无限接近于平衡态的中间状态，达到另一个平衡态，这种变化过程称为**准静态过程**。它可以用 p-V 图上的一条曲线表示。显然，准静态过程是个理想的过程，它和实际过程是有差别的，但在很多情况下，可近似地把实际过程当作准静态过程处理。

四、理想气体状态方程

实验指出，在通常温度和压强下，质量为 M 的一定量比较难于液化的某种气体从一个平衡状态变化到另一个平衡状态，压强 p 与体积 V 的乘积同温度 T 的比值保持不变，始终是一个常量，即

$$\frac{pV}{T}=\text{常量} \tag{8.1}$$

式（8.1）就是**理想气体状态方程**。式中的常量对任何一个平衡态都相等，我们可取标准状态来求出这个量值。在标准状态下，压强 $p_0=1.013\times10^5\,\text{Pa}$，温度 $T_0=273.15\text{K}$ 时，假设气体的质量为 M，气体的摩尔质量为 μ，则气体的量为 $\frac{M}{\mu}$。在标准状态下，1mol 的任何气体的体积都是 $V_0=22.4\times10^{-3}\,\text{m}^3/\text{mol}$，所以，质量为 M 的气体的体积为 $V_m=\frac{M}{\mu}V_0$，代入式（8.1）得

$$\frac{pV}{T}=\frac{M}{\mu}\frac{p_0V_0}{T_0}$$

式中，$\frac{p_0V_0}{T_0}$ 为一常量，称为**摩尔气体常量**，用 R 表示，则上式化为

$$pV=\frac{M}{\mu}RT \tag{8.2}$$

式（8.2）就是**理想气体状态方程**。这是质量为 M 的气体在平衡状态下的三个参量 p,V,T 之间的关系式。式中 R 的数值与各状态参量所用单位有关。

在国际单位制中，体积用立方米（m^3），压强用帕斯卡（Pa），温度用开尔文（K），则

$$R=\frac{p_0V_0}{T_0}=8.31\text{J}/(\text{mol}\cdot\text{K})$$

若 M 千克的理想气体中包含有 N 个分子，则 $M=Nm$，$\mu=N_\text{A}m$，代入式(8.2)得

$$p=nkT \tag{8.3}$$

式中，每摩尔气体的分子数 $N_A=6.023\times10^{23}$ 个/mol；$k=\frac{R}{N_\text{A}}=1.38\times10^{-23}\,\text{J/K}$，称为玻

耳兹曼常量。

气体状态方程在一定程度上，表明了各种气体的共性。我们将在任何压强和温度下，都遵守状态方程的气体称为理想气体。式（8.2）或式（8.3）就称为理想气体状态方程。许多实际气体，在通常压强和温度下，它们都近似地满足理想气体状态方程，因此，在实际工程技术中有着广泛的应用。

理想气体状态方程是在一定的条件下总结出来的，它有一定的局限性和近似性，不能作不适当地推广。

【例 8-1】 容器内装有氮气，其质量为 0.10kg，压强为 8×10^5Pa，温度为 47℃。因为容器漏气，经过若干时间后，压强降到原来的 5/8，温度降到 27℃。试求：

（1）容器的容积有多大？

（2）漏去了多少氮气？（假设氮气可看作理想气体）

【解】 （1）根据理想气体状态方程，$pV=\frac{M}{\mu}RT$，得容器的容积为

$$V=\frac{MRT}{\mu p}\approx1.19\times10^{-2}\,\text{m}^3$$

（2）设漏气若干时间之后，压强减小到 p'，温度降到 T'。如果用 M'表示容器中剩余的氮气质量，由状态方程得

$$M'=\frac{\mu pV}{RT'}=\frac{2}{3}M$$

所以漏去的氮气质量为

$$\Delta M=M-M'=M-\frac{2}{3}M=\frac{1}{3}M=3.33\times10^{-2}\,\text{kg}$$

第二节 气体分子热运动与统计规律

一、 分子热运动的基本观点

人们从大量的实验事实中总结出分子热运动的三个基本观点如下。

（1）一切宏观物体都是由大量分子、原子组成的，分子间有空隙。

（2）所有物质的分子都在作杂乱无章的运动（也称为无规则运动、无序运动等），由于大量分子运动的剧烈程度与温度有关，因此，分子的无序运动常称为分子热运动。

（3）分子间存在相互作用力。

分子间有空隙的根据是：一切物体都是可以被压缩的，特别是气体容易被压缩；水和酒精混合后体积变小；这些都说明分子间有空隙。

分子永不停息地做不规则的运动实验根据是扩散现象和布朗运动。例如，香水分子在空气中扩散，一滴墨水在水中扩散，把两种不同的金属，如铅及金互相压紧，经过几个月后，在铅中会发现有金，在金中也会有铅。这些扩散现象都说明了分子在不停息地运动，并相互碰撞。实验表明，温度越高，扩散进行得越快，布朗运动越剧烈，说明分子的无规则运动与物体的温度有关，温度越高，分子的运动越剧烈，因此，分子的无规则运动叫作**分子的热运动**。

分子之间同时存在引力与斥力，统称为**分子力**，分子力与分子间的距离有关，其关系如

图 8-2 所示。图中横坐标表示分子间距离 r，纵坐标表示分子力 F，F 为正时，表示斥力；F 为负时，表示引力。当分子间距离为 $r_0 \approx 10^{-10}$ m 时，分子间的作用力 $F=0$。分子力是短程力，只存在于小于 10^{-9} m 的范围内。当两个分子之间的距离 $r > 10^{-9}$ m 时，分子力忽略不计。当 $r < 10^{-9}$ m 时，分子力体现为斥力，并随分子间距离的减小而迅速增加，这就是固体和液体难以压缩的原因。当 10^{-10} m $< r < 10^{-9}$ m 时，分子力体现为引力，随着分子间距离的增加，引力先增加，后又慢慢减少。

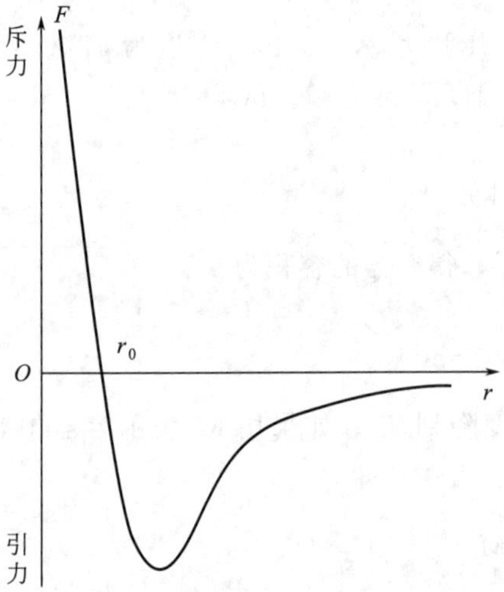

图 8-2　分子力与分子间距离关系

值得注意的是，个别分子的运动是杂乱无章的，每一个运动着的分子或原子都有大小、质量、速度、能量等，这些用来表征个别分子性质的物理量叫作**微观量**。但一般在实验中测得的气体的温度、压强、体积等是表征大量分子集体特征的量，叫作**宏观量**。所以，就大量分子的集体来看，存在着一定的统计规律，这是分子热运动统计性的表现。例如，在热力学平衡状态下，气体分子的空间分布，按密度来说是均匀的。据此，我们假设：分子沿各个方向运动的机会是均等的，没有任何一个方向上气体分子的运动比其他方向更占优势。也就是说，沿着各个方向运动的平均分子数应该相等，分子速度在各个方向上的分量的各种平均值也应该相等。气体分子数目愈多，这个假设的准确度就愈高。这就说明分子热运动除了具有无序性外，还服从统计规律，所谓统计规律是指大量随机事件（偶然事件）所呈现的整体规律。随机事件是不可预测、可能发生也可能不发生的事件。显示统计规律性的最直观的实验装置是伽尔顿板，如图 8-3 所示。

二、 分布函数和平均值

现在，我们将在演示伽尔顿板实验的基础上，讨论分布函数与平均值的计算。如图 8-3 所示，在一块竖直木板的上部规则地钉大量的铁钉，下部用竖直的隔板隔成许多等宽的狭槽。从板顶漏斗形的入口处投入小球。板前覆盖玻璃，以使小球留在狭槽内。这种装置叫作伽尔顿板。若从入口投入一个小球，发现小球与若干个铁钉相碰后，最后落在哪个槽中完全是随机的，若每次多放几个小球，这些小球的路径仍无规律可循；可是当我们同时投入大量的小球后发现，不论我们投入多少次，这些小球的分布总是中间部分的槽内小球多、两边少，正中间最多，如图 8-4 所示。

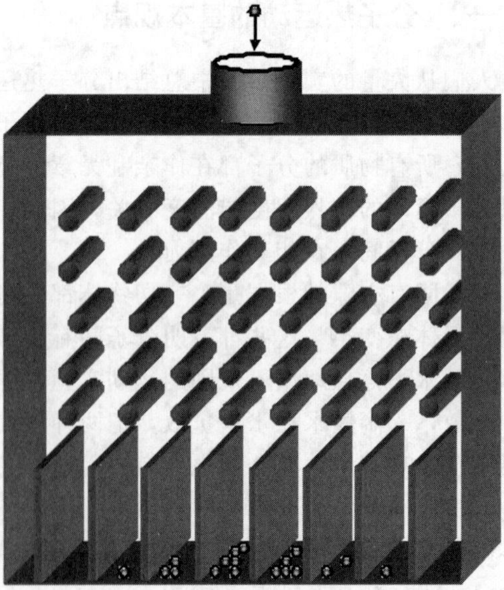
图 8-3　伽尔顿板（一）

如果在玻璃板上沿各狭槽中小球的顶部画一条曲线，则该曲线表示小球数目按狭槽的分布情况，称为**小球数目按狭槽的分布曲线**。若重复此实验发现：在小球数目较少的情况下，每次所得的分布曲线彼此有显著差别，但当小球数目很多时，每次所得的分布曲线彼此近似地重合。

上述实验结果表明，一个小球落在哪里是随机的，少量小球的分布每次各不相同，但大量小球的分布却近似相同，大量小球分布的必然性体现了大量小球整体按狭槽的分布遵从一定的统计规律。

用数学函数来描述小球的分布时，可先在坐标纸上取横坐标 x 表示狭槽的水平位置，纵坐标 y 为狭槽内累积小球的高度。这样，就得到小球按狭槽分布的一个直方图，如图 8-5（a）所示。设第 i 个狭槽的宽度为 Δx_i，其中累积小球的高度为 y_i，则直方图中此狭槽内小球占据的面积为 ΔS_i，此狭槽内小球的数目 ΔN_i 正比于此面积：$\Delta N_i = C\Delta S_i = Cy_i\Delta x_i$。

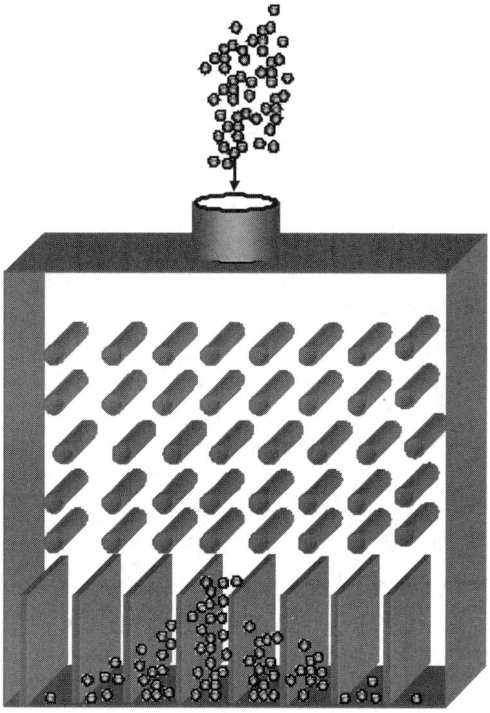

图 8-4 伽尔顿板（二）

设 N 为小球总数，有

$$N = \sum_i \Delta N_i = C\sum_i \Delta S_i = C\sum_i y_i \cdot \Delta x_i$$

式中，$\sum_i y_i \cdot \Delta x_i$ 是小球占据的总面积 S。于是，该狭槽内小球数目在总球数中所占比率 $\frac{\Delta N_i}{N}$ 可作为每个小球落入第 i 个狭槽的概率，即

$$\Delta P_i = \frac{\Delta N_i}{N} = \frac{\Delta S_i}{S} = \frac{y_i \Delta x_i}{\sum_i y_i \Delta x_i}$$

这就是说，小球在某处出现的概率是和该处的高度成正比的。小球经多次与铁钉碰撞后落下来的最后位置 x 实际是连续取值的，只不过因为狭槽有一定宽度，伽尔顿板实验对于

落下来的小球只作了粗的位置分类。要对小球沿 x 的分布作更细致的描述，我们可以一点点地把狭槽的宽度减小、数目加多。在所有 $\Delta x_i \to 0$ 的极限下，直方图的轮廓变成连续的分布曲线，如图 8-5（b）所示。上式变为

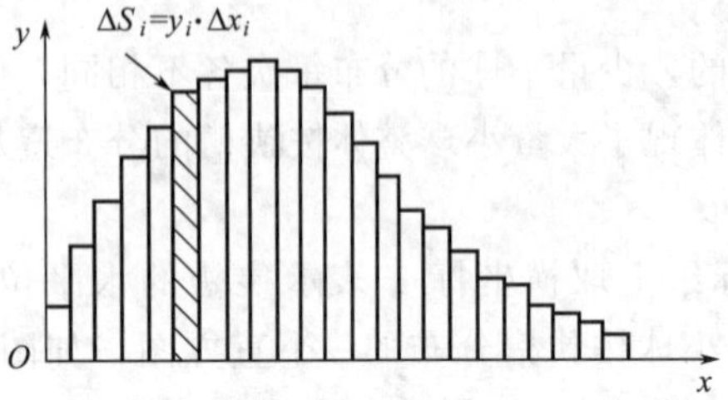

(a) 小球数目按狭槽分布曲线直方图

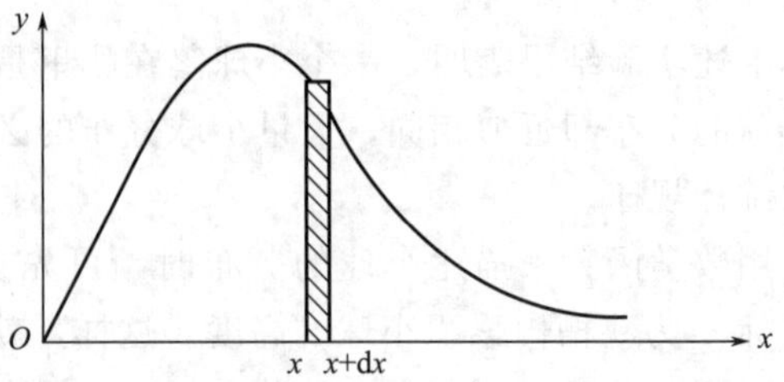

(b) 在 $\Delta x_i \to 0$ 的极限下，直方图的轮廓变成的连续分布曲线

图 8-5 小球数目按狭槽的分布曲线

$$\mathrm{d}P(x)=\frac{\mathrm{d}N}{N}=\frac{y(x)\mathrm{d}x}{\int y(x)\mathrm{d}x}$$

设
$$f(x)=\frac{y(x)}{\int y(x)\mathrm{d}x}$$

则有
$$\mathrm{d}P(x)=f(x)\mathrm{d}x \text{ 或 } f(x)=\frac{\mathrm{d}P(x)}{\mathrm{d}x}=\frac{1}{N}\frac{\mathrm{d}N(x)}{\mathrm{d}x} \tag{8.4}$$

式中，$f(x)$称为**小球沿 x 的分布函数**。

上式表明，小球落入 x 附近单位区间的概率，或者说表示小球落在 x 处的**概率密度**。由式（8.4），可见应有下式成立

$$\int f(x)\mathrm{d}x=\int\frac{\mathrm{d}N(x)}{N}=1 \tag{8.5}$$

上式表明，把所有概率全部相加，其总和必为1，这叫作 f（x）的归一化条件。图8-6（b）中介于 x 与 $x+\mathrm{d}x$ 之间的那部分面积，表示位置在 x 与 $x+\mathrm{d}x$ 之间小球的概率。对某一个任意选定的小球来说，f（x）$\mathrm{d}x$ 也可理解为小球的位置在 x 与 $x+\mathrm{d}x$ 之间的概率。知道了 f（x）和小球总数 N，则在 x 与 $x+\mathrm{d}x$ 之间的小球数 $\mathrm{d}N$ 为

$$\mathrm{d}N=Nf(x)\mathrm{d}x$$

按上式，位置在 x 与 $x+\mathrm{d}x$ 间隔内的 $\mathrm{d}N$ 个小球的总位置为 $x\mathrm{d}N$。这样，N 个小球的平均位置当为 N 个小球的总位置除以小球总数，即

$$\bar{x}=\frac{\int x\mathrm{d}N}{N}=\frac{\int Nxf(x)\mathrm{d}x}{N}=\int xf(x)\mathrm{d}x \tag{8.6}$$

对具有统计性的事物来说，在一定的宏观条件下，总存在确定的分布函数。因此，式（8.6）所表示的是已知分布函数求平均值的方法。式（8.6）不仅适用于位置的计算，在物理中，我们可以把 x 理解为要求平均值的任一物理量，即式（8.6）具有普遍意义。

第三节 理想气体的压强和温度

一、理想气体分子模型

1. 关于每个分子的力学性质的假设

(1) 分子本身的大小比起分子间的平均距离来，要小得多，可忽略不计。

(2) 除碰撞瞬间外，分子间的相互作用力可忽略。分子所受的重力也可忽略。

(3) 把分子当作很小的弹性球，分子与器壁间的碰撞是完全弹性的。

以上的这些假设可简言为气体分子像一个极小的彼此间无相互作用的弹性质点。

2. 关于分子集体的统计性假设

(1) 在平衡态时，容器中任一处，单位体积内的分子数目相同或者说分子按位置的分布是均匀的。如以 N 表示容器体积 V 内的分子总数，则分子数密度为一常量，则

$$n=\frac{\mathrm{d}N}{\mathrm{d}V}=\frac{N}{V} \tag{8.7}$$

(2) 在平衡态时，分子速度按方向的分布是均匀的。因此，速度的每个分量的平方的平均值应该相等，即

$$\overline{v_x^2}=\overline{v_y^2}=\overline{v_z^2} \tag{8.8}$$

二、 理想气体的压强公式

容器内的气体分子处于无规则运动状态，不断地碰撞器壁，每一个分子与器壁碰撞时，都给器壁一定的冲量，器壁受到冲力的作用。压强就是由这些大量气体分子不断地碰撞器壁而产生的。在热力学平衡态下，就个别分子来说，这个冲力的大小是随机的、不连续的。对大量分子而言，任何时刻大量分子与器壁碰撞，从平均效果看，器壁受到一个均匀的持续的恒定的压力作用。因此，压强是大量分子热运动的整体宏观效果，是分子热运动的一个统计平均值。

设在边长为 l 的正方体容器中，有 N 个气体分子，每个分子的质量是 m。因为气体处于平衡状态，容器内各处压强相同。我们只需计算容器的某一器壁（如与 x 轴垂直的 A_1 面，图 8-6 中）受到的压强，就可得到容器内各处的压强。如图 8-6 所示，设第 i 个分子的速度为 $\boldsymbol{v}_i$，它在直角坐标系中的分量为 v_{ix}、v_{iy}、v_{iz}。根据理想气体分子模型，碰撞是完

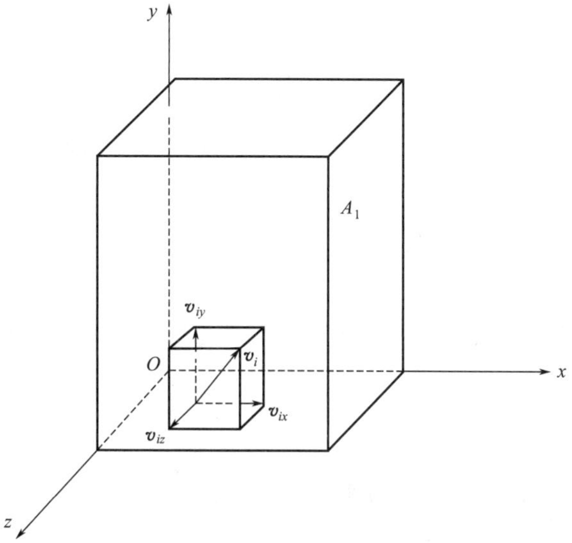

图 8-6 边长为 l 的正方体容器

全弹性的，所以碰撞后，第 i 个分子被 A_1 面弹回的速度分量为 $-v_{ix}$、v_{iy}、v_{iz}。因为后两个分速度大小 v_{iy}，v_{iz} 和方向都没发生变化，所以，该分子的动量改变为

$$\Delta p_{iz}=-v_{ix}-v_{ix}=-2v_{ix} \tag{8.9}$$

这一动量的改变等于 A_1 面施于第 i 分子的冲量，其方向指向 x 轴的负方向。与此同时，第 i 个分子亦施于 A_1 面的冲量为 $2mv_{ix}$，方向指向 x 轴正向。

为了简化问题，我们忽略分子间的相互碰撞。这样，第 i 个分子再次对 A_1 面碰撞所需时间是 $\frac{2l}{v_{ix}}$。那么，在单位时间内，第 i 个分子与 A_1 面碰撞 $\frac{v_{ix}}{2l}$ 次，作用于 A_1 面的总冲量是 $2mv_{ix}\frac{v_{ix}}{2l}=\frac{mv_{ix}^2}{l}$，它等于在此时间内第 i 个分子作用于 A_1 面的平均冲力为

$$F_i=\frac{mv_{ix}^2}{l} \tag{8.10}$$

容器内有大量分子不断地与 A_1 面碰撞，使 A_1 面受到一个持续的作用力。容器中所有分子对器壁 A_1 面每单位时间内平均冲力之和是

$$F=\sum_{i=1}^{N}F_i=\sum_{i=1}^{N}\frac{mv_{ix}^2}{l}=\frac{m}{l}\sum_{i=1}^{N}v_{ix}^2$$

将此式变换一下，得

$$F=\frac{Nm}{l}\sum_{i=1}^{N}\frac{\overline{v_{ix}^2}}{N}=\frac{Nm}{l}\overline{v_x^2} \tag{8.11}$$

式中 $\overline{v_x^2}=\frac{\sum_{i=1}^{N}v_{ix}^2}{N}$ 表示容器中 N 个分子在 x 轴方向的速度分量平方的平均值，它是统计平均量。

于是，A_1 面受到的压强为

$$p=\frac{F}{S}=\frac{1}{l^2}\cdot\frac{Nm}{l}\overline{v_x^2}=nm\,\overline{v_x^2}$$

式中，$n=\frac{N}{l^3}$ 为分子数密度，它也是统计平均量。

分子速度的平方可表示为 $v_i^2=v_{ix}^2+v_{iy}^2+v_{iz}^2$。$N$ 个分子的速度均方值为

$$\overline{v^2}=\frac{\sum_{i=1}^{N}v_i^2}{N}=\overline{v_x^2}+\overline{v_y^2}+\overline{v_z^2}$$

根据统计假设，有 $\overline{v_x^2}=\overline{v_y^2}=\overline{v_z^2}=\frac{1}{3}\overline{v^2}$，得到理想气体的压强公式为

$$p=\frac{2}{3}n\left(\frac{1}{2}m\,\overline{v^2}\right) \tag{8.12}$$

式中，$\frac{1}{2}m\,\overline{v^2}$ 是气体分子的平均平动动能。

由上述讨论可知，**压强** p 是系统中所有分子对器壁作用的平均效果，它具有统计意义。离开了大量分子，气体压强的概念就失去了意义。理想气体的压强 p 由大量分子的两个统

计平均量，即单位体积内的分子数 n 和气体分子的平均平动能 $\frac{1}{2}m\overline{v^2}$ 所决定。

三、 理想气体的温度

从气体的压强公式 $p=\frac{2}{3}n\left(\frac{1}{2}m\overline{v^2}\right)$

和理想气体状态方程 $p=nkT$

比较得出气体温度和气体分子能量之间关系为

$$\overline{\varepsilon_k}=\frac{1}{2}m\overline{v^2}=\frac{3}{2}kT \tag{8.13}$$

式（8.13）给出了宏观量温度 T 与气体分子的微观量（即分子平动动能）的平均值之间的关系。由上式可见，理想气体的平均平动动能只与热力学温度 T 成正比，而与气体的性质无关。温度与压强一样都是大量分子运动的集体表现，是大量分子热运动的统计平均效果。因此，具有统计意义。对于个别分子，说它温度有多少度是没有意义的。

从宏观来看，温度反映物体冷热的程度。但从微观看，气体**温度**是分子热运动的平均平动动能的量度。温度越高，表示物体内分子热运动越剧烈，物体分子热运动的平均动能也越大，这就是温度的微观本质。

四、 气体分子的方均根速率

根据气体分子的平均平动动能公式（8.13）可得到在任何温度下气体分子的方均根速率

$$\sqrt{\overline{v^2}}=\sqrt{\frac{3kT}{m}}=\sqrt{\frac{3RT}{\mu}}\approx 1.732\sqrt{\frac{RT}{\mu}}$$

【例 8-2】 求 0℃时氮气分子的平均平动动能和方均根速率。

【解】 氮气分子的平均平动动能为

$$\overline{e_k}=\frac{3}{2}kT=\frac{3}{2}\times 1.38\times 10^{-23}\times 273=5.65\times 10^{-21}\text{J}$$

氮气分子的方均根速率

$$\sqrt{\overline{v^2}}=\sqrt{\frac{3RT}{\mu}}\approx 1.732\sqrt{\frac{8.31\times 273}{28\times 10^{-3}}}\approx 493\text{m/s}$$

第四节 能量均分定理 理想气体的内能

一、 自由度

力学中，决定一个物体的位置所需要的独立坐标数目，称为这个物体的**自由度**。我们根据这个概念来确定分子的运动自由度数。气体分子按结构可分为单原子分子（如 H_e，N_e 等），双原子分子（如 H_2，N_2 等），三原子分子（如 H_2O，CO_2 等）或多原子分子（如 NH_3，CH_4 等）。单原子分子，可当成质点，既没有转动，也没有振动，故只有 3 个平动自由度。双原子分子是由两个原子组成的，其中又可分为刚性双原子分子和非刚性双原子分子，对于刚性双原子分子，原子间距离不变，它有 3 个平动自由度和 2 个转动自由度，而不计绕两个原子的连线为轴的转动，则总自由度有 5 个。对于非刚性双原子分子，在原子间作用力的支配下，分子可沿原子连线方向发生振动，因此还有一个振动的自由度，共 6 个自由度。

多原子分子，如果分子可看成是刚性的，即构成分子的原子之间距离保持不变，则整个分子就可看成自由刚体，其自由度数为 6。

二、 能量均分定理

理想气体的平均平动动能为

$$\overline{\varepsilon_k}=\frac{1}{2}m\overline{v^2}=\frac{3}{2}kT$$

平动有三个自由度，与此相对应，分子的平动可以分解为沿三个坐标轴的运动，可表示为

$$\frac{1}{2}m\overline{v^2}=\frac{1}{2}m\overline{v_x^2}+\frac{1}{2}m\overline{v_y^2}+\frac{1}{2}m\overline{v_z^2}$$

考虑到在平衡状态下，大量气体分子做杂乱无章的运动时，沿各方向运动的机会是均等的统计假设

$$\overline{v_x^2}=\overline{v_y^2}=\overline{v_z^2}$$

这样，我们就可得出

$$\frac{1}{2}m\overline{v_x^2}=\frac{1}{2}m\overline{v_y^2}=\frac{1}{2}m\overline{v_z^2}=\frac{1}{2}kT \tag{8.14}$$

该式表明，气体分子沿 x，y，z 三个方向运动的平均平动动能完全相等；可以认为，分子的平均平动动能$\frac{3}{2}kT$ 是均匀地分配在每一个平动自由度上的。因为分子平动有 3 个自由度，所以相应于分子的每一个平动自由度具有相同的平均动能，其数值为$\frac{1}{2}kT$。这个结论同样可以推广到刚性气体分子的转动和振动等能量分配上。也就是说，在平衡状态时，由于分子间频繁的无规则碰撞，平均地说，不论何种运动，相应于每一自由度的平均动能都应该相等。不仅各个平动自由度上的平均动能应该相等，各个转动自由度上的平均动能也应该相等，而且每个平动自由度上的平均动能与每个转动自由度上的平均动能都应该相等。因此，在温度为 T 的平衡态下，气体分子任何一种运动形式的每一个自由度都具有相同的平均动能$\frac{1}{2}kT$。能量按这个原则分配，叫作**能量（按自由度）均分定理**，根据能均分定理，如果气体分子有 i 个自由度，则平均每一个分子的平均总动能就是$\frac{i}{2}kT$。

能量均分定理不仅适用于气体，也适用于液体和固体。实际气体的分子运动情况视气体的温度而定。例如氢分子，在低温时，只可能有平动，在室温时，可能有平动和转动，只有在高温时，才可能有平动、转动和振动。又如氯气分子，在室温时已可能有平动、转动和振动。对振动自由度来说，除了振动动能外，还有振动势能。当分子的振动自由度不起作用时，我们可将分子视为刚性的，此时分子就只可能有平动和转动动能了。

三、 理想气体的内能

气体的内能是指它所包含的所有分子的各种能量（平动、转动、振动），及分子之间由于保守力的相互作用而产生的势能的总和。应该指出，物体内部的分子永不停息地运动着和相互作用着，因此，内能永远不会为零。它是一种微观能，取决于物体的微观运动状态。微

观运动具有无序性，所以，内能是一种无序能量，对于理想气体，由于分子间无相互作用力，所以，分子间无势能。因而**理想气体的内能**就是它的每个分子的各种能量的总和。对于刚性分子，**刚性理想气体的内能**就是它的分子的平动动能和转动动能之和。

设理想气体温度为 T，分子的自由度为 i，一个分子的平均能量为 $\frac{i}{2}kT$，质量为 M 千克，摩尔质量 μ 千克/摩尔的理想气体的内能为

$$E=\frac{M}{\mu}\frac{i}{2}RT \tag{8.15}$$

由上式可见，一定量理想气体的内能取决于分子运动的自由度 i 和气体的热力学温度 T，而与气体的体积及压强无关。为此，理想气体在不同的状态变化过程中，只要温度的变化量相等，内能的变化量就相等，与过程无关。内能是状态的单值函数。对理想气体来说，内能仅是温度的单值函数。

第五节　麦克斯韦速率分布

一、 气体分子速率测定实验

图 8-7 是测定分子速率分布的实验装置示意图。整个装置放在高真空的容器中。图中 A 是水银分子源，加热后产生水银蒸气。部分水银分子通过一个小孔逸出，经定向狭缝 S 形成一束定向的分子射线。D 和 D' 是两个可以转动的共轴圆盘，盘上各开一条狭缝，两狭缝错开一个小的角度 θ（约 2°），P 是接收分子的接收屏。

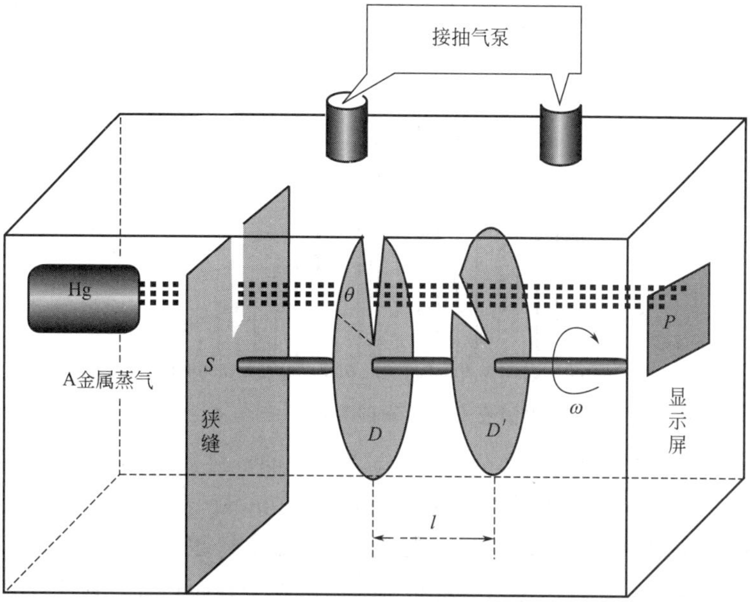

图 8-7　测定分子速率分布的实验装置示意图

当圆盘转动时，圆盘每转一周就有分子射线通过 D 盘上的狭缝一次。但是由于分子速率的大小不同，自 D 到 D' 所需时间也不同，只有速度满足一定关系的分子才能通过 D，到达 P 屏上。因为两个狭缝都有一定的宽度，到达 P 屏上的分子实际上分布在一定的速率区

间 $v \sim v+\Delta v$ 内。实验时，只要调整圆盘的角速度 ω，就有处于不同的速率区间内的分子到达屏上。我们可用光度学方法测量屏上所堆积的水银层的厚度，就可求出相应的速率区间内的分子数的比率。通过实验即可得出分子源中各种速率区间内的分子数的比率。

实验结果表明：分布在不同间隔内的分子数是不相同的，但在实验条件（如分子射线强度、温度等）不变的情况下，分布在各个间隔内分子数的相对比值却是完全确定的。尽管个别分子的速度大小是偶然的，但就大量分子整体来说，其速度大小的分布却遵守着统计分布规律。

二、 速率分布的数学表示法

现在，我们将引入分子的速率分布函数的概念，设有 N 个分子组成的一定量气体，分子速率可能在零和无穷大之间，把速率分成许多无限小的速率区间，其中分子速率介于某一速率区间 $v_i \sim v_i+\mathrm{d}v_i$ 的分子数 $\mathrm{d}N_i$ 越多，也就是说分子具有这一种速率的可能性越大。$\frac{\mathrm{d}N}{N}$表示气体分子速率介于 $v \sim v+\mathrm{d}v$ 之间的分子数在总分子数中所占的比率。$\frac{\mathrm{d}N}{N}$一方面与速率有关，另一方面与所取速率区间的大小 $\mathrm{d}v$ 成正比，可表示为

$$\frac{\mathrm{d}N}{N}=f(v)\mathrm{d}v$$

表明分布在这一间隔内的分子数占总分子数的比率。将上式变形，则有

$$f(v)=\frac{\mathrm{d}N}{N\mathrm{d}v} \tag{8.16}$$

称为**速率分布函数**，它表示气体分子速率在 v 附近单位速率区间内的分子数在总分子数中所占的比率。分布函数 $f(v)$ 是速率分布问题的核心，如果知道了分布函数 $f(v)$，就可以求出任意指定的速率范围内的分子数所占的比率，并可计算与这比率有关的量，如速率的各种平均值等。

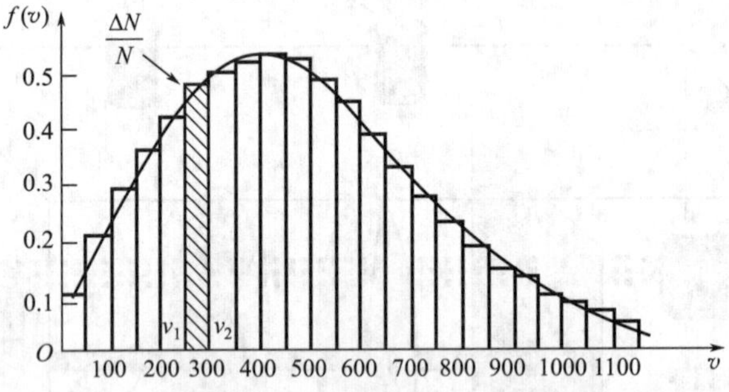

图 8-8 373K 时水银分子速率分布函数 $f(v)$与 v 之间的实验曲线

图 8-8 是 373K 时水银分子速率分布函数，$f(v)$ 与 v 之间的实验曲线。如以 v 为横轴，以分布函数 $f(v)$ 为纵轴。图中所取速率间隔 $\Delta v=50\mathrm{m/s}$。此图线的边界是锯齿形的。如果实验过程中把速率间隔取得越来越窄，则这些锯齿就变得越来越小，最后可变成一条平滑的曲线，如图中实线所示。这条实线就能精确地反映速率分布情况。此曲线称为**气体分子的速率分布曲线**。

从图中我们可以求得介于 $v_1 \sim v_2$ 之间的分子数的百分比，即曲线下画有斜线的一块小面积为

$$\frac{\Delta N}{N}=\int_{v_1}^{v_2} f(v)\mathrm{d}v$$

由此可知，曲线下的总面积就表示速率由零到无限大的整个区间的全部分子占总分子数的比率。显然，这个比率应是百分之百，即此面积的数值为 1，即

$$\int_0^{\infty} f(v)\mathrm{d}v = 1 \tag{8.17}$$

这是分布函数 $f(v)$ 所必须满足的条件，称为**分布函数的归一化条件**。

三、 麦克斯韦气体分子速率分布定律

早在气体分子速率的测定实验获得成功之前，麦克斯韦于 1859 年从理论上导出了气体分子的数目按速率分布规律，当气体处于平衡状态下，气体分子分布在任一速率间隔 $v \sim v + \mathrm{d}v$ 内的分子数的比率为

$$\frac{\mathrm{d}N}{N} = 4\pi\left(\frac{m}{2\pi kT}\right)^{\frac{3}{2}} \mathrm{e}^{-\frac{mv^2}{2kT}} v^2 \mathrm{d}v$$

速率分布函数为

$$f(v) = \frac{\mathrm{d}N}{N\mathrm{d}v} = 4\pi\left(\frac{m}{2\pi kT}\right)^{\frac{3}{2}} \mathrm{e}^{-\frac{mv^2}{2kT}} v^2 \tag{8.18}$$

式中，T 为气体的温度；m 为每个分子的质量；k 为玻耳兹曼常数。

由式（8.18）画出的速率分布曲线，基本上与实验结果相符合。这表示麦克斯韦分子速率分布定律能够反映分子速率分布的客观实际。

图 8-9 表示分布函数随气体分子的质量 m 及气体的温度 T 而变。如氢气和氮气分子的速率分布。可以看出，同一种气体，当温度升高，速率小的分子比率减少，而速率大的分子比率增多，曲线向速率大的方向偏移。但是，曲线下的总面积，由归一化条件可知，恒等于 1。所以，随着温度的升高，曲线变得较为平坦。还可以看出，在同一温度下，质量小的气体（如氢气）速率较大的分子数比率，相对来说比质量大的气体（如氮气）大，曲线偏右，但曲线下面积仍相同。

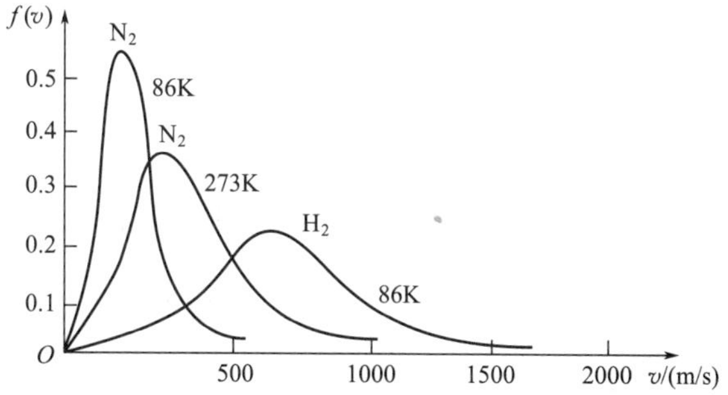

图 8-9 表示分布函数随气体分子质量 m 及气体温度 T 变化图

从速率分布曲线可以看出，具有很大速率或很小速率的分子为数较少，其比率较低，而具有中等速率的分子为数很多，比率很高，值得我们注意的是曲线上有一个最大值，与这个最大值相应的速率值 v_{p}，叫作最可几速率，也叫最概然速率。除了方均根速率和最概然速率以外，还有平均速率，都是十分有用的。

四、 三种速率

应用麦克斯韦速率分布律，可以求出与气体分子速率分布有关的许多物理量。下面用它

计算三种速率。

1. 最可几速率 v_p

与分布函数 $f(v)$的极大值对应的速率即为最可几速率。它的物理意义是：在一定温度下，在这种速率附近单位速率间隔中的分子数比率最大。也可以说，分子在从零到无穷大可能具有的各种速率中，以取速率 v_p 附近的值的机会最多。

为推导最可几速率的表达式，可由式（8.18）求函数 $f(x)$的极值条件，即令 $f(v)$对速率 v 的一级微商等于零。

$$\frac{\mathrm{d}f(v)}{\mathrm{d}v}\Big|_{v=v_p}=0$$

解得

$$v_p=\sqrt{\frac{2kT}{m}}=\sqrt{\frac{2RT}{\mu}}\approx 1.41\sqrt{\frac{RT}{\mu}} \tag{8.19}$$

2. 平均速率 $\overline{v}$

大量分子无规则运动速率的算术平均值即为平均速率。

已知分布函数 $f(v)$，由式（8.6）可得

$$\boldsymbol{v}=\int_0^{\infty}vf(v)\mathrm{d}v=4\pi\left(\frac{m}{2\pi kT}\right)^{3/2}\int_0^{\infty}\mathrm{e}^{-\frac{mv^2}{2kT}}v^3\mathrm{d}v$$

得

$$\overline{v}=\sqrt{\frac{8kT}{pm}}=\sqrt{\frac{8RT}{\pi\mu}}\approx 1.60\sqrt{\frac{RT}{\mu}} \tag{8.20}$$

3. 方均根速率$\sqrt{v^2}$

大量分子无规则运动速率平方的平均值的平方根即为方均根速率。

已知分布函数 $f(v)$，由式（8.6）可得

$$\overline{v^2}=\int_0^{\infty}v^2f(v)\mathrm{d}v=4\pi\left(\frac{m}{2\pi kT}\right)^{3/2}\int_0^{\infty}\mathrm{e}^{-\frac{mv^2}{2kT}}v^4\mathrm{d}v$$

故分子的方均根速率为

$$\sqrt{\overline{v^2}}=\sqrt{\frac{3kT}{m}}=\sqrt{\frac{3RT}{\mu}}\approx 1.73\sqrt{\frac{RT}{\mu}} \tag{8.21}$$

对同种气体在同一温度下，三种速率之比为$\sqrt{\overline{v^2}}:\overline{v}:v_p=1.73:1.60:1.41$。如图 8-10 所示。

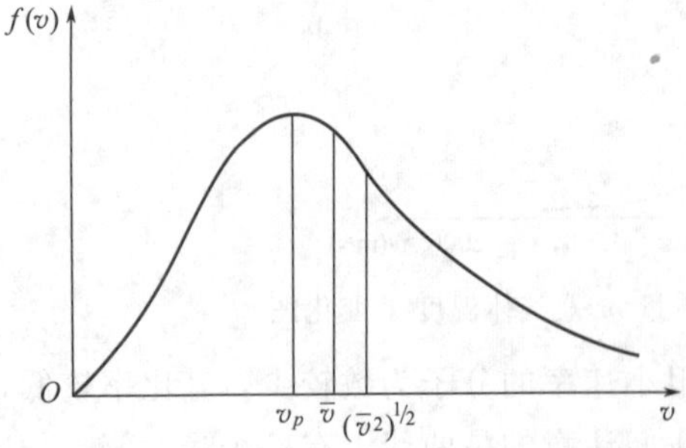

图 8-10 同种气体在同一温度下的三种速率关系

这三种速率各有不同的意义，也各有不同的用处。例如，在讨论分子速率分布时，要用最可几速率，在讨论气体迁移过程中，要用平均速率，而在计算分子的平均平动动能时，就要用方均根速率。

【例 8-3】 计算 330K 时氧气的三种速率。

【解】 氧气的摩尔质量

$$\mu=32\times10^{-3}\mathrm{kg/mol}$$

$$v_p=\sqrt{\frac{2RT}{\mu}}\approx 1.41\sqrt{\frac{8.31\times300}{32\times10^{-3}}}\approx 394\mathrm{m/s}$$

$$\bar{v}=\sqrt{\frac{8RT}{\pi\mu}}\approx1.60\sqrt{\frac{8.31\times300}{32\times10^{-3}}}\approx447\text{m/s}$$

$$\sqrt{\overline{v^2}}=\sqrt{\frac{3RT}{\mu}}\approx1.73\sqrt{\frac{8.31\times300}{32\times10^{-3}}}\approx483\text{m/s}$$

第六节　玻耳兹曼分布律

一、 麦克斯韦-玻耳兹曼能量分布律

麦克斯韦速率分布律，反映的是无外场作用时，平衡态下气体分子按速率的分布规律。由于无外场的作用，故满足麦克斯韦分布律的分子将均匀地分布在三维坐标空间中，也就是分子数密度处处均匀，压强也处处相同。

当分子处在保守力场中时，除了热运动动能外还具有保守力场中的势能，而一般来说，势能是位置的函数，因此，力场中的分子在空间的分布不再均匀，而是一个与位置 r 有关的函数。我们要找分子数密度 n 与 r 的关系 $n=n(r)$。于是，玻耳兹曼把忽略了外场作用的气体分子麦克斯韦速率分布，推广到处于任意保守力场中的分子，得到了著名的气体分子按能量的分布规律，即玻耳兹曼分布律。

在麦克斯韦分布律中，指数项只包含分子的动能 $E_k=\frac{1}{2}mv^2$。这是因为在提出理想气体微观模型时，指出理想气体分子只参与分子间的、分子和器壁间的碰撞，而不考虑其他相互作用，即不考虑分子力，也不考虑外场（如重力场、电场、磁场等）对分子的作用。这时，气体分子只有动能而没有势能，并且在空间各处密度相同。当分子在保守力场中运动时，玻耳兹曼认为应以总能量 $E=E_k+E_p$ 代替式（8-18）中的 E_k，此处 E_p 是分子在力场中的势能。由于势能一般随位置而定，分子在空间的分布将是不均匀的，所以这时我们应该考虑这样的分子，不仅它们的速度限定在一定速度间隔内，而且它们的位置也限定在一定的坐标间隔内。最后，玻耳兹曼所作的计算表明：气体处于平衡状态时，在一定温度下，分子在速度分量间隔（$v_x\sim v_x+\mathrm{d}v_x$，$v_y\sim v_y+\mathrm{d}v_y$，$v_z\sim v_z+\mathrm{d}v_z$）和坐标间隔（$x\sim x+\mathrm{d}x$，$y\sim y+\mathrm{d}y$，$z\sim z+\mathrm{d}z$）内出现的比率为

$$\frac{\mathrm{d}N}{N}=\left(\frac{m}{2pkT}\right)^{\frac{3}{2}}，\mathrm{e}^{-\frac{E}{kT}}\mathrm{d}v_x\mathrm{d}v_y\mathrm{d}v_z\mathrm{d}x\mathrm{d}y\mathrm{d}z$$

$$=\left(\frac{m}{2pkT}\right)^{\frac{3}{2}}\mathrm{e}^{-\frac{(E_K+E_P)}{kT}}\mathrm{d}v_x\mathrm{d}v_y\mathrm{d}v_z\mathrm{d}x\mathrm{d}y\mathrm{d}z \qquad (8.22)$$

式（8.22），称为**麦克斯韦-玻耳兹曼分布律**。$\mathrm{d}v_x\mathrm{d}v_y\mathrm{d}v_z\mathrm{d}x\mathrm{d}y\mathrm{d}z$ 叫作状态区间。式（8.22）表示在一个状态区间内的分子数与该区间内分子的总能量 E 有关，且与 $\mathrm{e}^{-\frac{E}{kT}}$ 成正比。这个因子，$\mathrm{e}^{-\frac{E}{kT}}$ 叫作概率因子，是决定分布分子数 $\mathrm{d}N$ 多少的重要因素。玻耳兹曼分布律告诉我们：在平衡状态中，当状态区间的大小相同时，$\mathrm{d}N$ 的多少决定于分子能量 E 的大小，分子能量 $E=E_k+E_P$ 越大，分子数 $\mathrm{d}N$ 就越少。这表明，就统计意义而言，气体分子将占据能量较低的状态。当 T 一定时，气体分子的平均动能值是一定的，因此，这也意味着分子将优先占据势能较低的状态。

如果把式（8.22）对位置积分，就可得到麦克斯韦速率分布律，因为玻耳兹曼分布是由麦克斯韦速率分布推广得来的。如果把式（8.22）对速度积分，得到分子在坐标间隔（$x\sim$

$x+\mathrm{d}x$，$y\sim y+\mathrm{d}y$，$z\sim z+\mathrm{d}z$）内出现的比率

$$\frac{\mathrm{d}N_r}{N}=\int_{-\infty}^{\infty}\left(\frac{m}{2\pi kT}\right)^{3/2}\mathrm{e}^{-\frac{E_k}{kT}}\mathrm{d}v_x\mathrm{d}v_y\mathrm{d}v_z\,\mathrm{e}^{-\frac{E_p}{kT}}\mathrm{d}x\mathrm{d}y\mathrm{d}z=\mathrm{e}^{-\frac{E_p}{kT}}\mathrm{d}x\mathrm{d}y\mathrm{d}z \tag{8.23}$$

上式用了麦克斯韦速率分布函数的归一化条件

$$\int_{-\infty}^{\infty}\left(\frac{m}{2\pi kT}\right)^{3/2}\mathrm{e}^{-\frac{E_k}{kT}}\mathrm{d}v_x\mathrm{d}v_y\mathrm{d}v_z=1$$

那么，玻耳兹曼分布律也可写成如下常用形式

$$\mathrm{d}N_r=N\mathrm{e}^{-\frac{E_p}{kT}}\mathrm{d}x\mathrm{d}y\mathrm{d}z$$

表明分子数是如何按位置而分布的。此处的 $\mathrm{d}N_r$ 是分布在坐标间隔（$x\sim x+\mathrm{d}x$，$y\sim y+\mathrm{d}y$，$z\sim z+\mathrm{d}z$）内具有各种速率的分子数。显然 $N\mathrm{e}^{-\frac{E_p}{kT}}$ 为任意位置(x,y,z)处单位体积内的分子，即坐标空间中分子数密度

$$n=\frac{\mathrm{d}N_r}{\mathrm{d}x\mathrm{d}y\mathrm{d}z}=N\mathrm{e}^{-\frac{E_p}{kT}} \tag{8.24(a)}$$

当 $E_p=0$ 时，可得 $n=N$，记为 $n_0=N$，它代表势能为零处分子数密度，式[(8.24(a)]可写成

$$n=n_0\mathrm{e}^{-\frac{E_p}{kT}} \tag{8.24(b)}$$

上式就是在保守力场中，温度为 T 的平衡态下，具有各种速度的全体分子按势能（或按空间位置）的变化规律，是玻耳兹曼分子按能量分布的另一表示形式。由于 E_p 随位置的变化，故式[8.24(b)]给出的是保守力场中分子数密度随位置的变化规律。在一定的温度下，势能越大的地方，分子的数密度越小。式[8.24(b)]对实物微粒（气体、液体和固体分子、布朗粒子等）在不同力场中运动的情形都是成立的。

二、 重力场中粒子按高度的分布及等温气压公式

1. 重力场中粒子按高度的分布规律

将式[8.24(b)]中的势能用 mgh 取代，得到重力场中粒子的分子数密度

$$n=n_0\mathrm{e}^{-\frac{mgh}{kT}} \tag{8.25}$$

式(8.25)表明，在重力场中气体分子的密度 n 随高度 h 的增加按指数而减小。分子的质量 m 越大，重力的作用越显著，n 的减小就越迅速，例如，高空氧分子较氢分子稀少。气体的温度越高，分子的无规则热运动越剧烈，n 的减小就越缓慢，值得注意的是，尽管分子数密度处处不同，但在平衡态下，分子数密度按式(8.25)而呈现稳定分布。图 8-11 是根据式(8.25)画出的重力场中粒子数密度随高度分布曲线。

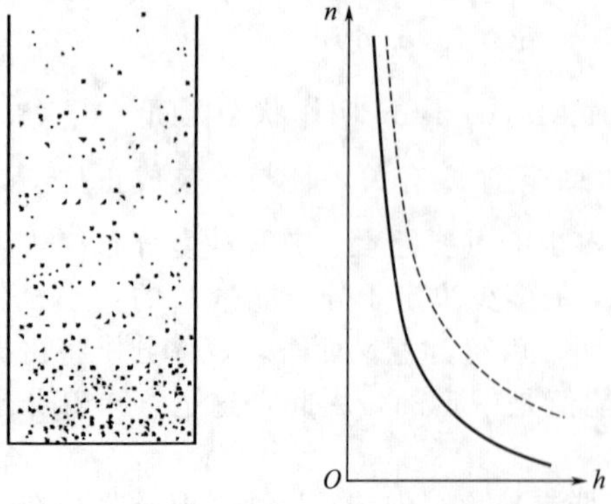

图 8-11 重力场中粒子数密度随高度分布曲线

2. 等温气压公式

由理想气体状态方程 $p=nkT$，可得

$$p=n_0kT\mathrm{e}^{-\frac{mgh}{kT}}=p_0\mathrm{e}^{-\frac{mgh}{kT}} \tag{8.26(a)}$$

式中，$p_0=n_0kT$ 为 $h=0$ 处的压强。由于 $R=N_0k$，μ 为摩尔质量，式[8.26(a)]可写为

$$p=p_0\mathrm{e}^{-\frac{\mu gh}{RT}} \tag{8.26(b)}$$

式[8.26(a)]及式[8.26(b)]称为等温气压

公式。若将大气看作温度为 T 的理想气体，则此公式说明大气压随高度增加而按指数减小。同时，将此式取对数可得高度与压强的关系

$$h=\frac{RT}{\mu g}\ln\frac{p_0}{p} \tag{8.27}$$

在登山或航空过程中，可以根据式（8.27）由测定大气压强用于估算其上升的高度。式中 p_0 和 p 可由气压表测得。应用式（8.27）时，常假定温度是一个与高度无关的常数。实际上，由于大气温度随高度而异，因此，利用上式所得的结果只是一个近似值。

第七节　分子的平均自由程和平均碰撞次数

一、 分子的平均碰撞次数

在常温下，气体分子是以几百米每秒的平均速率运动着的。这样看来，气体中的一切过程，好像都应在一瞬间就会完成。但实际情况并非如此，气体的混合（扩散过程）进行得相当慢。例如在距我们几米远处打开香水瓶，要经过几分钟时间才闻到香水的气味。为什么分子运动的速度这么大，而走几米远的路程却要几分钟的时间呢？这是因为气体分子从一处移至另一处时，要不断与其他分子碰撞，每碰撞一次，其运动方向改变一次，所以每一分子从一处到另一处所走的路线不是直线而是折线。如图 8-12 中黑色的分子从 A 到 K 所走的路线是折线 $ABC\cdots K$。虽然从 A 到 K 的直线距离（相当于香水瓶与我们之间的距离）不长，但因折线 $ABC\cdots K$ 很长，所以需要较长的时间。

在分子由一处（如图 8-12 中的 A 点）移至另一处（如 K 点）的过程中，它要不断地与其他分子碰撞，在任意两次连续的碰撞之间，一个分子所经过的自由路程的长短显然不同，经过的时间也是不同的。我们不可能也没有必要一个个地求出这些距离和时间来，但是我们可以求出单位时间内一个分子与其他分子碰撞的平均次数，称为分子的**平均碰撞频率**，习惯上简称为**碰撞频率**，以 $\bar{Z}$ 表示，单位是 s^{-1}。

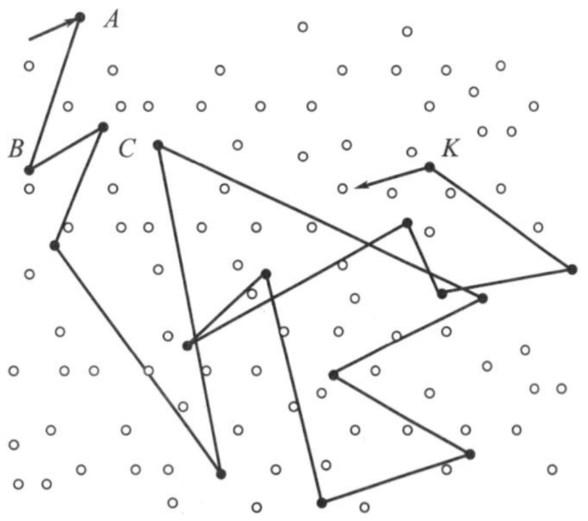

图 8-12　黑色分子的路线图（$A\rightarrow K$）

设分子数密度为 n，运动的平均速率为 $\bar{v}$，分子的有效直径为 d（两分子之间可能接近的最小距离），则平均碰撞频率

$$\bar{Z}=\sqrt{2}\pi d^2\bar{v}n \tag{8-28}$$

推导：在讨论理想气体分子时，由于忽略分子力的作用，因而忽略分子的大小而将气体分子看成质点。当讨论分子间的碰撞时，分子的大小却是不可忽略的因素，它直接影响分子间的碰撞频率以及分子自由行走的路程。为此，我们假定分子是直径为 d 的弹性小球。当我们追踪大量分子中一个分子（如分子 A）的运动轨迹时，由于分子之间的碰撞，这个分子的中心将沿折线运动。如果以折线为轴，以分子的有效直径为半径，作截面积为 πd^2 的圆柱，就有如图 8-13 所示的曲折圆柱体。容易断定，只有中心落入圆柱体内的那些分子，才

可能与A分子相碰。πd^2称为碰撞截面。

为了研究方便，我们假定分子A每次都是以相对速度与其他分子相碰，这样，就可以假定与A相碰的其他分子都静止。本来分子A每次与其他分子相碰时，相对速度的大小并不相同，但平均地看，可以证明，若分子热运动平均速率为$\bar{v}$，则A分子与所有其他分子相碰的平均相对速率$\bar{u}$为

$$\bar{u}=\sqrt{2}\,\bar{v}$$

如图8-13所示，A分子将以相对速度$\bar{u}$与进入曲折圆柱体内的其他分子相碰，每撞上一个分子，其运动方向改变一次。设任意连续两次碰撞之间经历的时间为t_i，则在$t=\sum_i t_i$时间内，A分子走过的折线长为$\bar{u}t_1+\bar{u}t_2+\bar{u}t_3+\cdots=\bar{u}\sum_i t_i=\bar{u}t$，此长度所在圆柱的体积为$\pi d^2\bar{u}t$。若以$n$表示分子数密度，则此体积内的分子数为$n\pi d^2\bar{u}t$。

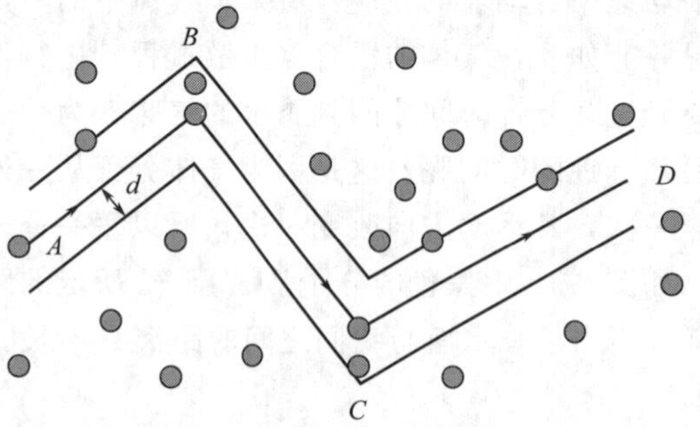

图8-13 分子与所有其它分子相碰示意图

由于凡位于上述体积内的分子都与A分子相碰，因此，该体积内的分子个数就是时间t内A分子与其他分子相碰的次数，于是，单位时间内A分子与其他分子相碰的次数为

$$\bar{Z}=n\pi d^2\bar{u}t/t=n\pi d^2\bar{u}=\sqrt{2}\,\pi d^2\bar{v}n \tag{8.29}$$

这就是分子的**平均碰撞频率**。

式(8.29)表明：分子的平均碰撞频率与分子数密度(n)、分子的平均速率($\bar{v}$)和分子有效直径的平方(d^2)成正比。

二、分子平均自由程

分子连续两次碰撞之间所走的路程，称为**自由程**。某一分子的某一自由程的长短完全是偶然的，但是在足够长的时间内，气体中大量分子的自由程的平均值却是一定的。分子的自由程的平均值称为**分子的平均自由程**。以$\bar{\lambda}$表示。由于1s内每个分子平均走过的路程为$\bar{v}$，1s内每个分子与其他分子碰撞的平均频率$\bar{Z}$，所以分子平均自由程为

$$\bar{\lambda}=\frac{\bar{v}}{\bar{Z}}=\frac{1}{\sqrt{2}\,\pi d^2 n} \tag{8.30}$$

利用压强$p=nkT$，式(8.30)还可表示为

$$\bar{\lambda}=\frac{kT}{\sqrt{2}\,\pi d^2 p} \tag{8.31}$$

式(8.30)和式(8.31)说明：

(1) 分子的平均自由程与分子有效直径的平方(d^2)、分子数密度(n)成反比，与分子平均速率无关。即当分子的大小和数密度一定时，一个分子平均走多远才与其他分子相碰是确定的，与分子运动的平均快慢无关；

(2) 平均自由程$\bar{\lambda}$与分子的种类有关，不同分子的有效直径d的数量级虽然相同

(10^{-10}m)，但数值略有不同；

(3) 常温常压下，分子的平均碰撞频率为 $10^9 \sim 10^{10}$ 数量级，分子平均速率为 10^2 数量级，所以，由式 (8.30) 知，平均自由程为 $10^{-8} \sim 10^{-7}$m 数量级；

(4) 对于同种气体，平均自由程与温度 T 成正比，与压强成反比。

另外，式 (8.31) 是利用理想气体的状态方程 $p = nkT$ 得到的，而我们一开始假定的是考虑分子斥力而具备一定大小的弹性分子小球，因此，式 (8.31) 只是一个近似值，式中的压强实际上比 $p = nkT$ 表示的压强稍大一些。

练习题

选择题

8-1 一个容器内储有 1mol 氢气和 1mol 氦气，若两种气体各自对器壁产生的压强分别为 p_1 和 p_2，则两者的大小关系是（ ）。

(A) $p_1 < p_2$　　(B) $p_1 > p_2$

(C) $p_1 = p_2$　　(D) 不能确定

8-2 相同的氦气和氧气，它们分子的平均动能$\bar{\varepsilon}$和平均平动动能$\bar{\omega}$有如下关系（ ）。

(A) $\bar{\varepsilon}$和$\bar{\omega}$都相等　　(B) $\bar{\varepsilon}$相等，而$\bar{\omega}$不相等

(C) $\bar{\omega}$相等，而$\bar{\varepsilon}$不相等　　(D) $\bar{\varepsilon}$和$\bar{\omega}$都不相等

8-3 麦克斯韦速率分布曲线如图 8-14 所示，图中 A、B 两部分面积相等，则该图表示（ ）。

(A) v_0为方均根速率　(B) v_0为平均速率

(C) v_0为最概然速率　(D) 速率大于和小于 v_0 的分子数各占一半

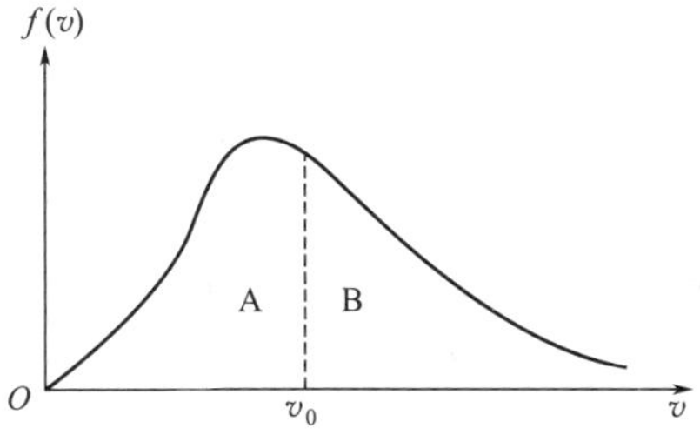

图 8-14　8-3 题图

8-4 容器内分别盛有氢气和氦气，若它们的温度和质量分别相等，则（ ）。

(A) 两种气体分子的平均平动动能相等　(B) 两种气体分子的内能相等

(C) 两种气体分子的平均速率相等　(D) 两种气体分子的平均动能相等

8-5 按照麦克斯韦分子速率分布律，具有最概然速率 v_p 的分子其动能为（ ）。

(A) $\frac{1}{2}kT$　(B) $\frac{3}{2}kT$　(C) kT　(D) $\frac{3}{2}RT$

8-6 玻耳兹曼分布律表明，在某一温度的平衡态：

(1) 分布在某一区间（坐标区间和速度区间）的分子数，与该区间粒子的能量成正比；

(2) 在同样大小的各区间（坐标区间和速度区间）中，能量较大的分子数较少；能量较小的分子数较多；

(3) 在大小相等的各区间（坐标区间和速度区间）中比较，分子总是处于低能态的几率

大些；

(4) 分布在某一坐标区间内，具有各种速度的分子总数只与坐标区间的间隔成正比，与粒子能量无关。

以上四种说法中（　　）。

(A) 只有 (1)、(2) 是正确的　　(B) 只有 (2)、(3) 是正确的

(C) 只有 (1)、(2)、(3) 是正确的　　(D) 全部是正确的

8-7　一定量的理想气体，在容积不变的条件下，当温度升高时，分子的平均碰撞次数$\bar{Z}$和平均自由程$\bar{\lambda}$的变化情况是（　　）。

(A) $\bar{Z}$增大，$\bar{\lambda}$不变　　(B) $\bar{Z}$不变，$\bar{\lambda}$增大

(C) $\bar{Z}$和$\bar{\lambda}$都增大　　(D) $\bar{Z}$和$\bar{\lambda}$都不变

8-8　一定量的理想气体，在温度不变的条件下，当压强降低时，分子的平均碰撞次数$\bar{Z}$和平均自由程$\bar{\lambda}$的变化是（　　）。

(A) $\bar{Z}$增大，$\bar{\lambda}$减小　　(B) $\bar{Z}$减小，$\bar{\lambda}$增大

(C) $\bar{Z}$和$\bar{\lambda}$都增大　　(D) $\bar{Z}$和$\bar{\lambda}$都减小

填空题

8-9　在标准状态下，若氧气（视为刚性双原子分子的理想气体）和氦气的体积比 $V_1:V_2=1:2$，则其内能之比 $E_1:E_2$ 为________。

8-10　一容器内储有氧气，其压强为 1.013×10^5 Pa，温度为 27℃，则

(1) 气体分子数密度________；

(2) 容器内分子平均平动动能________。

8-11　已知 $f(v)$ 为 N 个分子组成系统的麦克斯韦速率分布函数，用 $f(v)$ 表示以下各量：平均速率________，分子动量大小的平均值________，速率倒数的平均值________。

8-12　容器中储有氮气，温度 $t=27$℃，则氮气分子的方均根速率为________。

8-13　上升到 $h=$________的高度时，大气压强减到地面的 75%。空气的温度为 0℃，空气的摩尔质量为 0.0289kg/mol。

8-14　对于 CO_2 气体，范德瓦尔斯常量 $a=0.37\text{Pa}\cdot\text{m}^6/\text{mol}^2$，$b=4.3\times10^{-5}\text{m}^3/\text{mol}$。当 0℃ 时其摩尔体积为 $6.0\times10^{-4}\text{m}^3/\text{mol}$ 时，其压强为________。

8-15　若理想气体的体积为 V，压强为 p，温度为 T，一个分子的质量为 m，k 为玻耳兹曼常量，R 为摩尔气体常量，则该理想气体的分子数为________。

8-16　在一密闭容器中，储有 A，B，C 三种理想气体，处于平衡状态。A 种气体的分子数密度为 n_1，它产生的压强为 p_1，B 种气体的分子数密度为 $2n_1$，C 种气体的分子数密度为 $3n_1$，则混合气体的压强 p 为________。

8-17　三个容器 A，B，C 中装有同种理想气体，其分子数密度 n 相同，而方均根速率之比为$\sqrt{\overline{v_A^2}}:\sqrt{\overline{v_B^2}}:\sqrt{\overline{v_C^2}}=1:2:4$，则其压强之比 $p_A:p_B:p_C$ 为________。

8-18　某容器内分子数密度 $n=10^{26}/\text{m}^3$，每个分子的质量 $m=3\times10^{-27}$kg，设其中 1/6 分子以速率 $v=200$m/s 垂直地向容器的一壁运动，而其余 5/6 分子或者离开此壁，或者平行此壁方向运动，且分子与容器壁的碰撞为完全弹性碰撞，则

(1) 每个分子作用于器壁的冲量大小 $I=$________。

(2) 每秒碰在器壁单位面积上的分子数 $n_0=$________。

8-19　三个容器内分别储有 1mol 氦气，1mol 氢气和 1mol 氨气（其分子均视为刚性的理想

气体分子）。若它们的温度都升高 1K，则三种气体的内能的增量分别为：

氦气 $\Delta E=$________；氢气 $\Delta E=$________；氨气 $\Delta E=$________。

8-20 用总分子数 N、气体分子速率 v 和速率分布函数 $f(v)$ 表示下列各量：

(1) 速率大于 v_0 的分子数________________；

(2) 速率大于 v_0 的分子的平均速率________________。

8-21 如图 8-15 所示，两曲线分别表示氢气和氦气在同一温度 T 的麦克斯韦速率分布，由图可知，氦气分子的最概然速率为________________；氢气分子的最概然速率为________________。

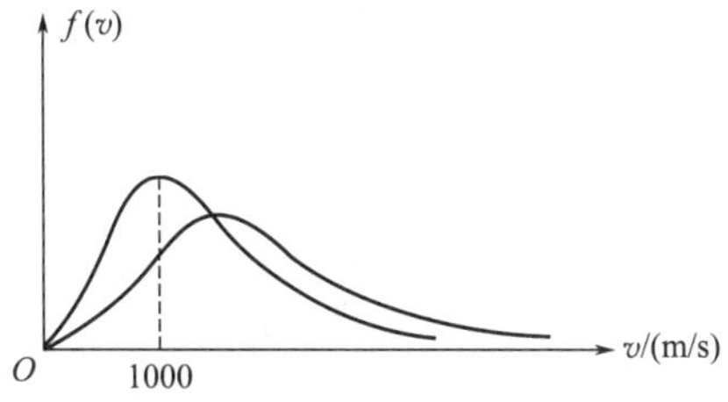

图 8-15 8-21 题图

8-22 一氧气瓶的容积为 V，充气后未使用时压强为 p_1，温度为 T_1，用后瓶内氧气的质量减少为原来的一半，其压强降为 p_2，此时瓶内氧气的温度 T_2 及使用前后分子热运动平均速率之比 $\bar{v}_1/\bar{v}_2$ 为________________。

计算题

8-23 容器内储有某种理想气体，若已知气体的压强为 3×10^5 Pa，温度为 27℃，密度为 0.24kg/m^3，试问：

(1) 此气体是什么？

(2) 此气体分子热运动最概然速率为多少？

(3) 方均根速率为多少？

8-24 容积为 20L 的瓶子以速率 $v=200\text{m/s}$ 匀速运动，瓶子中充有质量为 200g 的氦气。设瓶子突然停止，且瓶子与外界没有热交换。求热平衡后氦气的温度、压强、内能及氦气分子的平均动能各增加多少？

8-25 在标准状态下，10m^3 氮气中有多少个氮分子？氮分子的平均速率为多大？平均碰撞次数为多少？平均自由程为多大？(氮分子的有效直径 $d=3.76\times10^{-10}$ m)

8-26 已知氧气分子的有效直径 $d=3.0\times10^{-10}$ m，求氧分子在标准状态下的分子数密度 n，平均速率 $\bar{v}$，平均碰撞频率 $\bar{Z}$ 和平均自由程 $\bar{\lambda}$。

(玻耳兹曼常量 $k=1.38\times10^{-23}$ J/K，摩尔气体常量 $R=8.31\text{J/mol}\cdot\text{K}$)

8-27 黄绿光的波长是 500nm，以黄绿光的波长为边长的立方体内有多少个标准状态下的理想气体分子？

8-28 有体积为 2L 刚性双原子分子的理想气体，其内能为 6.75×10^2 J。求：

(1) 气体的压强是多少？

(2) 设分子总数为 5.4×10^{22} 个，分子的平均平动动能及气体的温度是多少？

8-29 一密封房间的体积为 45m^3，室温为 20℃，室内空气分子热运动的平均平动动能的总和是多少？如果气体的温度升高 1.0K，而体积不变，则气体的内能变化多少？气体分子的方均根速率增加多少？已知空气的密度 $\rho=1.29\text{kg/m}^3$，摩尔质量 $M_{mol}=29\times10^{-3}$ kg/mol，且空气分子可认为是刚性双原子分子。(摩尔气体常量 $R=8.31\text{J/mol}\cdot\text{K}$)

8-30 由 N 个分子组成的气体，其分子速率分布如图 8-16 所示。

(1) 试用 N 与 v_0 表示 a 的值。

(2) 试求速率在 $1.5v_0$～$2.0v_0$之间的分子数。

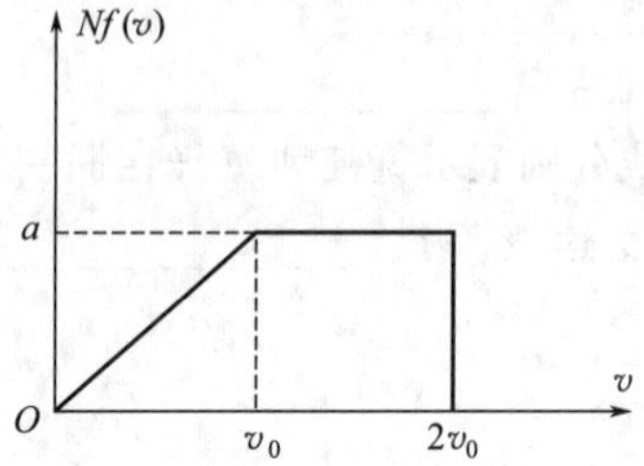

图 8-16 8-30 题图

思考题

8-31 温度的意义是什么?

8-32 已知 $f(v)$ 为 N 个分子组成系统的麦克斯韦速率分布函数。试问：下面各式反映的物理意义分别是什么?

(1) $f(v)\,\mathrm{d}v$； (2) $Nf(v)\,\mathrm{d}v$；(3) $\int_{v_1}^{v_2} Nf(v)\,\mathrm{d}v$； (4) $\int_{v_1}^{v_2} vNf(v)\,\mathrm{d}v$。

8-33 若 $f(v)$ 为气体分子速率分布函数，N 为分子总数，m 为分子质量，试问：$\int_{v_1}^{v_2} \frac{1}{2}mv^2 Nf(v)\,\mathrm{d}v$ 的物理意义是什么?

8-34 液体的蒸发过程是不是其表面一层一层地变成蒸汽? 为什么蒸发时液体的温度会降低?

第九章

热力学基础

热力学是以实验定律为基础，用能量转化的观点研究伴随着热现象的状态变化过程。得到的理论称为热现象的宏观理论．热力学中对热现象的研究方法虽与气体动理论不同，但它们彼此联系，互相补充。让我们对热现象的认识更加全面，更加深入。

第一节　功　内能　热量

一、功

在热力学中通常把由大量分子和原子所组成的宏观物体（气体、液体或固体）称为**热力学系统**，简称**系统**。而把与系统发生相互作用的其他物体环境称为外界。

在力学中，讲过力对质点所做的功；在电磁学中，讲过电场力的功和磁场力的功。功的概念是极其广泛的，但不论是哪一种类型的功，做功的过程始终是与能量的转换以及运动形式的转化相联系。现在，我们要研究热力学系统在状态变化过程中所做的功。

我们假设系统的状态变化过程进行得无限缓慢，使系统所经历的每一中间状态都无限地接近于平衡态，也就是每一中间状态有确定的状态参量，这种过程就是上一章讲过的准静态过程。在本章中所要讨论的过程均设为准静态过程。

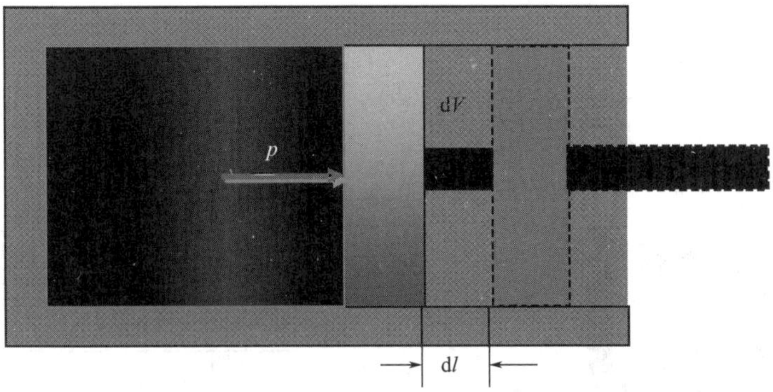

图 9-1　封闭在气缸中的一定质量气体

将封闭在气缸中的一定质量的气体作为研究对象。图 9-1 所示，设气体的压强为 p，面积为 S 的活塞缓慢地移动一微小距离 $\mathrm{d}l$，气体的体积增加一微小量 $\mathrm{d}V$ 时，气体对活塞所做

的功为

$$dA = pS\,dl = p\,dV \tag{9.1}$$

上式为气体在体积发生微小变化时所做的功，称为**元功**。当系统膨胀（$dV>0$）时，dA 为正，表示系统对外界做功；当系统被压缩（$dV<0$）时，dA 为负，表示外界对系统做功。

在系统的体积由 V_1 准静态地改变为 V_2 的过程中，系统对外界做功，可通过积分计算

$$A = \int_{V_1}^{V_2} p\,dV \tag{9.2}$$

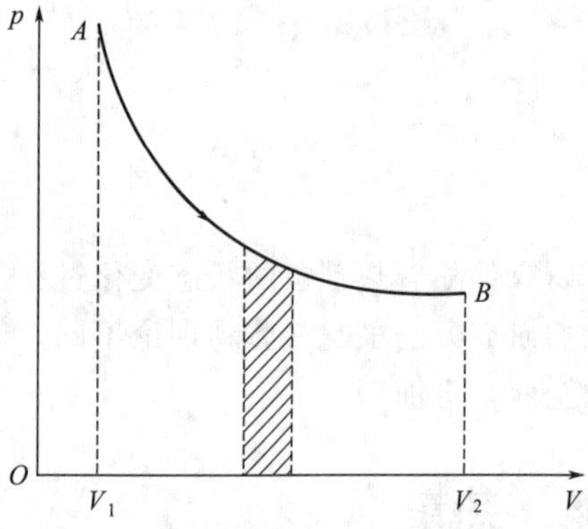

图 9-2 系统在准静态过程中所做的功

如果已知过程中压强随体积变化的具体函数关系，将它代入式（9.2），即可求出功值。

系统在准静态过程中所做的功，亦可在 p-V 图上表示。图 9-2 中，曲线 AB 表示系统的某一准静态过程，那么曲线下画斜线的小矩形面积，数值上等于系统对外界所做的元功，而曲线 AB 下的总面积，数值上等于系统在这一过程中对外界所做的总功。

应当指出，功不是系统的状态量，而是与过程的性质有关。对于始末状态相同，过程路径不同的系统，整个过程中气体所做的功就不相同。所以气体所做的功，不仅与气体的始末状态有关，还与气体所经历的过程有关。功是一个过程量。

二、 系统的内能

做功过程总是和系统的能量的变化或运动形态的转化相联系。为了精确测定机械运动与热运动之间的转化关系，从 1840 年开始，焦耳做了大量的实验。实验中，工作物质（水或气体）盛在不传热的量热器中，没有热量传递给系统，这样的过程称为绝热过程。例如，图 9-3（a）中，重物下降带动量热器中的叶轮搅拌使水温升高，通过机械功使系统的状态发生改变。图 9-3（b）中，将水与电阻丝视为一个系统，重物下降驱动发电机，发电机产生的

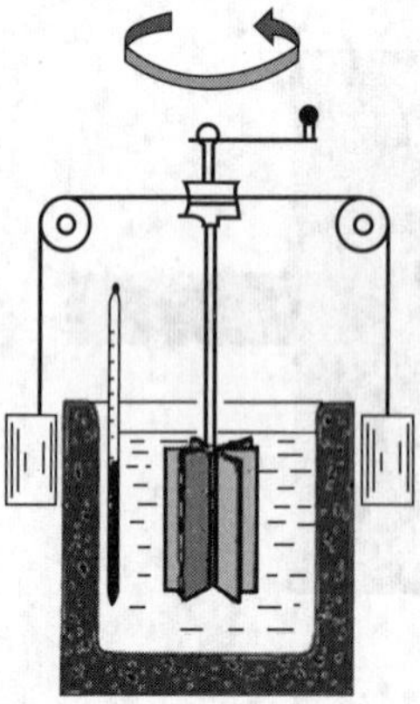

(a) 重物下降带动量热器中的叶轮搅拌

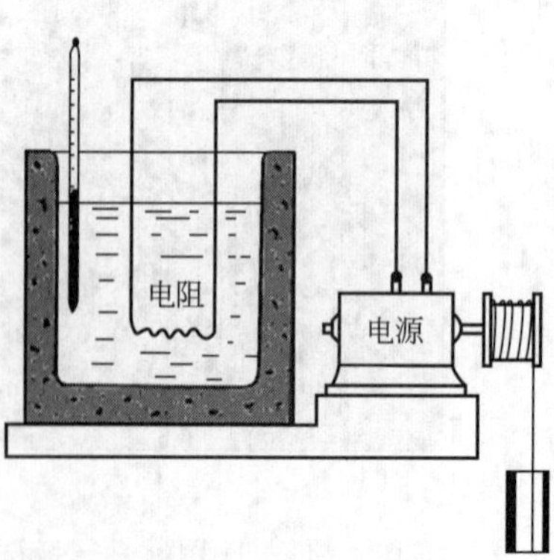

(b) 重物下降驱动发电机

图 9-3 机械运动能量转化

电流通过电阻丝，使水温升高，即电功使系统的状态发生改变。焦耳通过大量的实验发现，在绝热过程中，无论用什么方式做功，使系统升高一定的温度所做功的数量是相等的，即在绝热过程中外界对系统所做的功仅与系统的始末状态有关，与过程无关。因此，必然存在一个只由系统状态所决定的量（状态量），这个量叫作**系统的内能**。当系统从平衡态 1 经过一个绝热过程到达平衡态 2 时，内能的增量等于外界对系统所做的功，即

$$\Delta E = E_2 - E_1 = -A_Q$$

式中，A_Q表示系统对外界所做的绝热功。内能的单位在国际单位制中为焦耳（J）。

我们用气体动理论的观点已经说明，系统的内能包括物体内部大量分子无规则运动（平动、转动及振动）的动能（振动还有势能）和分子间相互作用的势能。例如，对给定的刚性分子理想气体来说，其内能 $E = \frac{M}{\mu}\frac{i}{2}RT$ 是温度 T 的单值函数，式中 i 表示气体分子的自由度数，它随分子的原子组成不同而不同。对实际气体来说，由于分子间的相互作用力不能忽略，除了分子的各种运动的动能及振动势能以外，还有分子间的势能，这势能与分子间的距离有关，也就是与气体的体积有关，所以实际气体的内能是气体的温度 T 及体积 V 的函数：

$$E = E(T, V)$$

要计算分子的动能和势能，就需已知系统由什么样的分子组成，分子间的相互作用力以及分子有哪几种运动等。除了理想气体之外，这个要求是不好满足的。所以，用气体动理论的方法来研究系统的内能是很困难的。只能用热力学方法来研究系统的内能，以气体动理论中建立的内能概念为基础，由能量观点出发来研究系统的内能与被传递的热量和所做功之间的关系。

三、 热量

要想改变一个系统的内能，除了用绝热功的方法外，还有另外的方法。利用系统和外界的温度差通过传热也可改变系统的内能。经验表明，当系统与外界之间存在温差时，外界与系统发生热传递可使系统的状态发生变化，改变系统的内能。例如把一杯冷水与高温物体接触，这时高温物体将热传给水，水温逐渐升高，内能增加。在图 9-3（b）中，如果将量热器中的水视为一个系统，电流通过电阻丝发热并传给水，水温升高，内能增加。所以向系统传热也是向系统传递能量，传热和做功都是传递能量的方式，传热和做功是等效的。

热力学中把系统与外界之间由于存在温差而传递的能量称为**热量**，是在不做功的传热过程中系统内能变化的量度，即系统内能的增量等于它从外界吸收的热量，则

$$Q = E_2 - E_1$$

如果 $E_2 > E_1$，即系统内能增加，则 $Q > 0$，这时系统从外界吸收热量；如果 $E_2 < E_1$，即系统内能减少，则 $Q < 0$，这时系统向外界放出热量。

规定：只用传热方法使在 1 个大气压（1.01×10^5Pa）下 1g 水温度升高 1℃（或严格地说，从 14.5℃到 15.5℃）所需的热量作为热量的单位，叫 1 卡（cal）。热量是传递中的能量的量度，所以它的在国际单位制中，单位是焦耳（J）。卡和焦耳的单位换算关系为

$$1\text{cal} = 4.18\text{J}$$

对于某一系统的内能的改变来说，做功和热量传递是有相同的作用，它们都是系统内能变化的量度。但它们还有本质的区别。做功是由于系统发生宏观位移来完成的，它的作用是使物体有规则运动的能量转化为系统分子无规则运动的内能；而传热没有宏观位移，它是由微观分子的相互作用来完成的，是分子无规则运动能量从一个物体向另一物体的转移。

第二节 热力学第一定律

一般说来，自然界实际发生的热力学过程，往往同时存在做功和传热，两者都可以改变系统的内能。设外界对系统做功为$-A$（A 表示系统对外做的功），系统从外界吸收热量为Q，使系统从平衡态 1 变到平衡态 2，在这过程中系统的内能由E_1变为E_2。大量的实验表明，系统内能的变化由下式决定

$$Q=(E_2-E_1)+A \tag{9.3}$$

式中，E_1和E_2分别为系统在平衡态 1 和平衡态 2 的内能。

式（9.3）称为**热力学第一定律**的数学表达式，它表明当热力学系统由某一状态经过任意过程到达另一状态时，系统在这一过程中所吸收的热量等于系统内能的增量和系统对外界所做的功之和。

如果系统只经历一个无限小的状态变化，则称这过程为无限小过程。在这过程中，系统只做了无限小的功和吸收了无限小热量，其内能变化也是无限小。这时热力学第一定律可表示为

$$\bar{\mathrm{d}}Q=\mathrm{d}E+\bar{\mathrm{d}}A \tag{9.4}$$

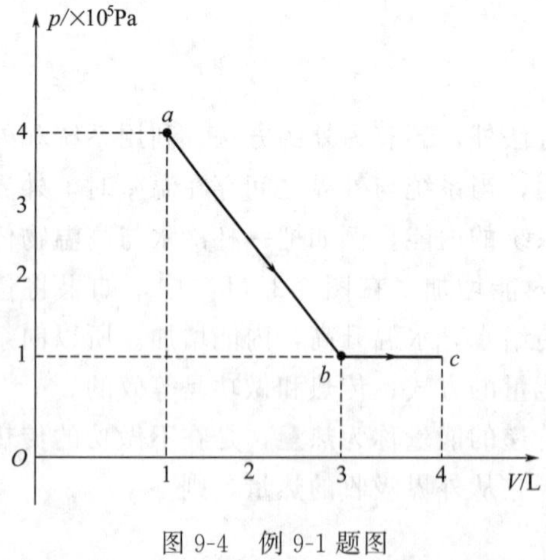

图 9-4 例 9-1 题图

式中，$\bar{\mathrm{d}}Q$，$\bar{\mathrm{d}}A$ 不表示状态函数的无穷小增量，只表示在无限小过程中的无穷小量，因为 Q 和 A 不是状态的函数，所以用 d 字母上加一横的符号 $\bar{\mathrm{d}}$ 表示。而内能 E 是状态的单值函数，$\mathrm{d}E$ 为态函数的全微分。

热力学第一定律就是包含传热过程在内的能量转化和守恒定律的具体形式。大量实践证明，在自然界中各种不同形式的能量都能够从一种形式转化为另一种形式，由一个系统传递给另一个系统，在转化和传递过程中总能量守恒。

历史上有人曾企图制造一种不消耗任何燃料或动力而循环动作的机器，使系统经过状态变化后，又回到原始状态不断地对外做功，这种机器叫作**第一类永动机**。这种企图经过多次尝试都以失败告终。因为它违反热力学第一定律，功不能无中生有地产生出来，必须通过吸热或减少内能才能实现，所以这类永动机是根本不可能制成的。

【例 9-1】 如图 9-4 所示，一定量的双原子理想气体，由状态 a 经 b 到达 c。求此过程中

（1）气体对外做的功；（2）气体内能的增量；

(3) 气体吸收的热量。(1atm＝1.013×10^5Pa)

【解】 (1) 气体对外做的功：

$$A=A_{ab}+A_{bc}=S_{ab31a}+S_{bc43b}=506.5+101.3=607.8\ (\mathrm{J})$$

(2) 气体内能的增量：因为 $T_a=T_c$，所以 $E_a=E_c$，$\Delta E=E_c-E_a=0$

(3) 气体吸收的热量：$Q=\Delta E+A=A=607.8$ (J)

第三节　气体的热容

一个热力学系统温度升高时，它吸收的热量和所升高的温度的比值叫这个系统的热容量。以 $\bar{\mathrm{d}}Q$ 表示系统温度升高 $\mathrm{d}T$ 时它所吸收的热量，则系统的热容量 C 为

$$C=\frac{\bar{\mathrm{d}}Q}{\mathrm{d}T} \tag{9.5}$$

如果系统中物质的量为 1mol 时，它的热容量叫摩尔热容量。它的物理意义是：1mol 的物质温度升高 1K 时吸收的热量，一般也用 C 表示。在国际单位制中，其单位为焦耳每摩尔开，符号为 J/(mol·K)。如果系统质量为单位质量 (1kg) 时，它的热容量叫作比热 (或比热容)。用小写 c 表示，在国际单位制中，其单位为焦耳每千克开，符号为 J/(kg·K)。

由于气体吸收的热量与气体所经历的过程有关，所以一个系统的热容量或某种物质的摩尔热容量是根据过程不同而不同的，就是说气体的摩尔热容有无限多个，其中最简单、最重要的是**定容摩尔热容**和**定压摩尔热容**。

一、 气体的定容摩尔热容

1mol 的气体在等容过程中，温度升高 1K 时吸收的热量称为定容摩尔热容，用 C_V 表示，1mol 气体在等容过程中温度升高 $\mathrm{d}T$ 时吸收的热量为 $(\bar{\mathrm{d}}Q)_V$，则

$$C_V=\left(\frac{\bar{\mathrm{d}}Q}{\mathrm{d}T}\right)_V \tag{9.6}$$

1mol 理想气体，在等容过程中，由于不做功，它吸收的热量全部转变为内能，即 $\bar{\mathrm{d}}Q=\mathrm{d}E$，所以，1mol 刚性理想气体的内能为

$$E=\frac{i}{2}RT$$

将上式代入式 (9.6)，得理想气体的定容摩尔热容量为

$$C_V=\left(\frac{\mathrm{d}Q}{\mathrm{d}T}\right)_V=\frac{\mathrm{d}E}{\mathrm{d}T}=\frac{i}{2}R \tag{9.7}$$

式中，i 为气体分子的自由度；R 为摩尔气体常量，$R=8.31$J/(mol·K)，因此理想气体的定容摩尔热容与气体的自由度有关，而与气体的温度无关。

对于单原子理想气体，$i=3$，$C_V=\frac{3}{2}R=12.5$J/(mol·K)

对于双原子理想气体，$i=5$，$C_V=\frac{5}{2}R=20.8$J/(mol·K)

对于多原子理想气体，$i=6$，$C_V=3R=24.9$J/(mol·K)

已知定容摩尔热容，就可计算气体在等容过程中吸收的热量。因为质量为 M 的气体的物质的摩尔数为$\frac{M}{\mu}$，由定容摩尔热容定义，当气体的温度从 T_1升高到 T_2时吸收的热量为

$$Q_V=\frac{M}{\mu}C_V(T_2-T_1) \tag{9.8}$$

上式适用范围不限于理想气体，式中 C_V要求是所讨论的气体在相应温度范围内的平均定容摩尔热容。

二、 气体的定压摩尔热容

1mol 的气体在等压过程中温度升高 1K 时吸收的热量称为定压摩尔热容，用 C_p 表示，1mol 气体在等压过程中温度升高 dT 时吸收的热量为（$\bar{\mathrm{d}}Q$）$_p$，理想气体在等压过程中吸热，气体温度升高的同时，体积一定膨胀，气体必定对外做功。根据热力学第一定律，气体吸收的热量为

$$\bar{\mathrm{d}}Q=\mathrm{d}E+p\mathrm{d}V \tag{9.9}$$

代入式（9.9）得

$$C_p=\left(\frac{\bar{\mathrm{d}}Q}{\mathrm{d}T}\right)_p=\frac{\mathrm{d}E}{\mathrm{d}T}+p\frac{\mathrm{d}V}{\mathrm{d}T} \tag{9.10}$$

对于 1mol 理想气体来说，$\mathrm{d}E=C_V\mathrm{d}T$，$p\mathrm{d}V=R\mathrm{d}T$，代入式（9.10）得

$$C_p=C_V+R \tag{9.11}$$

上式表示理想气体的定压摩尔热容比定容摩尔热容大一常量，$R=8.31$J/（mol·K）。就是说，1mol 理想气体在等压过程中温度升高 1K 时吸收的热量比在等容过程中吸收的热量多 8.31J. 这些多吸收的热量是用来对外做功的。如果用 γ 表示 C_p/C_V，则

$$\gamma=\frac{C_p}{C_V}=1+\frac{R}{C_V} \tag{9.12}$$

此 γ 值叫比热容比（或比热比）。

理想气体定压摩尔热容量 $C_p=\frac{i+2}{2}R$，比热容比为 $\gamma=\frac{i+2}{i}$。则

对于单原子理想气体

$$i=3,\ C_V=\frac{3}{2}R=12.5\text{J/(mol·K)},\ C_p=\frac{5}{2}R=20.8\text{J/(mol·K)},\ \gamma=1.67$$

对于双原子理想气体

$$i=5,\ C_V=\frac{5}{2}R=20.8\text{J/(mol·K)},\ C_p=\frac{7}{2}R=29.1\text{J/(mol·K)},\ \gamma=1.40$$

对于多原子理想气体

$$i=6,\ C_V=3R=24.9\text{J/(mol·K)},\ C_p=4R=33.2\text{J/(mol·K)},\ \gamma=1.33$$

各种物质的热容量可通过实验测定。热容量的测定不仅实用，而且在理论上对物质微观结构的研究也有重要的意义。

第四节　热力学第一定律对理想气体等值过程的应用

一、 等体过程

等体过程就是系统的体积始终保持不变的过程。其特征是 V 为常量，$dV=0$。设气体被封闭在气缸中，气缸的活塞保持固定不动［如图 9-5（a）所示］，为实现准静态的等体过程，让气缸与一系列温度一个比一个高但相差极其微小的热源接触，同时要求气缸与每一热源接触时等到气体达到平衡状态后再使其与另一温度次高的热源接触。这样，气体的温度逐渐升高，压强也逐渐增大，但体积始终保持不变，这就是等体升温过程。在 p-V 图上对应一条与 p 轴平行的线段［如图 9-5（b）所示］，称为等体线。箭头表示过程的方向从状态 1 变到状态 2。

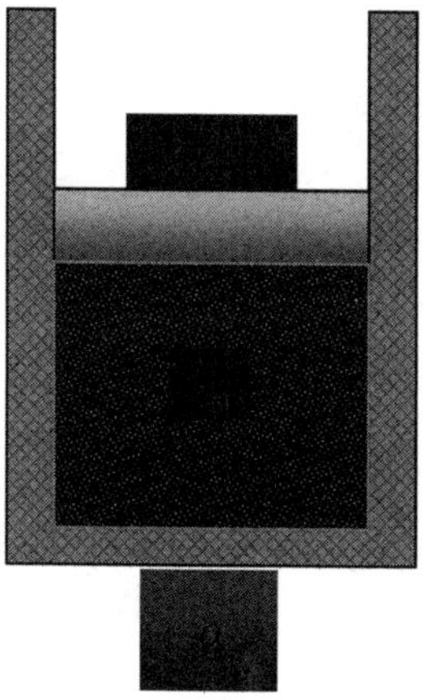

(a) 气缸的活塞保持固定不动

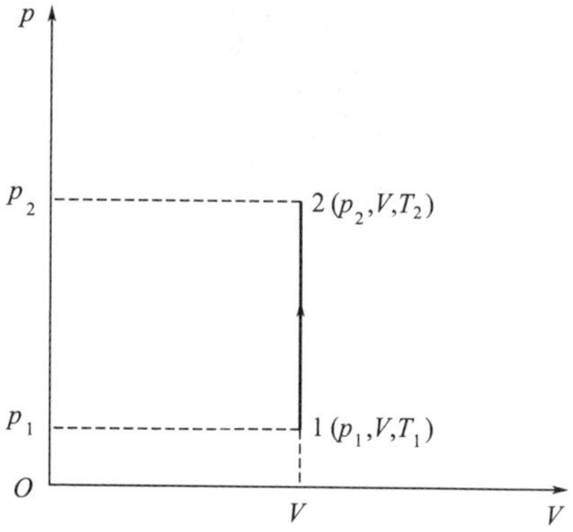

(b) 等体线

图 9-5　等体过程

在等体过程中，因气体的体积保持不变，所以气体不做功，$dA=p\,dV=0$，$A=0$。根据热力学第一定律，在微小等体过程中，气体吸收的热量为

$$(\bar{d}Q)_V=dE \tag{9.13}$$

当气体从状态 1（p_1,V,T_1）变到状态 2（p_2,V,T_2）经历有限等体过程时，由定容摩尔热容的定义，可算出理想气体所吸收的热量为

$$Q_V=\frac{M}{\mu}C_V(T_2-T_1)$$

根据热力学第一定律，考虑到刚性理想气体的内能公式 $E=\frac{M}{\mu}\frac{i}{2}RT$，同样得到

$$Q_V=E_2-E_1=\frac{M}{\mu}\frac{i}{2}R(T_2-T_1)=\frac{M}{\mu}C_V(T_2-T_1) \tag{9.14}$$

上式表示在等体过程中，气体没有对外做功，外界传递的热量完全用于增加系统的内能。

二、 等压过程

等压过程是系统的压强始终保持不变的过程。其特征是 p 为常量，$dp=0$。设气体被封闭在气缸中，气缸的活塞上放置砝码并保持不变［如图 9-6（a）所示］。让气缸与一系列温度一个比一个高但相差极其微小的热源接触，气体的温度会逐渐升高，体积也会逐渐增大；在此过程中，始终使气体的压强与外界所施的压强平衡，保持气体的压强不变，这就是等压膨胀过程。p-V 图上对应一条与 V 轴平行的线段［如图 9-6（b）所示］，称为等压线。箭头表示过程的方向从状态 1 变到状态 2。

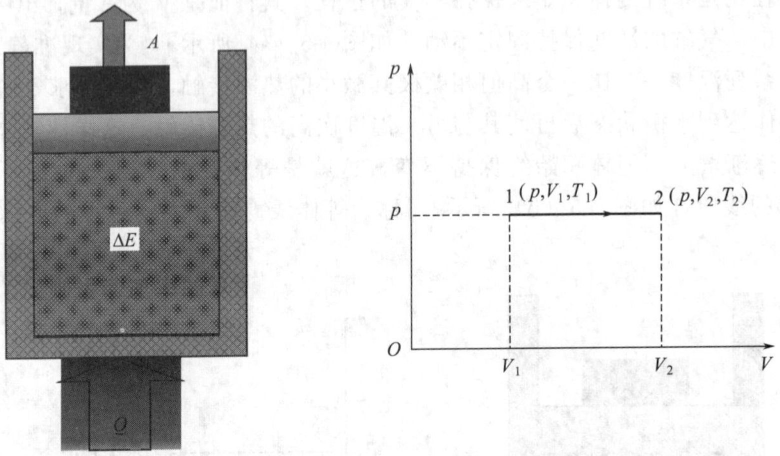

(a) 气缸的活塞上放置砝码并保持不变　　(b) 等压线

图 9-6　等压过程

在气体从状态 1（p,V_1,T_1）变到状态 2（p,V_2,T_2）的有限等压过程中，系统对外做的功为

$$A_p=\int_{V_1}^{V_2} p\,\mathrm{d}V=p(V_2-V_1) \tag{9.15}$$

在图 9-6（b）的 p-V 图线上，功 A_p 就是等压线下的面积。根据理想气体状态方程

$$pV=\frac{M}{\mu}RT$$

等压过程所做的功也可用气体的始末温度来表示，即

$$A_p=p(V_2-V_1)=\frac{M}{\mu}R(T_2-T_1) \tag{9.16}$$

根据刚性理想气体的内能公式 $E=\frac{M}{\mu}\frac{i}{2}RT$，在等压过程中，气体内能的变化为

$$E_2-E_1=\frac{M}{\mu}\cdot\frac{i}{2}R(T_2-T_1)=\frac{M}{\mu}C_V(T_2-T_1) \tag{9.17}$$

由热力学第一定律，在微小等压过程中，气体吸收的热量为

$$(\bar{\mathrm{d}}Q)_p=\mathrm{d}E+p\,\mathrm{d}V=\mathrm{d}E+\frac{M}{\mu}R\,\mathrm{d}T \tag{9.18}$$

那么，在有限等压过程中系统吸收的热量为

$$Q_p=E_2-E_1+p(V_2-V_1)=\frac{M}{\mu}(C_V+R)(T_2-T_1)$$

由定压摩尔热容的定义，可算出理想气体所吸收的热量为

$$Q_p=\frac{M}{\mu}C_p(T_2-T_1) \tag{9.19}$$

由此可见，在等压膨胀过程中，理想气体所吸收的热量，一部分用于增加气体的内能，另一部分用于气体对外做功，这正是同种气体的定压摩尔热容量大于定容摩尔热容量的原因。

三、 等温过程

等温过程就是系统的温度始终保持不变的过程。其特征是 T 为常量，$\mathrm{d}T=0$。设气体被封闭在气缸中，气缸活塞上放置砂粒，它的底部是导热的［如图 9-7(a)所示］。为了实现准静态等温过程，必须将气缸与一恒温热源接触并一粒一粒地从活塞上取下砂粒，使气体的压强逐渐减小，体积逐渐增大，而温度保持不变，这就是等温膨胀过程。在 p-V 图上可用一曲线表示［如图 9-7(b)所示］，这条曲线称为等温线。当温度保持不变时，气体的压强 p 与体积 V 的关系为 $pV=c$（常量），所以等温线为双曲线的一支。

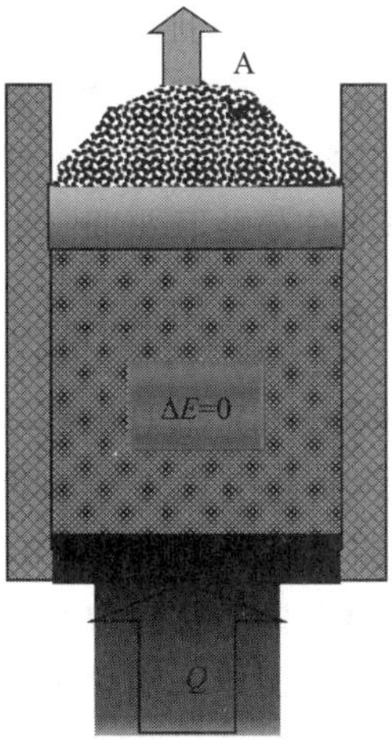

(a) 气缸活塞上放置砂粒

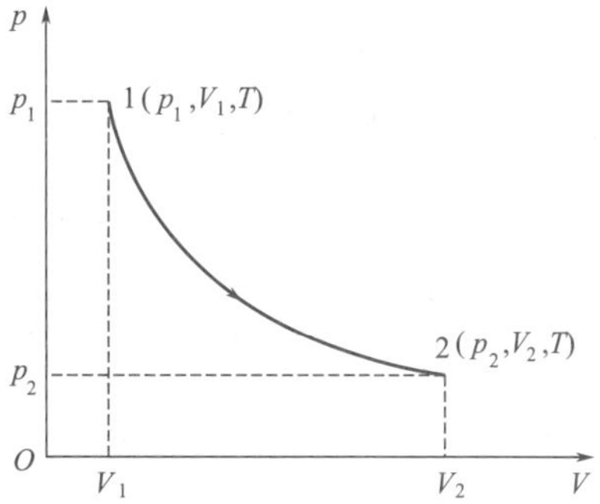

(b) 等温线

图 9-7　等温过程

理想气体的内能仅是温度的函数，所以内能保持不变。由热力学第一定律知

$$Q_T=A_T \tag{9.20}$$

计算等温过程中理想气体所做的功。在微小变化时元功为 $\mathrm{d}A=p\mathrm{d}V$，根据理想气体状态方程 $p=\frac{M}{\mu}\frac{RT}{V}$，则气体从状态 1（$p_1,V_1,T$）变到状态 2（$p_2,V_2,T$）的等温膨胀过程中，系统对外做的功为

$$A_T=\int_{V_1}^{V_2}p\mathrm{d}V=\int_{V_1}^{V_2}\frac{M}{\mu}RT\frac{\mathrm{d}V}{V}=\frac{M}{\mu}RT\ln\frac{V_2}{V_1} \tag{9.21}$$

在图 9-7(b)的 p-V 图线上，功 A_p 就是等温线下的面积。

将式（9.21）代入式（9.20）得等温过程系统吸热为

$$Q_T=A_T=\frac{M}{\mu}RT\ln\frac{V_2}{V_1} \tag{9.22}$$

因为 $p_1V_1=p_2V_2$，上式也可写为

$$Q_T = A_T = \frac{M}{\mu} RT\ln\frac{p_1}{p_2} \tag{9.23}$$

【例 9-2】 如图 9-8 所示，一定质量的理想气体在标准状态下体积为 $1.0\times10^{-2}\,m^3$。求下列过程中气体吸收的热量。

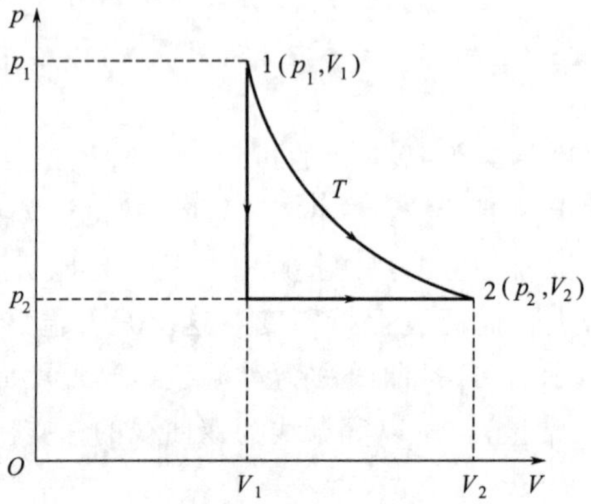

图 9-8 例 9-2 题图

(1) 等温膨胀到体积为 $2.0\times10^{-2}\,m^3$。

(2) 先等体冷却，再等压膨胀到 (1) 中所达到的终态。

$$[1atm = 1.013\times10^5\,Pa,\ C_V = \frac{5}{2}R = 20.8\,J/(mol\cdot K)]$$

【解】 (1) $Q_T = \frac{M}{\mu}RT\ln\frac{V_2}{V_1} = p_1V_1\ln\frac{V_2}{V_1} = 702\ (J)$

(2) 利用 $C_p = C_V + R$ 有

$$Q_p = \frac{M}{\mu}C_p(T_2 - T_1) = \frac{7}{4}p_1V_1$$

$$Q_V = \frac{M}{\mu}C_V(T_2 - T_1) = \frac{5}{4}p_1V_1$$

$$Q = Q_p + Q_V = (\frac{7}{4} - \frac{5}{4})p_1V_1 = 506\ (J)$$

第五节 热力学第一定律对理想气体绝热过程的应用

气体与外界无热量交换的变化过程称为**绝热过程**，它的特征是 $Q=0$。为了实现绝热过程，必须使容器壁绝热。例如气体在用绝热材料包起来的容器内或在杜瓦瓶（如热水瓶胆）内进行的变化过程可近似地看作绝热过程，再如内燃机气缸内气体爆炸后的膨胀做功过程等，因为过程进行得极快，来不及与周围交换热量，可近似看作绝热过程。如果绝热过程是准静态地进行的，叫作准静态绝热过程。

理想气体在准静态绝热过程中，由于 $Q=0$，此时，热力学第一定律可改成 $-(E_2 - E_1) = A_Q$。如果气体作绝热膨胀，对外界做功，$A_Q>0$，则 $E_2<E_1$，气体内能减少，温度降低。所以，在绝热膨胀过程中，气体对外做功是靠减少系统的内能来完成的。如果外界对气体做功，$A_Q<0$，则 $E_2>E_1$，气体内能增加，温度上升。

质量为 M，摩尔质量为 μ 的气体作绝热变化。当气体从状态 $1(p_1, V_1, T_1)$ 变到状态 2

(p_2, V_2, T_2)。由于气体内能的改变与过程无关，只与温度的改变有关，则

$$E_2 - E_1 = \frac{M}{\mu} C_V (T_2 - T_1) \tag{9.24}$$

在这过程中所做的绝热功为

$$A_Q = -\frac{M}{\mu} C_V (T_2 - T_1) \tag{9.25}$$

对于绝热过程，可以证明（证明从略），p, V, T 三个量中任意两个量之间的关系为

$$pV^{\gamma} = 常量 \tag{9.26}$$

$$V^{\gamma-1} T = 常量 \tag{9.27}$$

$$p^{\gamma-1} T^{-\gamma} = 常量 \tag{9.28}$$

式中，$\gamma = \frac{C_p}{C_V}$ 是气体的热容比。

以上三个方程中的常量的值各不相同，每一方程中的常量的值可由气体的初始状态决定。

当理想气体作绝热变化时，可在 p-V 图画出 p 与 V 的关系曲线如图 9-9 中的实线，此曲线称为绝热线。图中虚线表示同一气体的等温线，A 点是两条曲线的交点。从图上看出，绝热线比等温线陡些。

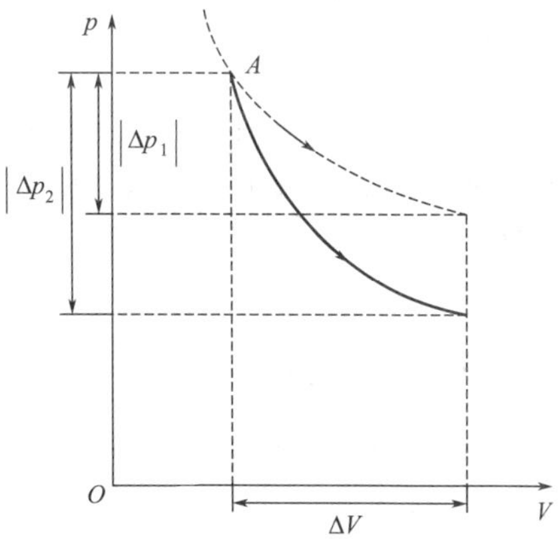

图 9-9 绝热线（实线）和等温线（虚线）

从数学角度看，分别求得两条曲线在 A 点的斜率：

等温线在 A 点的斜率 $\frac{dp}{dV} = -\frac{p}{V}$

绝热线在 A 点的斜率 $\frac{dp}{dV} = -\gamma \frac{p}{V}$

因为 $\gamma > 1$，所以在交点 A 处绝热线斜率的绝对值大于等温线斜率的绝对值，即绝热线比等温线陡些。从物理方面看，假设理想气体从状态 A 开始膨胀，如果是等温过程，其压强的减少 $|\Delta p_1|$ 仅仅由于体积的增大引起的，由 $p = nkT$，体积增大，n 减小，p 也减小。如果是绝热过程，其压强的减小 $|\Delta p_2|$，则不仅是由于体积的增大所引起 n 减小，同时还由于系统对外界做功使系统内能减小而导致温度 T 也减小，所以 $|\Delta p_2| > |\Delta p_1|$。由此可见，绝热线要比等温线陡。

第六节 循环过程 卡诺循环

一、 循环过程

系统由某一平衡态出发，经过任意的一系列过程，回到原来的平衡状态的整个变化过程，这样一个周而复始的变化过程，称为**循环过程**，简称**循环**，这个系统称为工作物质。如果一个循环过程所经历的每个分过程都是准静态过程，这个循环过程就叫准静态的循环过程。如图 9-10 所示。

循环过程可以在 p-V 图上用一封闭曲线来表示，如图 9-10 中封闭曲线 $ACBDA$。在 p-

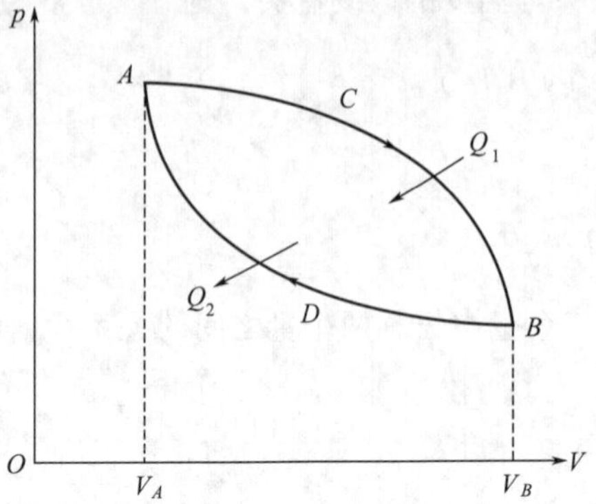

图 9-10 循环过程

V 图上表示循环过程的曲线，如果是沿顺时针方向进行循环称为**正循环**；反之如曲线逆时针进行循环称为**逆循环**，图 9-10 表示一个正循环过程。在 ACB 过程中，系统膨胀对外界做功，其数值等于 ACB 曲线下的面积；在过程 BDA 中，外界压缩系统而对系统做功，数值等于 BDA 曲线下的面积；由于在正循环情况下，系统膨胀时对外做功的数值大于压缩时外界对系统做功的数值，所以，在整个循环过程中系统对外界做的净功 A，其数值等于循环过程曲线 $ACBDA$ 所包围的面积。由热力学第一定律知，经过一个循环内能增量等于零，系统从外界吸收的总热量 Q_1 必然大于放出的总热量 Q_2，其量值之差 Q_1-Q_2 就等于系统对外做的净功 A。即

$$Q_1-Q_2=A \tag{9.29}$$

式(9.29)可写为

$$Q_1=A+Q_2 \tag{9.30}$$

式(9.30)表示，在每一循环中，工作物质从高温热源吸取热量 Q_1 一部分用于对外做功，剩余部分 Q_2 向低温热源放出。所以利用工作物质进行循环过程可以持续不断地将热变为功，这就是热机（蒸汽机、内燃机、燃气轮机等）的原理，热机性能的重要标志之一就是它的效率。

二、 热机的效率

如图 9-11 所示，蒸汽机这个热机的工作物质从高温热源吸取的热量 Q_1 并不全部转变为功，只有一部分 Q_1-Q_2 转变为功，转变为功的部分 Q_1-Q_2 与它从高温热源吸取的热量 Q_1 之比称为**循环效率**或热机的**效率**，用 η 表示：

$$\eta=\frac{A}{Q_1}=\frac{Q_1-Q_2}{Q_1}=1-\frac{Q_2}{Q_1} \tag{9.31}$$

式中，$Q_2\neq0$，所以 $\eta<1$。

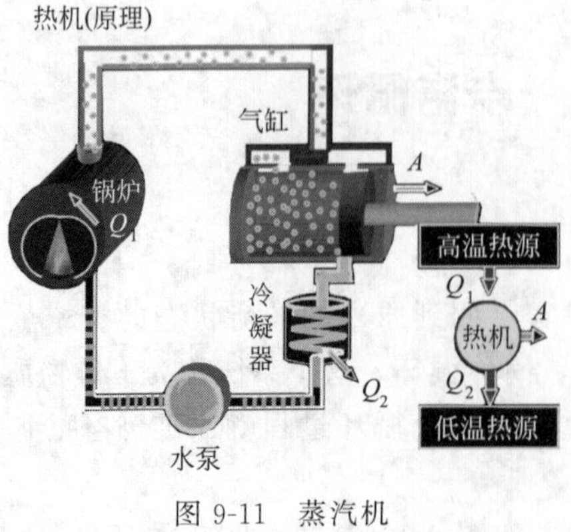

图 9-11 蒸汽机

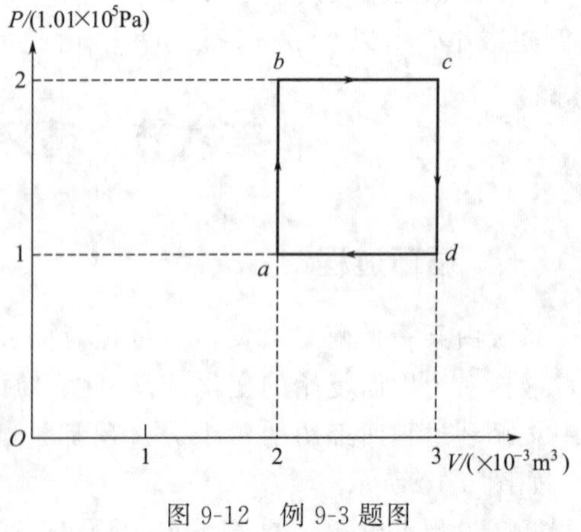

图 9-12 例 9-3 题图

式（9.31）对任何热机都适用。式中 A 为在一次循环中系统对外界所做的净功；Q_1 表示系统从高温热源吸收热量的总和，Q_2 表示向低温热源放出热量的总和。不同的热机其循环过程不同，因而有不同的效率。

【例 9-3】 如图 9-12 所示，$abcda$ 为 1mol 单原子分子理想气体的循环过程，求：

（1）气体循环一次，在吸热过程中从外界共吸收的热量；

（2）气体循环一次对外界做的净功；

（3）循环效率。

【解】 （1）由题知：过程 ab，等体升压吸热过程；过程 bc，等压膨胀吸热过程；

过程 cd，等体降压放热过程；过程 da，等压压缩放热过程。

所以，气体循环一次，在吸热过程中从外界共吸收的热量

$$Q=Q_{ab}+Q_{bc}=\frac{M}{\mu}C_V(T_b-T_a)+\frac{M}{\mu}C_p(T_c-T_b)$$

$$=\frac{M}{\mu}\times\frac{3}{2}R(T_b-T_a)+\frac{M}{\mu}\times\frac{5}{2}R(T_c-T_b)$$

$$=\frac{3}{2}(p_bV_b-p_aV_a)+\frac{5}{2}(p_cV_c-p_bV_b)=800(\text{J})$$

（2）气体循环一次对外界的净功为图中矩形面积

$$A_{总}=S_{abcd}=(p_b-p_a)(V_d-V_a)=(2-1)\times10^5\times(3-2)\times10^{-3}=100(\text{J})$$

（3）循环效率

$$\eta=\frac{A}{Q_1}\times100\%=\frac{100}{800}\times100\%=12.5\%$$

三、 卡诺循环

19 世纪初，蒸汽机在生产实际中效率很低，只有 3%～5%，有 95%以上的热量都没有得到利用。所以，改进热机、提高热机效率就成了迫切需要解决的问题。1824 年法国青年工程师卡诺分析了各种热机的设计方案和基本结构，提出一种理想的热机——卡诺热机，这种热机的效率最高。

卡诺热机是在两个恒温热源（恒定温度的高温热源和低温热源）间工作的理想热机，即工作物质只与两个恒温热源交换能量，无散热、漏气和摩擦等因素存在，并且整个过程都是准静态地进行，它的循环过程称为**卡诺循环**。卡诺循环是理论上具有重要意义的循环过程。它是由两个准静态等温过程和两个准静态绝热过程组成，在 p-V 图上用两条等温线和两条绝热线表示。图 9-13（a）是以理想气体为工作物质的卡诺循环的 p-V 图，图中 AB 及 CD 是等温线，温度各为 T_1 和 T_2，BC 及 DA 为绝热线。

一定量理想气体，置于只有底面传热的气缸中。如图 9-13（b）所示。第一个过程：先将气缸底面和温度为 T_1 的高温热源接触，使气体作等温膨胀吸热 Q_1，从状态 $A(p_1,V_1,T_1)$ 变到状态 $B(p_2,V_2,T_1)$。第二过程：将气缸移至绝热垫上，使气体作绝热膨胀，从状态 B 变到状态 $C(p_3,V_3,T_2)$。第三过程：将气缸移至温度为 T_2 的低温热源上，使气体作等温压缩，放热 Q_2，从状态 C 变到状态 $D(p_4,V_4,T_2)$。第四过程：再将气缸移至绝热垫上，使气体作绝热压缩，从状态 D 回到原来的状态 A。

从交换热量角度分析，在等温膨胀过程 AB 中气体从高温热源 T_1 吸热 Q_1，在等温压缩

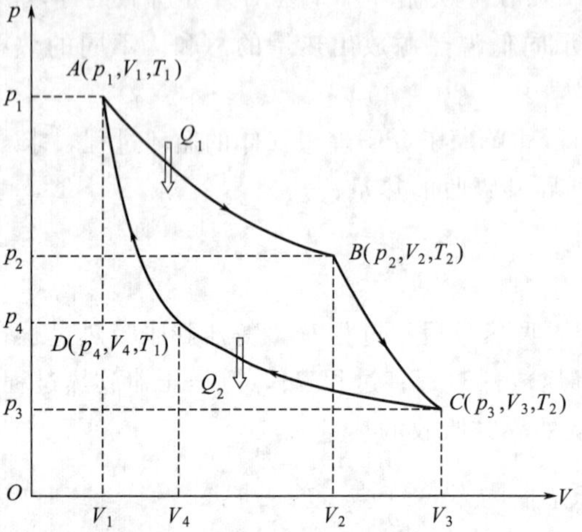

(a) 是以理想气体为工作物质的卡诺循环的p-V图

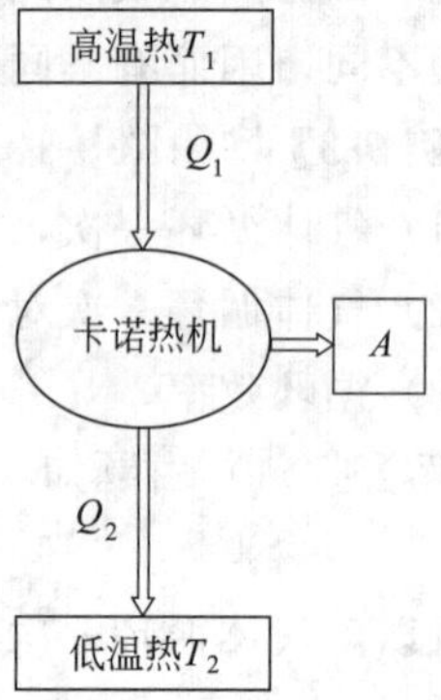

(b) 卡诺热机工作示意图

图 9-13　卡诺循环

过程 CD 中气体向低温热源 T_2 放热 Q_2，在绝热过程 BC 及 DA 中，气体既不放热也不吸热，所以，在整个循环中气体吸取的净热为 Q_1-Q_2，气体所做的净功 $A=Q_1-Q_2$。

计算理想气体为工作物质的卡诺循环的效率，先求在等温膨胀过程 AB 中，气体所吸收的热量为

$$Q_1=\frac{M}{\mu}RT_1\ln\frac{V_2}{V_1} \tag{9.32}$$

在等温压缩过程 CD 中，气体放出热量的绝对值为

$$Q_2=\frac{M}{\mu}RT_2\ln\frac{V_3}{V_4} \tag{9.33}$$

所以，卡诺循环的效率

$$\eta=1-\frac{Q_2}{Q_1}=1-\frac{T_2\ln\dfrac{V_3}{V_4}}{T_1\ln\dfrac{V_2}{V_1}}$$

由绝热过程方程得　$V_2^{\gamma-1}T_1=V_3^{\gamma-1}T_2$ 和 $V_4^{\gamma-1}T_2=V_1^{\gamma-1}T_1$，两式相除，得

$$\frac{V_2}{V_1}=\frac{V_3}{V_4}$$

于是卡诺循环的效率为

$$\eta=1-\frac{T_2}{T_1} \tag{9.34}$$

四、逆循环制冷机的制冷系数

如果循环沿着逆时针方向进行如图 9-14（a）所示，这种循环称为**逆循环**。制冷机中的工作物质进行的就是逆循环。在逆循环中工作物质从低温热源吸热 Q_2，接受外界对它所做的功 A，向高温热源放出热量 $Q_1=A+Q_2$。从低温热源吸取热量的结果，使低温热源（或低温物体）的温度降得更低，这就是制冷机的原理。图 9-14（b）为制冷机工作的能流图。

如制氧机，冷冻机和电冰箱等都是作逆循环的制冷机。制冷机的工作效果用制冷系数 ε 表示，**制冷系数**定义为一个循环中从低温热源吸出热量 Q_2 和外界所做净功 A 的比值为

$$\varepsilon=\frac{Q_2}{A}=\frac{Q_2}{Q_1-Q_2} \tag{9.35}$$

式中，A 和 Q_2 都是绝对值。

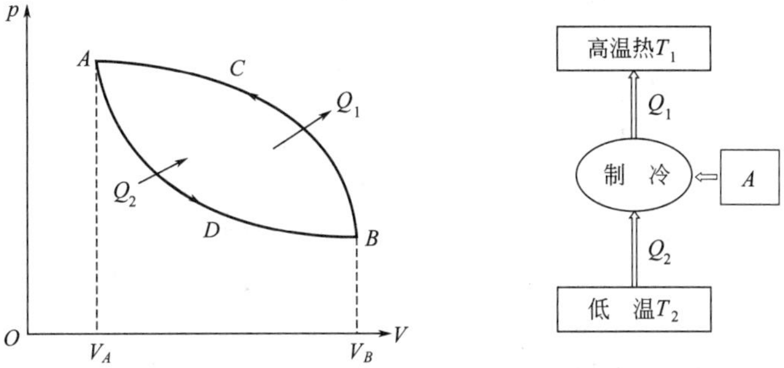

(a) 逆循环　　(b) 制冷机工作的能流图

图 9-14　逆循环

图 9-15 所示为理想气体为工作物质的卡诺制冷机的逆循环的 p-V 图和工作示意图，显然卡诺制冷机的制冷系数为

$$\varepsilon=\frac{T_2}{T_1-T_2} \tag{9.36}$$

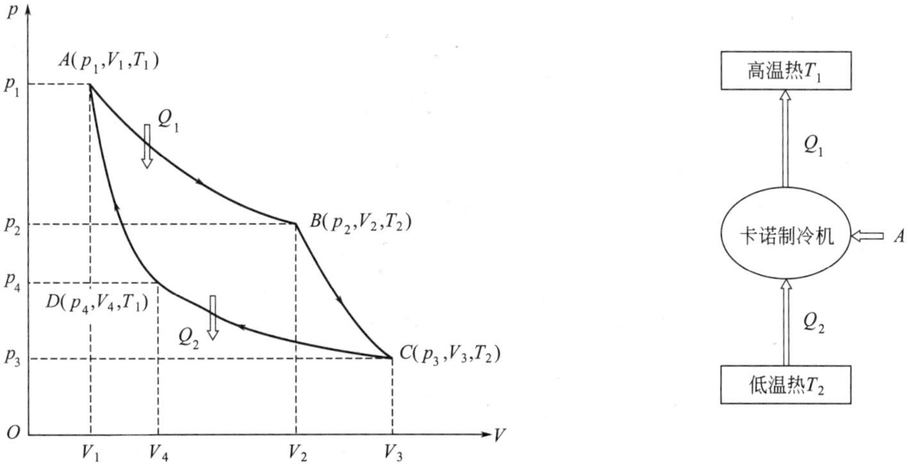

(a) 理想气体卡诺制冷机的逆循环的p-V图　　(b) 卡诺制冷机工作示意图

图 9-15　卡诺制冷机的逆循环

第七节　热力学第二定律

一、 热力学第二定律

热力学第二定律的任务是说明过程的方向性。热力学第二定律常用的两种说法，即开尔

文表述和克劳修斯表述。

热力学第二定律的开尔文表述是直接从关于热机效率的研究中发现的。人们总是想，是否可能制成效率等于百分之百的热机？如果 $\eta=100\%$，那就要求工作物质在一次循环过程中，把从高温热源吸收的热量 Q_1 全部变为有用功，而不放出任何热量到低温热源，这种热机并不违背热力学第一定律。但大量实践表明，在任何情况下，热机都不可能只有一个热源，热机要不断地吸取热量变为有用功，就不可避免地要把一部分热量传给低温热源，效率 η 总是小于 1。

在总结热机实践经验的基础上，开尔文在 1851 年将他提出的热力学第二定律表述为：不可能制造出一种循环动作的热机，只从单一热源吸取热量，使它完全变为功，而其他物体不发生变化。

为正确理解开尔文的表述，需要说明几点：第一，所谓"单一热源"是指一个温度均匀的热源。如果热源的温度不均匀，工作物质就可以从温度高的部分吸热而传向温度较低的部分放热，这实际上就相当于两个热源了。第二，所谓"其他物体不发生变化"，是指除了从单一热源吸热并把它用来做功以外的其他任何变化。如果伴随有其他物体发生变化，那么由单一热源吸热全部变为有用功是有可能的。第三"循环动作的热机"指工作物质经历的是循环过程。若不是循环过程，则从单一热源吸热全部变为有用功是可能的。例如，理想气体的在等温膨胀过程中，由于内能不变，气体从单一恒温热源吸收的热量全部用于对外做功。但系统没有回到原来状态，不是循环过程，这种过程不违背热力学第二定律。

热力学第二定律的开尔文表述也可表述为：第二类永动机不可能制造成功。所谓第二类永动机就是从单一热源吸取热量把它全部用来做功而不把热量传给其他物体的机器，这是效率为 100%的机器。这种机器不违反热力学第一定律，因为它所做的功是由热量转变而来的。假如这种机器能够制造的话，我们就可以从海洋、空气、土壤取出热量使它转变为功。这些能量可以说是取之不尽、用之不竭的，这就从实际上解决了能源危机。但是这种热机从来没有制成，都以失败告终。因为第二类永动机违反热力学第二定律的开尔文表述。

热力学第二定律的克劳修斯表述与制冷机的工作有关。制冷机的目的是使热量从低温物体传向高温物体。但是，在制冷机的循环过程中，只有外界对机器做功 A，工作物质才能从低温热源吸热 Q_2，而向高温热源放热 $Q_1=Q_2+A$。如果能做功越少，甚至不做功，而从低温热源吸取热量 Q_2，那么制冷机的效能就越高。实践表明，在制冷机的工作过程中，外界不做功是不可能的，就是说热量不能自动地从低温物体传向高温物体。1850 年克劳修斯将热力学第二定律表述为：不可能自动地从低温物体将热量传向高温物体，而不引起其他变化。

要正确理解克劳修斯表述，首先要必须注意"自动"二字，因为逆循环工作的制冷机，依靠外界做功，是可以将热量从低温物体传向高温物体的。例如，上节所讲的制冷机就是把热量从低温物体传向高温物体，但外界必须对它做功，使外界消耗能量，这就是其他变化。其次，说法中的"不可能"不仅指在不引起其他变化的条件下，热量直接从低温物体传向高温物体不可能，而且不论用任何方法，其唯一的结果是使热量从低温物体传向高温物体而不引起其他变化也是不可能的。

热力学第二定律和热力学第一定律一样不能从更普遍的原理推导出来，它是大量实验事实的概括和总结。它的正确性在于由它推出的一切结论都与事实相符合。

二、 两种表述的等价性

热力学第二定律的两种表述，从表面上看，似乎完全不同，但可以证明，它们是等价的。因为这两种表述可以互相推证。首先证明：如果开尔文表述成立，则克劳修斯表述也一定成立。我们用反证法，假设克劳修斯表述不成立，即热量 Q_2 可从低温热源 T_2 传到高温热源 T_1，而不引起其他变化（图 9-16）．那么我们可以使一部卡诺机工作于高温热源 T_1 和低温热源 T_2 之间，并使它从高温热源 T_1 吸热 Q_1，向低温热源 T_2 放热 Q_2，对外做功 $A=Q_1-Q_2$。当全部过程终止时，总的结果是从温度为 T_1 的热源吸取热量 Q_1-Q_2，把它全部变为有用的功 A 而不引起其他变化，这是违反开尔文表述的。

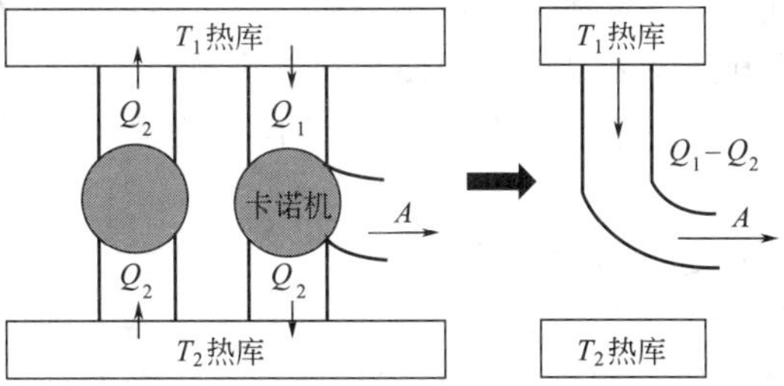

图 9-16　热力学第二定律的两种表述等价性的证明

其次证明：如果克劳修斯表述成立，则开尔文表述也必成立。还是用反证法，假设开尔文表述不成立，即能从温度为 T_1 的热源吸取热量 Q_1，把它全部变为有用的功 A 而不引起其他变化（图 9-17），那么我们可以利用这个功 A 带动一台致冷机，使它从低温热源 T_2 吸热 Q_2，和功 A 一起以热的形式在高温热源 T_1 处放出，因为 $A=Q_1$，所以全部过程终止时总的结果是：热量 Q_2 从低温热源 T_2 传到高温热源 T_1 而不引起其他变化，这是违反克劳修斯表述的。

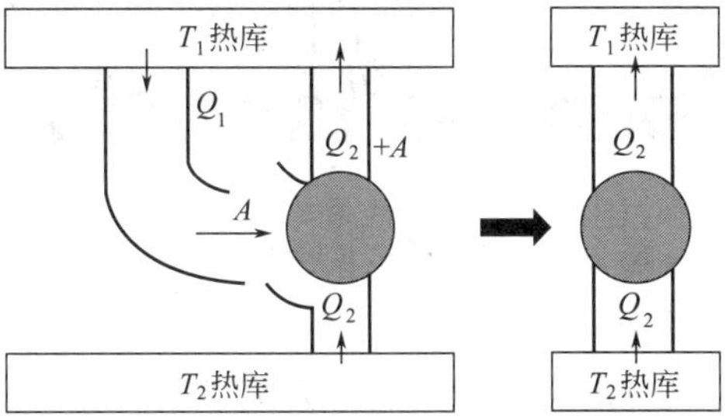

图 9-17　热力学第二定律的两种表述等价性的证明

第八节　可逆过程　不可逆过程　卡诺定理

一、 可逆过程与不可逆过程

设在某一过程 P 中，系统从状态 A 变化到状态 B。如果能使系统进行逆向变化，从状态 B 回复到初状态 A，而且在回复到初态 A 时，周围的一切也都各自恢复原状，则这一过程 P 就称为**可逆过程**。反之，如果系统不能回复到原状态 A，或者虽能回复到初态 A，但周围一切不能恢复原状，那么这一过程 P 称为**不可逆过程**。

根据不可逆过程的定义，应用热力学第二定律来论证各种过程的方向性，即说明这些过程是不可逆过程。

1. 热传导过程是不可逆过程

设在热传导过程中有热量 Q 从高温物体传到低温物体，根据热力学第二定律克劳修斯表述，不可能自动地从低温物体将热量 Q 传向高温物体，而不引起其他变化。根据定义热传导过程是不可逆过程。所以，热传导过程的不可逆性是克劳修斯表述的直接结果。

2. 热功转换过程是不可逆过程

以图 9-3（a）的焦耳实验为例来说明。在这个实验中，重物下降水变热，这是功转变为热的具体例子。根据热力学第二定律的开尔文表述，不可能用任何方法从水中取出热量，使它全部变为功，把重物提升到原来高度（即使水和重物都回复原状）而不引起其他变化。根据定义热功转换过程是不可逆过程。所以，热功转换过程的不可逆性是开尔文表述的直接结果。

3. 气体的自由膨胀过程是不可逆过程

如图 9-18 所示，当隔板抽掉以后，气体即充满整个容器。气体膨胀以后我们可以用活塞将气体压缩回到 A 部分，但是我们必须对气体做功，所做的功变为气体的内能，使气体的内能增加，温度上升（绝热压缩）。如果要使气体和外界回复膨胀前的状态，就要从气体取出热量，把它变为功。但是根据热力学第二定律的开尔文表述，从气体取出热量把它全部变为功而不引起其他物体的变化是不可能的，所以气体的自由膨胀过程是不可逆过程。

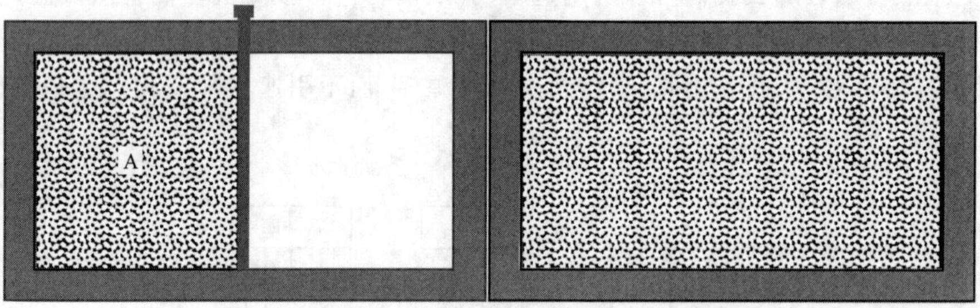

(a) (b)

图 9-18 气体扩散是一个不可逆过程

4. 气体迅速膨胀的过程是不可逆过程

假设气体装在气缸中，气缸的周围和活塞都是绝热的（图 9-19），如果我们减少外界对活塞的压力，则气体就会膨胀并对外做功 A_1。设气体膨胀一个很小体积 ΔV，因为膨胀得很快，靠近活塞的气体的压强小于气体内部的压强，设 p 为气体内部的压强，则 $A_1 < p\Delta V$。如果增加外界的压力把气体压缩至原来体积，则因压缩时靠近活塞的压强不能小于内部的压强 p，所以外界对气体所做的功 $A_2 \geqslant p\Delta V$。当气体回到原体积时，外界对气体做了净功，$A_2 - A_1 \neq 0$，此功变为气体的内能，使气体的温度上升。如果要使气体和外界回复原状态，就要从气体取出热量把它变为功。但是根据热力学第二定律，从气体取出热量把它变为功而不引起其他物体变化是不可能的。所以气体迅速膨胀的过程是不可逆过程，同理可以说明气体迅速压缩的过程也是不可逆过程。

假设有一气缸（图 9-19），它的四周是完全不传热的，它的活塞与气缸之间完全没有摩擦力。气体经历非常缓慢的即准静态的膨胀过程是可逆过程。只有当气体膨胀非常缓慢，活塞附近的压强非常接近气体内部的压强 p 时，气体膨胀一个微小体积 ΔV 所做的功恰好等于 $p\Delta V$，才可能缓慢地对气体做功 $p\Delta V$，将气体压回原来体积。所以，只有非常缓慢的即准静态的膨胀过程，才是可逆的膨胀过程。同理证明，只有非常缓慢的亦即准静态的压缩过程，才是可逆的压缩过程。因此，在热力学中，过程的可逆与否和系统所经历的中间状态是否为平衡态密切相关。得出可逆过程的如下条件。

（1）过程必须进行得无限缓慢，即过程为准静态过程。

（2）在过程进行中没有摩擦发生，否则就有一定数量的功通过摩擦转变为热。当然这些条件在实际情况中都是不可能实现的，所以实际过程都是不可逆过程。但可以使实际过程与可逆过程无限地接近，在一定程度之内可以代表实际过程。

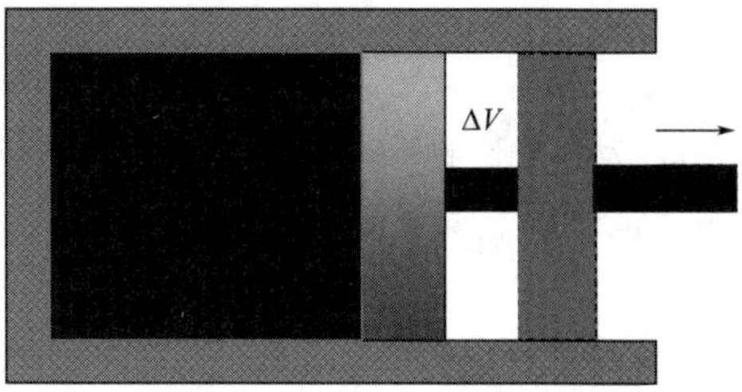

图 9-19 气缸气体迅速膨胀的过程是不可逆过程

二、 卡诺定理

卡诺循环中每个过程都是平衡过程，所以卡诺循环是理想的可逆循环。完成可逆循环的热机叫可逆机。从热力学第二定律可以推出卡诺定理：

（1）在相同的高温热源与相同的低温热源之间工作的一切可逆机，不论用什么工作物质，效率都相等，且等于 $1-\dfrac{T_2}{T_1}$（T_1为高温热源的温度，T_2为低温热源的温度）；

（2）在相同的高温热源与相同的低温热源之间工作的一切不可逆机的效率不可能高于可逆机的效率。即

$$\eta \leqslant 1-\frac{T_2}{T_1} \tag{9.37}$$

上式为**卡诺定理**的数学表述，式中等号用于可逆热机，小于号用于不可逆热机。

卡诺定理指出了提高热机效率的方向，从过程上应使实际的不可逆热机，尽可能减少热机循环的不可逆性，即降低摩擦、散热等耗散因素，尽量地接近可逆热机。对高低温热源的温度来说，应该尽量地提高高温热源的温度和降低低温热源的温度，即提高两热源的温度差。

卡诺定理的意义在于，它不仅在实践上指明了提高热机效率的途径和热机效率的极限，在理论上，开尔文用卡诺定理严格地定义了热力学温标（不依赖于测温物质的理想温标）。重要的是，卡诺循环和卡诺定理为热力学第二定律的数学表示以及建立熵的概念奠定了基础。

三、 熵

自然界中发生的热力学过程都是有方向性的，例如热量总是自动地由高温物体传向低温物体，直到两物体温度相同为止。又如气体分子的自由扩散是从密度大处向密度小处进行，直到各处密度相同为止。判断前一个不可逆过程进行方向的标准是温度的高低，判断后一个不可逆过程进行方向的标准是密度的大小。这样，对不同的不可逆过程进行的方向就要用不同的标准来判断。为使所有不可逆过程进行的方向都用同一标准判断，我们要引入描述热力学系统状态的单值函数——熵，通过熵值的变化（增加或减少）可以判断一个不可逆过程进行的方向。

根据卡诺定理（1），可逆卡诺热机的效率为

$$\eta=1+\frac{Q_2}{Q_1}=1-\frac{T_2}{T_1}$$

式中，Q_2表示工作物质从低温热源吸收的热量，因为Q_2是负值，上式中Q_2之前用了正号。

由上式可得

$$\frac{Q_1}{T_1}+\frac{Q_2}{T_2}=0 \tag{9.38}$$

此式说明，在整个可逆卡诺循环中，量$\frac{Q}{T}$的总和等于零。其中Q_1、Q_2都是表示工作物质在等温过程中所吸收的热量。

上述的结果可推广于任意的可逆循环过程。图 9-20 中闭合曲线 $ABCDA$ 表示一个任意的可逆循环过程，可以把它看成是由一系列微小可逆卡诺循环组成。每一可逆卡诺循环都有：

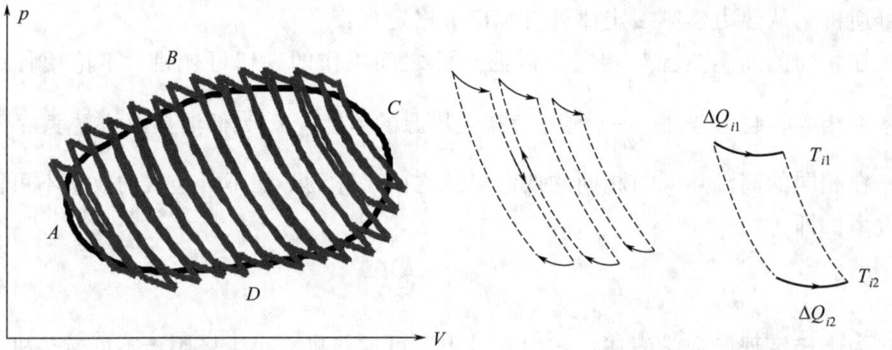

图 9-20 任意的可逆循环过程，可以把它看成是由一系列微小可逆卡诺循环组成

$$\frac{\Delta Q_{i1}}{T_{i1}}+\frac{\Delta Q_{i2}}{T_{i2}}=0$$

所有可逆卡诺循环加一起，则有

$$\sum_{i=1}^{n}\frac{\Delta Q_i}{T_i}=0 \tag{9.39}$$

如果所取的卡诺循环数目越多就越接近于实际的循环过程，在极限情况下，循环数目趋于无穷大，式（9.39）求和变为积分。于是，对任意的可逆循环过程有

$$\oint_{ABCDA}\frac{\bar{d}Q}{T}=0 \tag{9.40}$$

式中，$\bar{d}Q$ 是在温度为 T 的无限小等温过程中所吸取的热量。

图 9-21 中所示的循环过程可认为是由 ABC 和 CDA 两个过程组成的，由式（9.40）得

$$\oint_{ABCDA}\frac{\bar{d}Q}{T}=\int_{ABC}\frac{\bar{d}Q}{T}+\int_{CDA}\frac{\bar{d}Q}{T}=0 \tag{9.41}$$

考虑循环过程的可逆性，因此有

$$\int_{CDA}\frac{\bar{d}Q}{T}=-\int_{ADC}\frac{\bar{d}Q}{T}$$

于是式（9.41）可写为

$$\int_{ABC}\frac{\bar{d}Q}{T}=\int_{ADC}\frac{\bar{d}Q}{T}=\cdots \qquad (9.42)$$

式中，"…"号表示从 A 到 C 的一个任意可逆过程。式（9.42）的物理意义是：可逆过程热温比的积分与路径无关，只与系统的始末状态有关。因此，系统存在一个状态函数，我们把这个状态函数叫作**熵**，用 S 表示。如果以 S_A 和 S_C 分别表示状态 A 和状态 C 时的熵，则系统沿可逆过程从状态 A 变到状态 C 时熵的增量

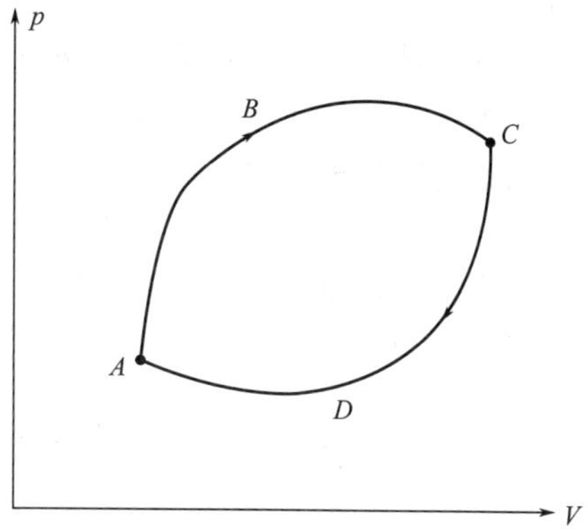

图 9-21　熵

$$S_C-S_A=\int_A^C\left(\frac{\bar{d}Q}{T}\right)_{可逆} \qquad (9.43)$$

对于任意的不可逆过程，如果它的初态 A 和终态 C 都是平衡态。利用卡诺定理（2）及上式可证明

$$S_C-S_A>\int_A^C\left(\frac{\bar{d}Q}{T}\right)_{可逆} \qquad (9.44)$$

以上两式合并写为

$$S_C-S_A\geqslant\int_A^C\frac{\bar{d}Q}{T} \qquad (9.45)$$

在卡诺定理式（9.37）中 T_1,T_2是热源的温度，式（9.45）是从卡诺定理推出的，所以在式（9.45）中 T 是热源的温度而不是物质系统的温度。对可逆过程，工作物质和热源总是保持着热平衡，所以热源的温度和工作物质的温度相同。但对于不可逆过程来说，热源的温度和工作物质的温度不相同。

应注意，熵是系统状态的单值函数，对于给定的 A 态和 C 态，熵变 S_C-S_A 是一定的。式（9.45）表示，如果过程是可逆的，该式右端的积分值等于熵变 S_C-S_A，如果过程是不可逆的，该式右端的积分值小于熵变。

将式（9.45）用于无限小的过程，可写成微分形式

$$dS\geqslant\frac{\bar{d}Q}{T} \qquad (9.46)$$

假设过程是绝热的，$\bar{d}Q=0$，则由式（9.46）得

$$dS\geqslant 0 \qquad (9.47)$$

所以，在绝热过程中系统的熵永不减少。对于可逆绝热过程，系统的熵不变；对于不可逆绝热过程，系统的熵增加。这个结论称为**熵增加原理**。

对于不受外界影响的孤立系统来说，也有 $\bar{d}Q=0$，所以式（9.47）仍然成立，于是得到**熵增加原理**的另一表述：一个孤立系统的熵永不减少。如果系统原来处于平衡状态，它将继续保持在这个状态，它的熵不变；系统原来处于非平衡状态，经过一定时间后它就要变为平衡状态，在此过程中它的熵增加，直至达到平衡状态为止。在平衡状态时熵达到最大值。

根据熵增加原理，绝热过程中的不可逆过程和孤立系统中的自发过程总是向着熵增加的方向进行。因此，熵函数给出了判断这些过程进行方向的共同标准。通过对绝热系统或孤立

系统的熵变的计算可以判断过程能否进行。如果熵减少，可以肯定这种过程是不可能进行的。如果系统不是绝热的或者不是孤立的，可以把该系统和外界合成一个更大的系统，使这个大系统成为绝热系统或孤立系统。计算这个大系统的总熵变从而判断过程能否进行。

熵增加原理是从卡诺定理推出的，而卡诺定理又是从热力学第二定律推出的，所以熵增加原理归根结底是从热力学第二定律推出的。反过来我们也可从熵增加原理推出热力学第二定律。热力学第二定律的开尔文表述可表述为：第二类永动机是不可能制造成功。假设可以制造出第二类永动机，在循环过程中从温度为 T 的热源吸取热量 Q，并将这些热量全部转化为功输出。在循环过程终了时，热源的熵减少了$\frac{Q}{T}$，热机工作物质的熵不变，那么由热源和热机合成的整个绝热系统的熵也减少了$\frac{Q}{T}$。这与熵增加原理是矛盾的，所以第二类永动机是不可能制造成功。

第九节　热力学第二定律的统计意义

一、热力学第二定律的统计意义

分析气体自由膨胀过程，说明热力学第二定律的统计意义，进而加深对热力学第二定律本质的认识。

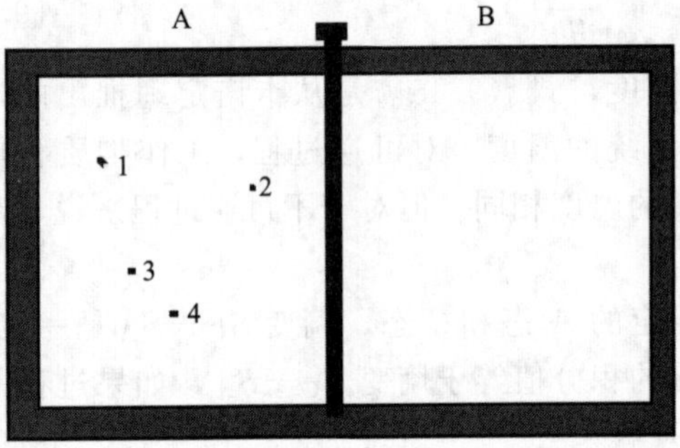

图 9-22　分子在容器中的分布方式

以气体分子位置的分布为例说明宏观态与微观态的关系，如图 9-22 所示，容器被隔板分为容积相等的 A、B 两部分，设 A 部分有气体，B 部分是真空。抽掉隔板后，气体将充满整个容器。假设隔板未抽出前 A 部分跟踪观测气体中的四个分子编上号 1,2,3,4。当隔板抽掉后，任一瞬时每个分子出现在 A,B 两部分的机会是均等的，这四个分子在 A,B 两部分的分布情况有 $16=2^4$ 种可能，如表 9-1 所示。要说明气体分子分布的微观状态，必须指出出现在 A 部分具体是哪几个分子，出现在 B 部分具体又是哪几个分子。当我们要确定气体的宏观性质（例如气体的分子数密度）时，只需知道 A,B 两部分中每一部分的分子总数即可。这样的分布情况只有 5 种可能，如表 9-1 所示，每一种可能的分布叫一个宏观状态。从表 9-1 看出，各个宏观状态包含的微观状态数可能不相等，例如 4 个分子都回到 A 部分的宏观状态只包含 1 个微观状态，其概率为$\frac{1}{16}=\frac{1}{2^4}$，4 个分子均匀分布在 A、B 两部分的宏观状态包含 6 个微观状态，其概率为$\frac{6}{16}=\frac{6}{2^4}$。可以证明：如果容器中有 N 个气体分子，这 N 个气体分子在 A、B 两部分的分布情况有 2^N 种可能，而 N 个气体分子都集中在 A 部分的宏观状态只包含 1 个微观状态，其概率为$\frac{1}{2^N}$。对 1mol 气体，$N\approx$

6.02×10^{23}，气体自由膨胀后，全部集中在 A 部分的概率为$\frac{1}{2^{6.02\times10^{23}}}$，这个概率很小很小，就是说，实际不会出现这种分布。

表 9-1 气体分子分布的微观状态

宏观状态(分配种类)	Ⅰ		Ⅱ		Ⅲ		Ⅳ		Ⅴ	
	A	B	A	B	A	B	A	B	A	B
	4	0	3	1	2	2	1	3	0	4
微观状态(分子分布方式)	1234		123 234 341 412	4 1 2 3	12 13 14 23 24 34	34 24 23 14 13 12	1 2 3 4	234 341 412 123		1234
每一宏观状态包含的微观状态	1		4		6		4		1	

由以上分析知，如果以气体分子分布在 A，B 两部分的位置情况来分类，把每一种可能的分布称为一个**微观状态**，则 N 个分子共有 2^N 个可能的概率均等的微观状态，由于各个宏观状态所包含的微观状态数可能不相等，各个宏观状态出现的概率就可能不相等。一个宏观状态包含微观状态的数目越多，分子运动的混乱程度就越高，出现这个宏观状态的概率就越大；相反，包含微观状态的数目就越少，就是全部分子集中回到 A 部分，这种宏观状态只包含了一个可能的微观状态，分子运动显得很有秩序，即分子的混乱程度极低，出现这种宏观状态的概率就极小。因此，自由膨胀的不可逆性，实质上反映了这个系统内部发生的过程总是由概率小的宏观状态向概率大的宏观状态进行，也就是由包含微观状态数目少的宏观状态向包含微观状态数目多的宏观状态进行，与此相反的过程，没有外界的影响是不可能自动实现。

二、 熵的玻耳兹曼关系式

我们用 W 表示系统（宏观）状态所包含的微观状态数，或把 W 理解为（宏观）状态出现的概率，称为**热力学概率**。玻耳兹曼给出

$$S=k\ln W \tag{9.48}$$

式中，S 为系统的熵；k 为玻耳兹曼常量。

式（9.48）称为**玻耳兹曼关系式**。由上式知，宏观状态的热力学概率越大，系统的熵值就越大，反之则越小。进一步说明，孤立系统中的自发过程总是向着热力学概率大的宏观状态进行，或者说，总是向着熵增加的方向进行。

练习题

选择题

9-1 如图 9-23 所示，隔板把一绝热密闭容器分成相等的两部分，左侧储有一定量的理想气体，压强为 p_0，右侧内为真空。现将隔板抽去，让气体自由膨胀，当气体达到平衡态时，气体的压强是（　　）。

(A) p_0　　(B) $\frac{1}{2}p_0$　　(C) $2^{\gamma}p_0$　　(D) $\frac{p_0}{2^{\gamma}}$

$(\gamma=C_p/C_V)$

9-2 一定量的理想气体，分别进行如图 9-24 所示的两个卡诺循环 $abcda$ 和 $a'b'c'd'a'$。若在

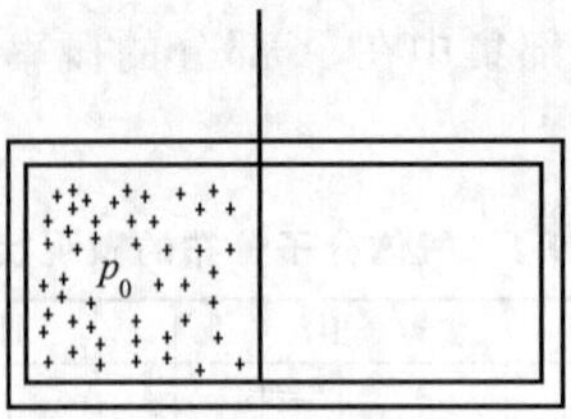

图 9-23　9-1 题图

p-V 图上这两个循环所围的面积相等，则可以由此得知这两个循环（　　）。

（A）效率相等

（B）由高温热源处吸收的热量相等

（C）在每次循环中对外做的净功相等

（D）向低温热源放出的热量相等

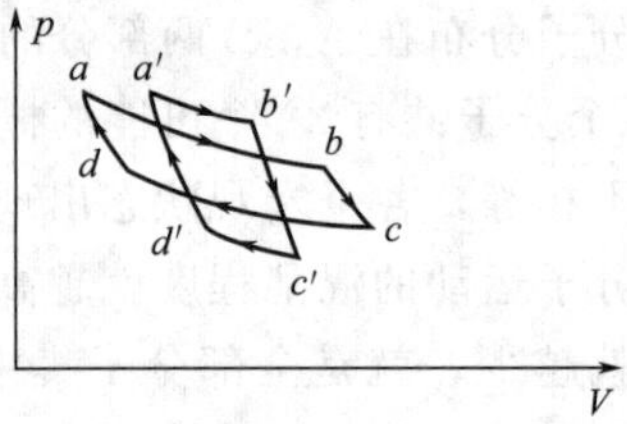

图 9-24　9-2 题图

9-3　如图 9-25 所示，一定量的理想气体，沿着图中直线从状态 a 变到状态 b。则在此过程中（　　）。

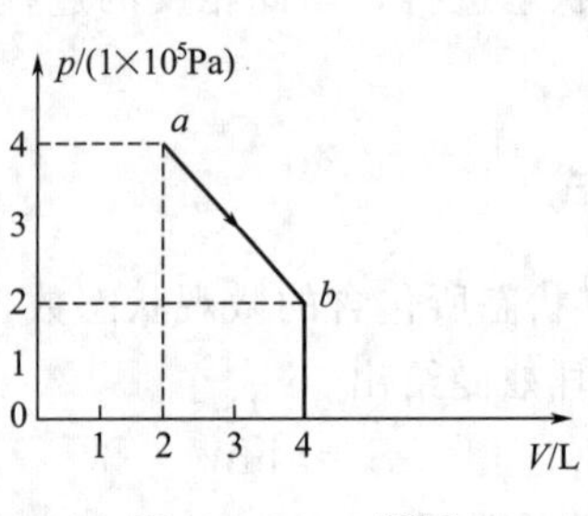

图 9-25　9-3 题图

（A）气体对外做正功，从外界吸热

（B）气体对外做正功，向外界放出热量

（C）气体对外做负功，向外界放出热量

（D）气体对外做正功，内能减少

9-4　在下列说法中，正确的是（　　）。

（1）平衡过程一定是可逆过程；

（2）可逆过程一定是平衡过程；

（3）不可逆过程一定是非平衡过程；

（4）非平衡过程一定是不可逆的过程。

（A）（2），（4）　　（B）（1），（3）　　（C）（2），（3）　　（D）（1），（2），（3），（4）

9-5　设热源的绝对温度是冷源的绝对温度的 n 倍，则在一个卡诺循环过程中，气体将把从热源得到的热量 Q_1 中的（　　）传递给冷源。

(A) nQ_1 (B) $(n-1)Q_1$ (C) Q_1/n (D) $(n+1)Q_1/n$ (E) $Q_1/(n-1)$

9-6 质量一定的理想气体，从相同状态出发，分别经历等温过程、等压过程和绝热过程，使其体积增加一倍，那么气体温度的改变（绝对值）在（ ）。

(A) 绝热过程中最大，等压过程中最小 (B) 绝热过程中最大，等温过程中最小

(C) 等压过程中最大，绝热过程中最小 (D) 等压过程中最大，等温过程中最小

9-7 一个容器内储有 1mol 氢气和 1mol 氦气，若两种气体各自对器壁产生的压强分别为 p_1 和 p_2，则两者的大小关系是（ ）。

(A) $p_1<p_2$ (B) $p_2<p_1$ (C) $p_1=p_2$ (D) 不能确定

填空题

9-8 对于室温下的单原子分子理想气体，在等压膨胀的情况下，系统对外界所做的功与从外界吸收的热量之比 A/Q 等于____________。

9-9 一定量的多原子理想气体从状态 a 变化到状态 c，分别经历 abc 过程和 adc 过程，如图 9-26 所示。气体在过程 abc 和过程 adc 中吸热的比 $Q_1:Q_2$ 为____________。

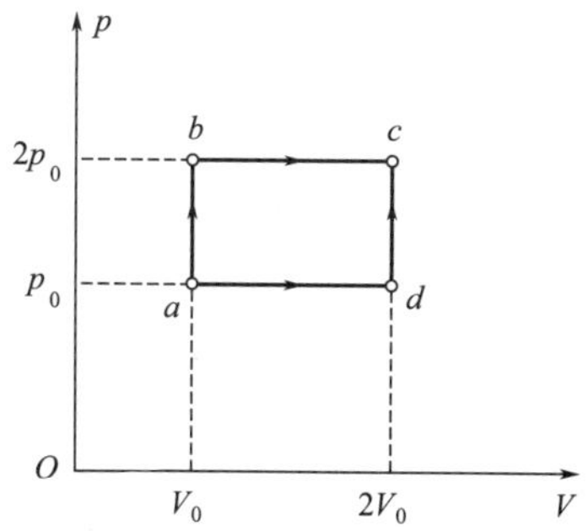

图 9-26 9-9 题图

9-10 1mol 的单原子理想气体，在标准大气压的恒定压强下从 0℃加热到 100℃，则气体的熵变为____________。

9-11 下面给出理想气体的几种状态变化的关系，指出它们各表示什么过程。

(1) $p\mathrm{d}V=(m/M_{\mathrm{mol}})R\mathrm{d}T$ 表示____________过程。

(2) $V\mathrm{d}p=(m/M_{\mathrm{mol}})R\mathrm{d}T$ 表示____________过程。

(3) $p\mathrm{d}V+V\mathrm{d}p=0$ 表示____________过程。

9-12 一定量理想气体，从同一状态开始使其体积由 V_1 膨胀到 $2V_1$，分别经历以下三种过程：(1) 等压过程；(2) 等温过程；(3) 绝热过程。其中：____________过程气体对外做功最多；____________过程气体内能增加最少；____________过程气体吸收的热量最多。

9-13 理想气体绝热地向真空自由膨胀，体积增大为原来的两倍，则始、末两态的温度 T_1 与 T_2 的关系为____________，始、末两态气体分子的平均自由程 $\overline{\lambda_1}$ 与 $\overline{\lambda_2}$ 的关系为____________。

9-14 一卡诺热机（可逆的），低温热源的温度为 27℃，热机效率 40%，其高温热源温度为____________K。今欲将该热机效率提高到 50%，若低温热源保持不变，则高温热源的温度应增加____________K。

9-15 如图 9-27 表示的两个卡诺循环，第一个沿 $ABCDA$ 进行，第二个沿 $ABC'D'A$ 进行，这两个循环的效率 η_1 和 η_2 的关系____________，这两个循环所做的净功 A_1 和 A_2 的关系是____________。

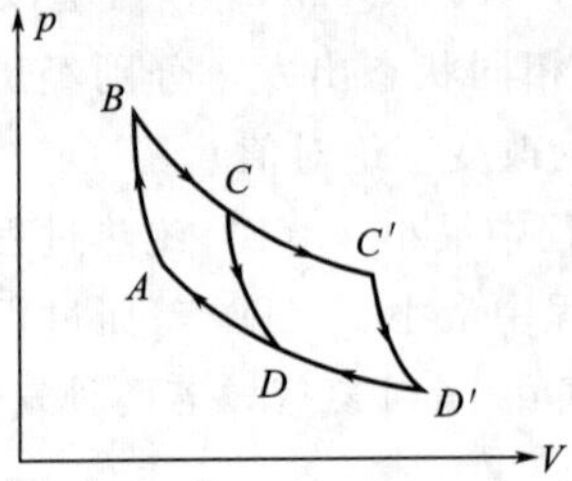

图 9-27　9-15 题图

9-16　一质量为 1kg 的 0℃的水与 100℃的恒温热源接触，当水温达到 100℃时，水的熵变为________，热源的熵变为________，水和热源整个系统的总熵变为________。(水的比热容为 4.18J/g)

9-17　如图 9-28 一定量的理想气体经历 acb 过程时吸热 800J 则经历 $acbda$ 过程时，吸热为________。

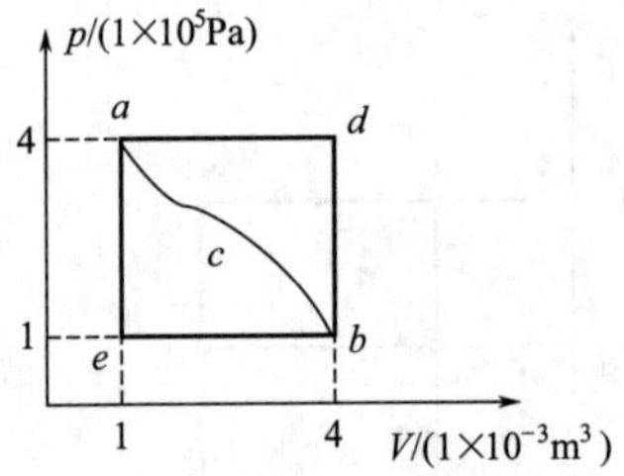

图 9-28　9-17 题图

9-18　压强为 p、体积为 V 的氢气（视为刚性分子理想气体）等压膨胀使体积增加一倍，则其内能增量为________。

9-19　压强、体积和温度都相同（常温条件）的氧气和氦气分别在等压过程中吸收了相等的热量，它们对外做的功之比为________。

9-20　在定压下加热一定量的理想气体。若使其温度升高 1K 时，它的体积增加了 0.005 倍，则气体原来的温度是________。

9-21　气缸中有一定量的氦气（视为理想气体），经过绝热压缩，体积变为原来的一半，则气体分子的平均速率变为原来的________倍。

9-22　一摩尔刚性双原子理想气体，经历一循环过程 $abca$，如图 9-29 所示，其中 $a \to b$ 为等温过程。则系统对外做净功为________，该循环热机的效率________。

9-23　2mol 理想气体在温度为 $t=27$℃时，经历可逆等温过程，体积从 20L 膨胀到 40L，则此气体的熵变为________。

9-24　如图 9-30 所示，若在某个过程中，一定量的理想气体的内能 E 随压强 p 的变化关系为一直线（其延长线过 E-p 图的原点），则该过程为________。

9-25　在温度分别为 327℃和 27℃的高温热源和低温热源之间工作的热机，理论上的最大效率为________。

9-26　2mol 的单原子分子理想气体，在 $T=400$K 的等温状态下，体积从 V 膨胀到 $2V$，则此过程气体的熵变为________。若此气体膨胀是在等压状态下进行的，则气体的熵变是________。

9-27　如图 9-31 所示，一定量的理想气体，由状态 a 沿 abc 直线到达 c，则此过程中，气体

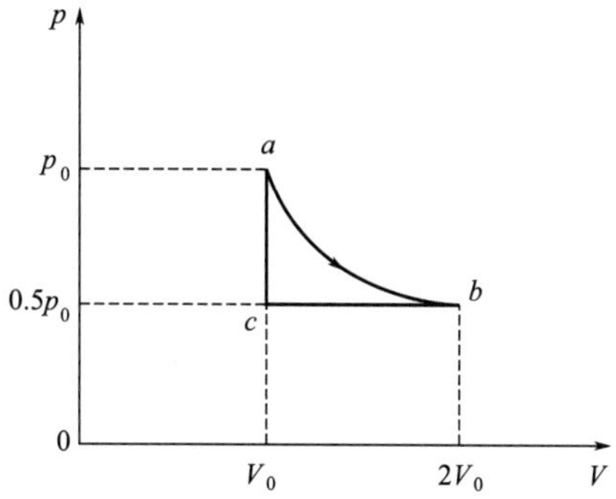

图 9-29 9-22 题图

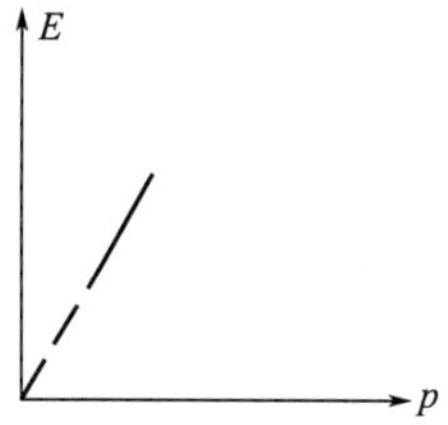

图 9-30 9-24 题图

对外所做的功__________，气体的内能增量__________，气体吸收的热量__________。

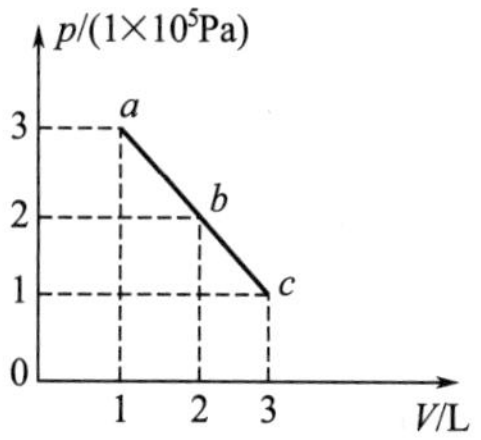

图 9-31 9-27 题图

9-28 一系统由如图 9-32 所示的 a 状态沿 acb 到达 b 状态，有 334J 热量传入系统，系统做功 126J。则经 adb 过程，系统做功 42J，传入系统的热量__________。当系统由 b 状态沿曲线 ba 返回状态 a 时，外界对系统做功为 84J，系统放出的热量__________。

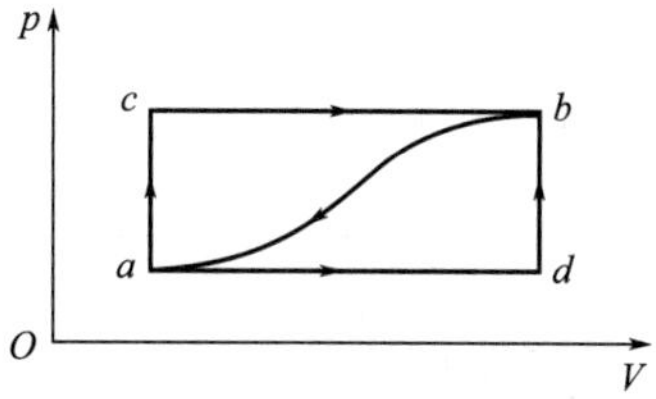

图 9-32 9-28 题图

9-29 一定量的理想气体，如 p-V 图（图 9-33）中所示，从 A 态出发到达 B 态，则在这过程中，该气体吸收的热量__________。

9-30 1mol 理想气体绝热地向真空自由膨胀，体积由 V_0 膨胀到 $2V_0$，此气体熵的改变量__________。

计算题

9-31 一定量的双原子分子理想气体，其体积和压强按 $pV^2=a$ 的规律变化，其中 a 为已知

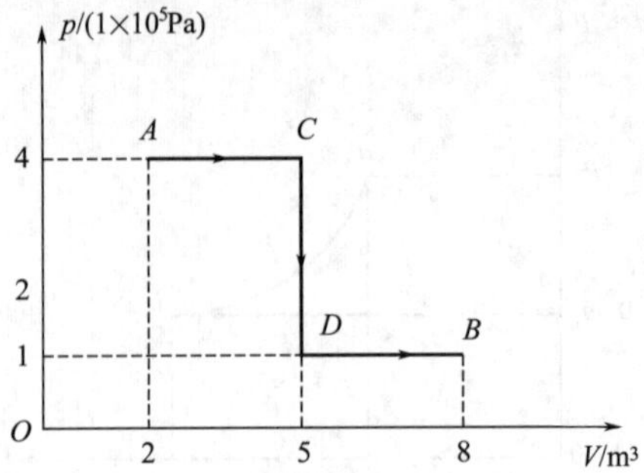

图 9-33　9-29 题图

常数。当气体从体积 V_1 膨胀到 V_2，试求：

(1) 在膨胀过程中气体所做的功；

(2) 内能变化；

(3) 吸收的热量。

9-32　如图 9-34 所示，有一定量的理想气体，从初状态 a（p_1,V_1）开始，经过一个等容过程到达压强为 $p_1/4$ 的 b 态，再经过一个等压过程到达状态 c，最后经等温过程而完成一个循环，求该循环过程中系统对外做的功 A。

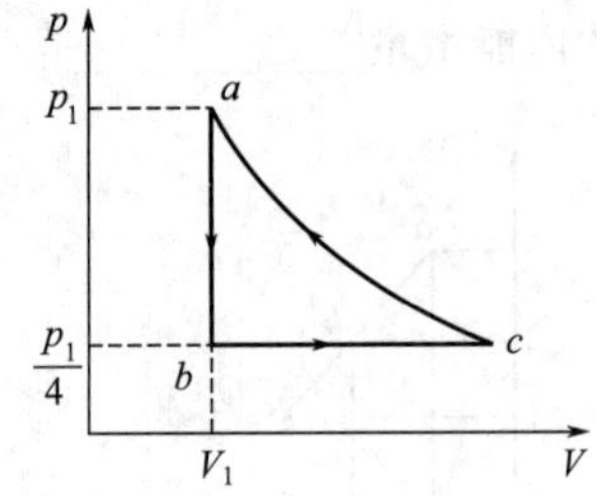

图 9-34　9-32 题图

9-33　1mol 单原子分子的理想气体，在 p-V 图上完成由两条等容线和两条等压线构成循环过程，如图 9-35 所示。已知状态 a 的温度为 T_1，状态 c 的温度为 T_3，状态 b 和状态 d 位于同一等温线上。试求：(1) 状态 b 的温度 T；(2) 循环过程的效率。

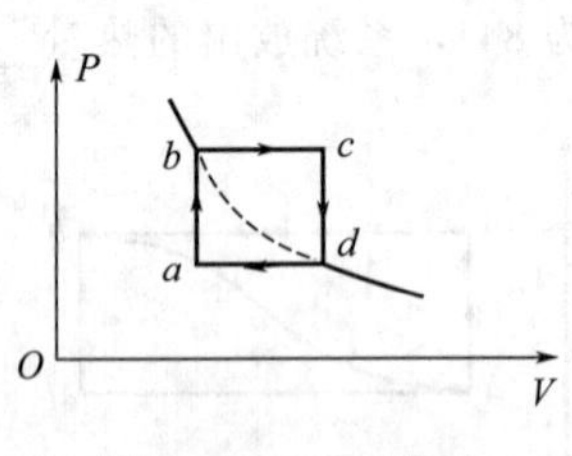

图 9-35　9-33 题图

9-34　一卡诺热机（可逆）当高温热源的温度为 400K，低温热源的温度为 300K，其每次循环对外做净功 8000J。今令低温热源不变，提高高温热源的温度，使其每次循环对外做净功 10000J。若两个卡诺循环都工作在相同的两条绝热线之间，求：

(1) 第二个循环热机的效率；

(2) 第二个循环的高温热源的温度。

9-35　1mol 理想气体在 $T_1=400\text{K}$ 的高温热源与 $T_2=300\text{K}$ 的低温热源间作卡诺循环（可逆的），在 400K 的等温线上起始体积为 $V_1=0.001\text{m}^3$，终止体积为 $V_2=0.005\text{m}^3$。试求此气体在

每一循环中：

(1) 从高温热源吸收的热量 Q_1；

(2) 气体传给低温热源的热量 Q_2；

(3) 气体所做的净功 W。

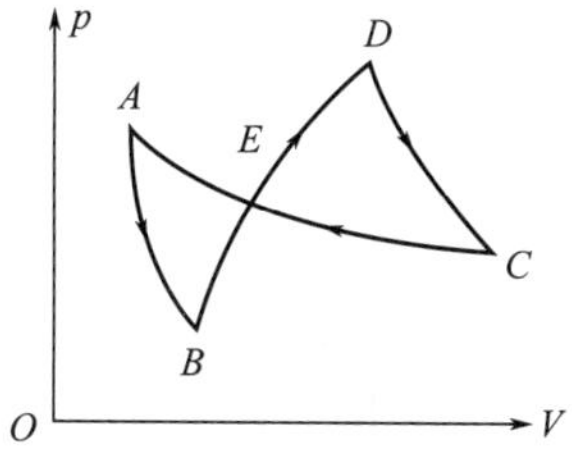

图 9-36　9-36 题图

9-36　如图 9-36 所示，AB、DC 是绝热过程，CEA 是等温过程，BED 是任意过程，组成一个循环。若图中 $EDCE$ 所包围的面积为 70J，$EABE$ 所包围的面积为 30J，过程中系统放热 100J，求：

(1) 整个循环过程（$ABDCEA$）系统对外做功；

(2) BED 过程中系统从外界吸热量。

9-37　1mol 的单原子分子理想气体，从初态 A 出发，沿图 9-37 所示的直线过程变到另一状态 B，又经过等容、等压两过程回到状态 A。

求 (1) $A \to B$，$B \to C$，$C \to A$ 各过程中系统对外所做的功 A、内能的增量 ΔE 以及所吸收的热量 Q。

(2) 整个循环过程中系统对外所作的总功以及吸热过程从外界吸收的总热量。

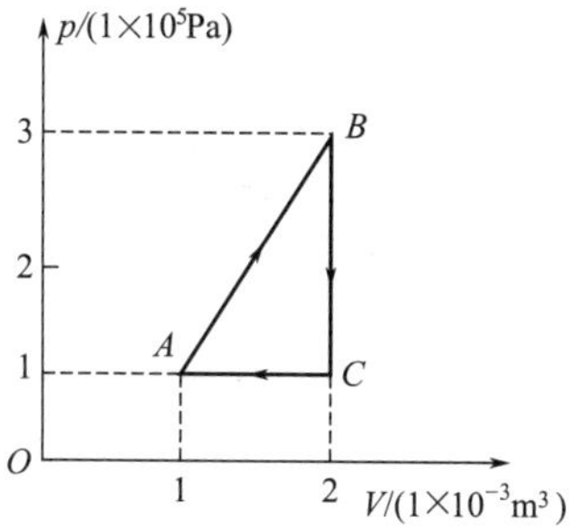

图 9-37　9-37 题图

9-38　1mol 氦气作如图 9-38 所示的可逆循环过程，其中 ab 和 cd 是绝热过程，bc 和 da 为等容过程，已知 $V_1=16.4$L，$V_2=32.8$L，$P_a=1\times10^5$ Pa，$P_b=3.18\times10^5$ Pa，$P_c=4\times10^5$ Pa，$P_d=1.26\times10^5$ Pa，

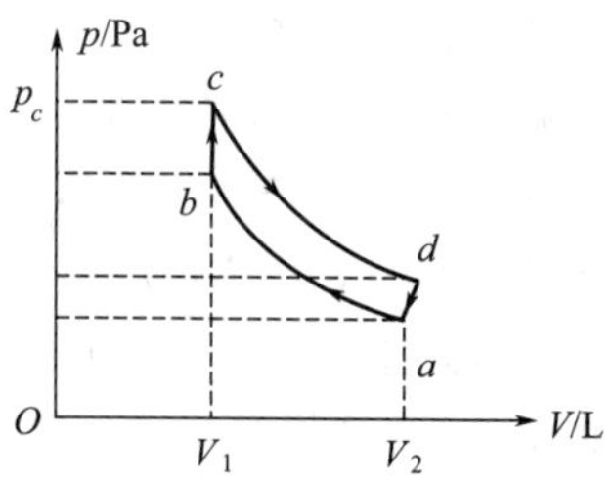

图 9-38　9-38 题图

试求：(1) 在 c 态氦气的内能；

(2) 在每次循环过程中氦气所做的净功 [普适气体常量 $R=8.31\text{J}/(\text{mol}\cdot\text{K})$]。

9-39 如图 9-39 所示，$abcda$ 为 1mol 氦气分子理想气体的循环过程，求：

(1) 气体循环一次，在放热过程中气体向外界放出的热量；

(2) 气体循环一次对外做的净功；

(3) 循环的效率。

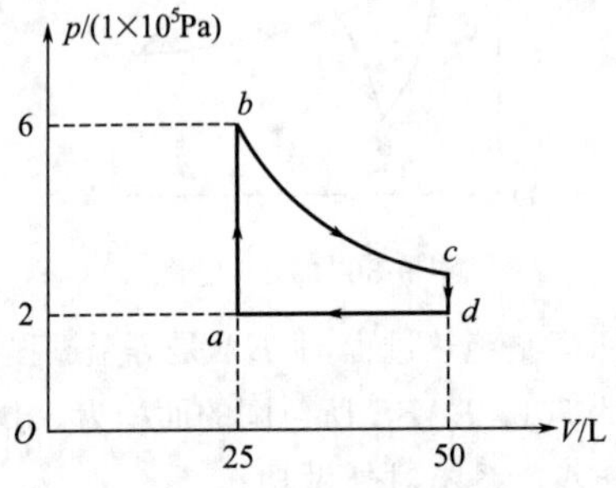

图 9-39 9-39 题图

9-40 如 T-V 图（图 9-40）所示，1mol 单原子分子理想气体所经历的循环过程中，c 点的温度为 $T_c=600\text{K}$。求：

(1) ab、bc、ca 各个过程系统吸收的热量及内能增量；

(2) 经一循环系统所做的净功；

(3) 循环的效率 ($\ln 2=0.693$)。

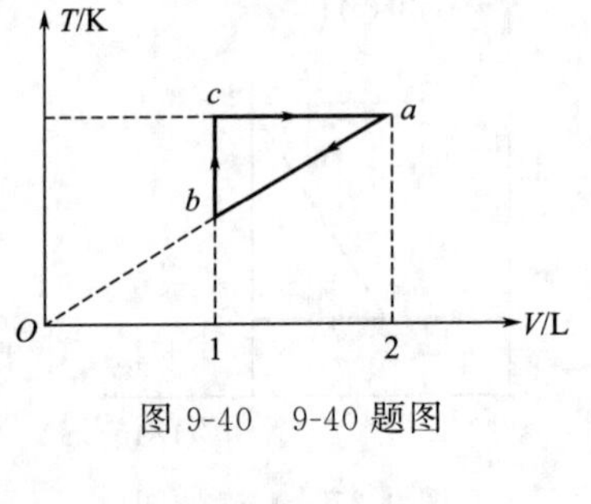

图 9-40 9-40 题图

思考题

9-41 试说明为什么气体热容的数值可以有无穷多个？什么情况下气体的热容为零？什么情况下气体的热容是无穷大？什么情况下是正值？什么情况下是负值？

9-42 所谓第二类永动机是指什么？它不可能制成是因为违背了什么关系？

9-43 某理想气体分别进行了如图 9-41 所示的两个卡诺循环Ⅰ ($abcda$) 和Ⅱ ($a'b'c'd'a'$)，已知两低温热源温度相等，且两循环曲线所围面积相等，设循环Ⅰ的效率为 η，从高温热源吸热 Q，循环Ⅱ的效率为 η'，从高温热源吸热 Q'，从高温热源吸热效率谁大？

9-44 氦气、氮气、水蒸气（均视为刚性分子理想气体），它们的物质的量相同，初始状态相同，若使它们经等容过程并吸收相等的热量，则它们的温度升高和压强增加都是否相同？

9-45 一定量的理想气体，分别经历如图 9-42 (1) 所示的 abc 过程，(虚线 ac 为等温线)，和图 9-42 (2) 所示的 def 过程（虚线 df 为绝热线）。试问这两种过程是吸热还是放热？

9-46 一绝热容器被隔板分成两部分，一半是真空，另一半是理想气体。若把隔板抽出，气体将进行自由膨胀，达平衡后，温度和熵都将怎样变化？

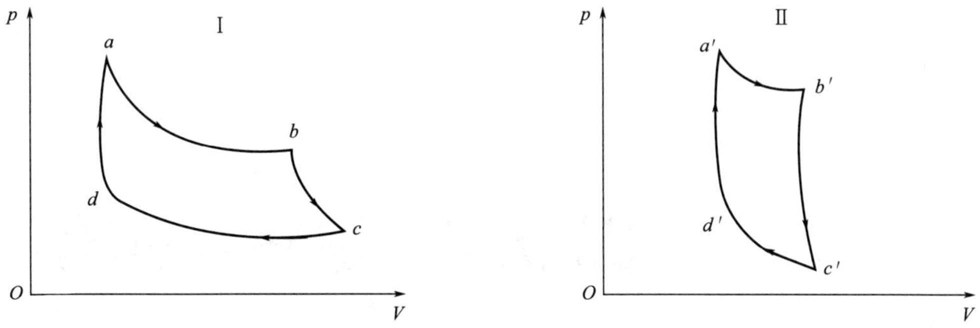

图 9-41 9-43 题图

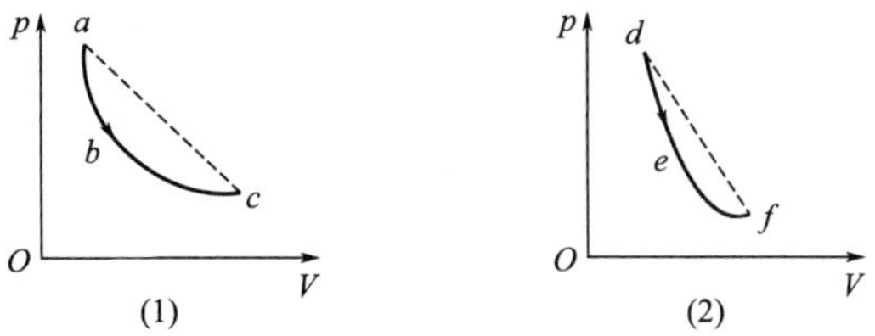

图 9-42 9-45 题图

9-47 热力学第二定律两种表述的具体内容是什么？

部分练习题参考答案

第一章

1-1 C　1-2 D　1-3 D　1-4 B　1-5 C　1-6 B　1-7 D　1-8 C　1-9 C

1-10 (1) 甲车；(2) 1.19s；(3) 0.67s

1-11　8m，10m　1-12　$\frac{1}{3}bt^3$，$2bt$，$\frac{b^2t^4}{R}$

1-13　$b+ct$，$\frac{c}{R}$，$\sqrt{c^2+\frac{(b+ct)^4}{R^2}}$　　1-14　$12\mathrm{m/s^2}$，$720\mathrm{m/s^2}$

1-15　(1) $-0.5\mathrm{m/s}$；(2) $-6\mathrm{m/s}$；(3) 2.25m

1-16　(1) $a\omega\cos\omega t\,\boldsymbol{i}-b\omega\sin\omega t\,\boldsymbol{j}$，$-a\omega^2\sin\omega t\,\boldsymbol{i}-b\omega^2\cos\omega t\,\boldsymbol{j}$；(2) $\left(\frac{x}{a}\right)^2+\left(\frac{y}{b}\right)^2=1$

1-17　$7\boldsymbol{i}+2\boldsymbol{j}$，$2\sqrt{5}$，$\boldsymbol{j}$　　1-18　(1) 1s；(2) 1.5m

1-19 (1) $6t\,\boldsymbol{i}$；(2) $-17+2t+t^3$　　1-20　$v_0\mathrm{e}^{-kx}$

第二章

2-1 D　2-2 A　2-3 B　2-4 B　2-5 C　2-6 A

2-7　$\frac{3mv^2}{2R}$　　2-8　$4m_1m_2g/(m_1+m_2)$　　2-9　$\frac{1}{\cos^2\alpha}$

2-10　$\sqrt{\frac{g}{R}}$　　2-11　$a_M=\frac{mg\sin\alpha\cos\alpha}{M+m\sin^2\alpha}$，$a_m=\frac{(m+M)g\sin\alpha}{M+m\sin^2\alpha}$

2-12　(1) $\frac{1}{5}g$，$\frac{1}{5}g$，$\frac{3}{5}g$；(2) $\frac{8}{5}g$，$\frac{4}{5}g$

第三章

3-1 C　3-2 B　3-3 D　3-4 C　3-5 A　3-6 C　3-7 B　3-8 B　3-9 C　3-10 C　3-11 A　3-12 B

3-13　4.7N·s，与子弹射出方向相反　3-14　$l_0\sqrt{\frac{k}{M}}$，$\frac{Ml_0}{M+nm}\sqrt{\frac{k}{M}}$

3-15　$\frac{GMm}{4R}$，$-\frac{GMm}{2R}$　　3-16　$mv\,\boldsymbol{j}-mv\,\boldsymbol{i}$，$\sqrt{2}mv$；0；$rmv\,\boldsymbol{k}$，$rmv$；$mgr$

3-17　$mab\omega\boldsymbol{k}$，0　　3-18　$\frac{x_0}{3}\sqrt{\frac{2k}{m}}$，$\frac{\sqrt{3}}{3}x_0$

3-19 (1) $6t\,\boldsymbol{i}\,\mathrm{m/s^2}$；(2) $3t^2\,\mathrm{m/s}$；(3) $t^3\,\mathrm{m}$；(4) $\frac{27}{2}t^4\,\mathrm{J}$

3-20 (1) 26.3J；(2) 保守力　3-21 $\frac{2}{3}\sqrt{2gl}$

3-22 (1) $\sqrt{\frac{k}{m_A+m_B}}x_0$；(2) $\sqrt{\frac{m_A}{m_A+m_B}}x_0$　3-23 $\left(2v_0\cos\theta+\frac{mu}{M+m}\right)\frac{v_0\sin\theta}{g}$

3-24 (1) 0.4s；(2) 1m/s　3-25 64J

3-26 (1) $-\frac{\mu mg}{2l}(l-a)^2$；(2) $\sqrt{[(l^2-a^2)-\mu(l-a)^2]g/l}$

3-27 (1) $\sqrt{\frac{2g(H-h)}{(M+m)[M+(M+m)\tan^2\theta]}}\,[M\boldsymbol{i}-(M\tan\theta+\cot\theta)\boldsymbol{j}]$；

(2) 大小为：$Mm\sqrt{\frac{2g(H-h)}{(M+m)[M+(M+m)\tan^2\theta]}}$，方向为水平向左

3-28 0.014m/s　3-29 $E_{K0}+mgx\sin\alpha-\frac{1}{2}kx^2-\frac{m^2g^2\sin^2\alpha}{2k}$　3-30 1N

第四章

4-1 C　4-2 C　4-3 C　4-4 D　4-5 A　4-6 C　4-7 A　4-8 B　4-9 A　4-10 C　4-11 A　4-12 D　4-13 C　4-14 A　4-15 C　4-16 D　4-17 A　4-18 D　4-19 C　4-20 B　4-21 B　4-22 C　4-23 D　4-24 C　4-25 B

4-26 4rad　4-27 mvl　4-28 $\frac{3v_0}{2l}$

4-29 $50ml^2$　4-30 $\frac{\omega_0}{3}$　4-31 $\frac{1}{2}mr_1^2\omega_1^2\left(\frac{r_1^2}{r_2^2}-1\right)$

4-32 $6\boldsymbol{k}$，$3\boldsymbol{k}$　4-33 2N·m　4-34 $5.15\times10^{12}\,\mathrm{m}$　4-35 $\frac{1}{9}ml^2$，$3g\cos\theta/2l$

4-36 $\frac{R\omega_0}{u\left(\frac{2m}{M}\right)^{\frac{1}{2}}}\arctan\left[\frac{ut\left(\frac{2m}{M}\right)^{\frac{1}{2}}}{R}\right]$

4-37 20.0rad/s，9.8cm　4-38 $4.95\times10^2\,\mathrm{rad/s}$

4-39 (1) $-\pi\,\mathrm{rad/s^2}$，25；(2) 4πrad/s (3)；2.5m/s，$-0.63\,\mathrm{m/s^2}$，$31.6\,\mathrm{m/s^2}$

4-40 (1) $\frac{2}{7}g$，$\frac{5}{7}mg$；(2) $\frac{2}{7}gt$

4-41 $\frac{2}{5}g$，$\frac{8}{5}mg$　4-42 (1) $\frac{2g}{9r}$，$\frac{2g}{9}$，$\frac{4g}{9}$；(2) $\frac{2\sqrt{gh}}{3r}$

4-43 (1) $\frac{(\omega R)^2}{2g}$；(2) ω，$\left(\frac{1}{2}MR^2-mR^2\right)\omega$

4-44 (1) $\frac{3g}{2l}$，$\frac{3g}{2l}\cos\theta$；(2) $\frac{\sqrt{3\sin\theta g}}{l}$　4-45 (1) $\frac{1}{4}\mu m_1gl$；(2) $\frac{2m_2(v_1+v_2)}{\mu m_1g}$

4-46 16rad/s　4-47 $mr^2\left(\frac{gt^2}{2S}-1\right)$　4-48 $\frac{(m_2-m_1)grt}{(m_1+m_2)r^2+J}$

4-49 (1) $\frac{3v_0}{11l}$；(2) $\arccos\left(1-\frac{3v_0^2}{121lg}\right)$

4-50 (1) $\frac{m_Bg}{m_A+m_B+\frac{1}{2}M}$；(2) $\frac{m_Am_Bg}{m_A+m_B+\frac{1}{2}M}$，$\frac{\left(m_A+\frac{1}{2}M\right)m_Bg}{m_A+m_B+\frac{1}{2}M}$；(3) $\sqrt{\frac{2m_Bgy}{m_A+m_B+\frac{1}{2}M}}$

4-51 $\frac{4}{15}$

第五章

5-1 D　5-2 D　5-3 A　5-4 B　5-5 B　5-6 A

5-7　3.1MeV　　5-8　6　　5-9　$0.6c$

5-10　$0.25m_0c^2$　　5-11　$\frac{2}{3}m_ec^2$　　5-12　$v=2.6\times10^8$ m/s

5-13　3862m　5-14　(1) 1.8×10^{17} J；(2) 3×10^{17} J　5-15　3.21×10^5 eV

5-16　32×10^{-6} s，9500m　　5-17　$0.75c$　　5-18　1.5

5-19　$\frac{1}{11}$　　5-20　$\frac{1}{4}$，$\frac{5}{4}$　　5-21　$\frac{6}{\sqrt{5}}$m

5-22　$\frac{m}{LS}$，$\frac{25}{16}\cdot\frac{m}{LS}$　　5-23　$\sqrt{\frac{5}{9}}c$，$3\sqrt{5}\times10^8$ m　　5-24　$m_0c^2(n-1)$

5-25　0.075m^3　　5-26　$\frac{1}{4}m_ec^2$　　5-27　$(3/5)c$

5-28　2.5h　　5-29　3.6×10^7 m/s　　5-30　1.798×10^4 m

5-31　93m，0，0，2.5×10^{-7} s

5-32　1563MeV，625MeV，6.68×10^{-19} kg·m/s

5-33　-5.77×10^{-6} s　　5-34　(1) 5.8×10^{-13} J；(2) 8.04×10^{-2}　　5-35　2.799×10^{-12} J

第六章

6-1 B　6-2 C　6-3 B　6-4 D　6-5 B　6-6 B　6-7 B　6-8 B　6-9 C　6-10 C　6-11 A　6-12 B　6-13 C

6-14　$\frac{1}{2\pi}\sqrt{\frac{k_1k_2}{m(k_1+k_2)}}$　　6-15　$A\cos(\omega t+\phi-\frac{\pi}{2})$

6-16　$2T$，$4E$　　6-17　$\frac{A}{2}$，π　　6-18　$A\cos(\sqrt{\frac{k}{m}}t-\frac{\pi}{2})$

6-19　2∶1　　6-20　$0.04\cos(\pi t+\frac{\pi}{4})$　　6-21　$0.04\cos(2t+\frac{1}{6}\pi)$

6-22　$0.05\cos(3t-0.64)$　　6-23　(1) -1m/s；(2) -0.75N

6-24　6.28s；0.03m/s^2；$0.03\cos(t+\frac{\pi}{2})$　　6-25　$0.1\cos(5\pi t/12+2\pi/3)$

6-26　0.36J

第七章

7-1 B　7-2 B　7-3 A　7-4 C　7-5 A　7-6 B　7-7 A　7-8 A　7-9 A　7-10 B　7-11 D　7-12 C　7-13 A

7-14　$0.1\cos(2\pi t+\frac{1}{3}\pi)$　　7-15　$A\cos[\omega(t-\frac{x-l}{u})]$，$A\cos[\omega(t-\frac{2l}{u})]$

7-16　2　　7-17　$0.50\cos[2\pi(\frac{t}{0.02}+\frac{x}{20})+\frac{4}{3}\pi]$或$0.50\cos[2\pi(\frac{t}{0.02}+\frac{x}{20})-\frac{2}{3}\pi]$

7-18　不同，相同　　7-19　$0.08\cos\frac{\pi}{2}x\cos20\pi t$；1,3,5,7,9

7-20　0.2π　　7-21　-0.01m，0m/s，$6.17\times10^3\text{m/s}^2$

7-22　(1) $3\times10^{-2}\cos4\pi[t-(x/20)]$ (SI)；(2) $3\times10^{-2}\cos[4\pi(t-\frac{x}{20})+\pi]$ (SI)

7-23　(1) $3\times10^{-2}\cos[\frac{1}{2}\pi(t-\frac{x}{5})-\frac{1}{2}\pi]$；(2) $3\times10^{-2}\cos(\frac{1}{2}\pi t-3\pi)$

7-24　0.5m　　7-25　$2A\cos(2\pi\nu t+\frac{1}{2}\pi)$，$4\pi\nu A\cos(2\pi\nu t+\pi)$

7-26　（1）$6.00\times10^{-2}\cos\frac{4}{3}\pi x\cos8\pi t$；（2）$\pm3n/4$，$n=0,1,2,3,\cdots$

第八章

8-1 C　8-2 C　8-3 D　8-4 A　8-5 C　8-6 B　8-7 A　8-8 B

8-9　5∶6　　8-10　（1）$2.44\times10^{25}\,m^3$，（2）$6.21\times10^{-21}\,J$

8-11　$\int_0^\infty vf(v)dv$，$\int_0^\infty mvf(v)dv$，$\int_0^\infty \frac{1}{v}f(v)dv$

8-12　16.3m/s　　8-13　2.3km　　8-14　$3.045\times10^6\,Pa$

8-15　$pV/(kT)$　　8-16　$6p_1$　　8-17　1∶4∶16

8-18　（1）$1.2\times10^{-24}\,kg\cdot m/s$，（2）$\frac{1}{3}\times10^{29}/m^2\cdot s$　　8-19　12.5J，20.8J，24.9J

8-20　（1）$\int_{v_0}^\infty Nf(v)dv$，（2）$\int_{v_0}^\infty vf(v)dv/\int_{v0}^\infty f(v)dv$　　8-21　1000m/s，$1000\sqrt{2}$m/s

8-22　$\sqrt{\frac{T_1}{T_2}}=\sqrt{\frac{P_1}{2P_2}}$

8-23　（1）氢气；（2）$1.6\times10^3\,m/s$；（3）$1.9\times10^3\,m/s$

8-24　6.42K，$1.33\times10^5\,Pa$，4000J，$1.33\times10^{-22}\,J$

8-25　2.68×10^{26}，455m/s，$7.6\times10^9/s$；$6\times10^{-8}\,m$

8-26　2.69×10^{25}，$4.25\times10^2\,m/s$，$4.57\times10^9/s$，$9.3\times10^{-8}\,m$

8-27　3.36×10^6　　8-28　（1）$1.35\times10^5\,Pa$，（2）$7.5\times10^{-21}\,J$，$T=362K$

8-29　$7.49\times10^6\,J$，$4.16\times10^4\,J$，0.88m/s

8-30　（1）$\frac{2N}{3v_0}$，（2）$\frac{1}{3}N$

第九章

9-1 B　9-2 C　9-3 A　9-4 A　9-5 C　9-6 D　9-7 C

9-8　2/5　　9-9　11∶10　　9-10　6.48J/K

9-11　（1）等压，（2）等容，（3）等温　　9-12　等压，绝热，等压　　9-13　$T_1=T_2$，$\bar{\lambda}_1=\frac{1}{2}\bar{\lambda}_2$

9-14　500；100　　9-15　$\eta_1=\eta_2$，$A_1<A_2$

9-16　$1.31\times10^3\,J/K$，$-1.12\times10^3\,J/K$，190J/K　　9-17　−400J

9-18　$\frac{5}{2}pV$　　9-19　5∶7　　9-20　200K

9-21　$2^{1/3}$　　9-22　$p_0V_0(\ln2-0.5)$，9.8%　　9-23　11.5J/K

9-24　等容过程　　9-25　50%　　9-26　11.5J/K；28.8J/K

9-27　405.2J，0，405.2J　　9-28　250J，292J　　9-29　$1.5\times10^6\,J$

9-30　5.76J/K　　9-31　（1）$a\left(\frac{1}{V_1}-\frac{1}{V_2}\right)$；（2）$\frac{5}{2}a\left(\frac{1}{V_2}-\frac{1}{V_1}\right)$；（3）$\frac{3}{2}a\left(\frac{1}{V_2}-\frac{1}{V_1}\right)$

9-32　$(3/4-\ln4)p_1V_1$　　9-33　（1）$\sqrt{T_1T_3}$；（2）$\frac{2(T_3-2\sqrt{T_1T_3}+T_1)}{5T_3-2\sqrt{T_1T_3}-3T_1}$

9-34　（1）29%；（2）425K

9-35　（1）$5.35\times10^3\,J$；（2）$4.01\times10^3\,J$；（3）$1.34\times10^3\,J$

9-36　（1）40J；（2）140J

9-37 (1) $A_{AB}=200J$，$\Delta E_{AB}=750J$，$Q_{AB}=950J$，$A_{BC}=0$，$\Delta E_{BC}=-600J$，$Q_{BC}=-600J$，$A_{CA}=-100J$，$\Delta E_{CA}=-150J$，$Q_{CA}=-250J$；(2) 100J，950J

9-38 (1) 9.84×10^3J；(2) 740J　9-39 (1) $-700J$；(2) 100J，(3) 12.5%

9-40 (1) $Q_{ab}=-6232.5J$，$Q_{bc}=3739.5J$，$Q_{ca}=3456J$，$\Delta E_{ab}=-3739.5J$，$\Delta E_{bc}=3739.5J$，$\Delta E_{ca}=0$；(2) 964J；(3) 13.4%

附录

附录一　国际单位制

我国于1984年2月颁布了《中华人民共和国法定计量单位》，规定法定计量单位以先进的国际单位制(SI)为基础，该法定计量单位具有结构简单、使用方便、科学性强、易于广泛推广的特点。法定计量单位有7个基本单位，它们分别为米、千克、秒、安培、开尔文、摩尔、坎德拉；两个国际单位制的辅助单位：弧度、球面度。其他单位均是由这些基本单位导出，称为导出单位。现给出国际单位制的基本单位、辅助单位及在国际单位制中具有专门名称的导出单位表，见表1～表4。

表1　国际单位制的基本单位

量的名称	单位名称	单位符号(中文)	单位符号(英文)	定义
长度	米(meter)	米	m	米是光在真空中(1/299 792 458)秒的时间间隔内所经过的距离
质量	千(kilogram)	千克	kg	千克等于国际千克原器的质量
时间	秒(second)	秒	s	秒是铯133原子基态两超精细能级间跃迁辐射周期的9 192 631 770倍的持续时间
电流	安(Ampere)	安	A	安培是在真空中，一恒定电流强度相距1m的两根无限长且截面积忽略不计的两平行导线间每米长度上的相互作用力为2×10^{-7} N，则每根导线中的电流为1A
热力学温度	开尔文(Kelvin)	开	K	开尔文是水三相点热力学温度的1/273.16
物质的量	摩尔(mol)	摩	mol	摩尔是一个物质系统的物质的量，该系统中所包含的基本单元数与0.012kgC_{12}原子数目相等。在使用摩尔时应指明基本单元，可以是原子、分子、离子、电子、其他粒子，或是这些粒子的特定组合
发光强度	坎德拉(candle)	坎	cd	坎德拉是一光源在给定方向上的发光强度，发出频率为540×10^{12} Hz的单色辐射，并且此方向上的辐射强度为(1/683)W/sr

表2　国际单位制的辅助单位

量的名称	单位名称	单位符号	定义
平面角	弧度	rad	弧度是一个圆内两条半径之间的平面角，这两条半径在圆周上截取的弧长与半径相等
立体角	球面度	sr	球面度是一个立体角，其顶点位于球心，而它在球面上截取的面积等于以球半径为边长的正方形面积

表 3 国际单位制中具有专门名称的导出单位

量的名称	单位名称	单位符号	其他表示示例
频率	赫[兹]	Hz	s^{-1}
力	牛[顿]	N	$kg\cdot m\cdot s^{-2}$
压强	帕[斯卡]	Pa	$N\cdot m^{-2}$
能量;功;热量	焦[耳]	J	$N\cdot m$
功率;辐射通量	瓦[特]	W	$J\cdot s^{-1}$
电荷量	库[仑]	C	$A\cdot s$
电势;电压;电动势	伏[特]	V	$W\cdot A^{-1}$
电容	法[拉]	F	$C\cdot V^{-1}$
电阻	欧[姆]	Ω	$V\cdot A^{-1}$
电导	西[门子]	S	$A\cdot V^{-1}$
磁通量	韦[伯]	Wb	$V\cdot s$
磁通量密度;磁感应强度	特[斯拉]	T	$Wb\cdot m^{-2}$
电感	亨[利]	H	$Wb\cdot A^{-1}$
摄氏温度	摄氏度	℃	
光通量	流[明]	lm	$cd\cdot sr$
光照度	勒[克斯]	lx	$lm\cdot m^{-2}$
放射性活度	贝克[勒尔]	Bq	s^{-1}
吸收剂量	戈[瑞]	Gy	$J\cdot kg^{-1}$
剂量当量	希[沃特]	Sv	$J\cdot kg^{-1}$

表 4 国际单位制词头

倍数	词头名称	词头符号	倍数	词头名称	词头符号
10^{18}	艾克萨	E	10^{-1}	分	d
10^{15}	拍它	P	10^{-2}	厘	c
10^{12}	太拉	T	10^{-3}	毫	m
10^{9}	吉咖	G	10^{-6}	微	μ
10^{6}	兆	M	10^{-9}	纳诺	n
10^{3}	千	k	10^{-12}	皮可	p
10^{2}	百	h	10^{-15}	飞母托	f
10^{1}	十	da	10^{-18}	阿托	a

几种常用单位的换算：

$$1\text{rad}=57.30°=0.1592\text{r}$$

$$1°=\frac{\pi}{180}\text{rad}$$

$$1\text{r}=2\pi\text{rad}$$

$$1\ \text{原子质量单位（u）}=1.66\times10^{-27}\text{kg}$$

$$1\text{atm}=760\text{mmHg}=1.013\times10^{5}\text{Pa}$$

$$1\text{eV}=1.60\times10^{-19}\text{J}$$

$$1\text{T}=10^{-4}\text{G}$$

附录二 矢量代数基础

一、 标量和矢量

在基础物理学范畴内，我们常常会遇到两类基本物理量。依据其是否具有方向性，可把这两类物理量分为标量和矢量。

1. 标量

标量的定义：只有大小，没有方向的量称为标量。例如质量、速率、功率、时间、温度、体积、能量等物理量都是标量。

2. 矢量

矢量的定义：既有大小又有方向的量称为矢量。例如力、位移、速度、加速度、动量等物理量都是矢量。

矢量的表示：矢量通常有以下两种表示形式，黑粗体字母 **A** 或带箭头的字母 $\vec{A}$。前者常应用于印刷品中，后者多在手书时使用。矢量的大小称为矢量的模，我们通常可以用 $|\boldsymbol{A}|$ 或 A 来表示矢量的模，即 $|\boldsymbol{A}|=A$。若想同时体现出矢量的大小和方向性两个特征，矢量可表示为

$$\boldsymbol{A}=|\boldsymbol{A}|\boldsymbol{e}_A=A\boldsymbol{e}_A$$

式中，$\boldsymbol{e}_A$ 是矢量 **A** 的单位矢量，用于表示方向，其模大小为 1。

矢量也可用一条有向线段表示，如图 1 所示。线段长短按比例表示矢量的大小，箭头的方向代表矢量的方向。

在进行运算时，$-\boldsymbol{A}$ 这个矢量表示模与矢量 **A** 相同，但方向相反的矢量，如图 2 所示。有时为运算方便可以将矢量进行平移，其原理为矢量平移的不变性，即矢量在空间平移的过程中大小和方向都不会因发生平移而改变，这是矢量的一个重要性质。

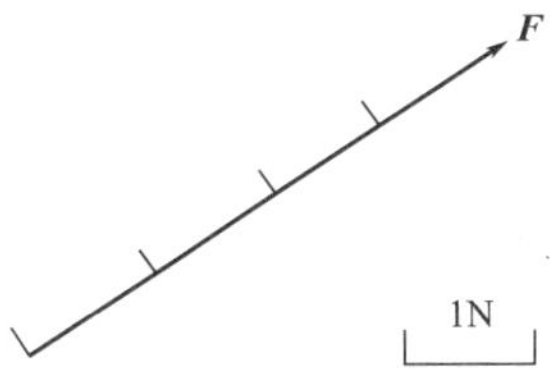

图 1　矢量的图像表示

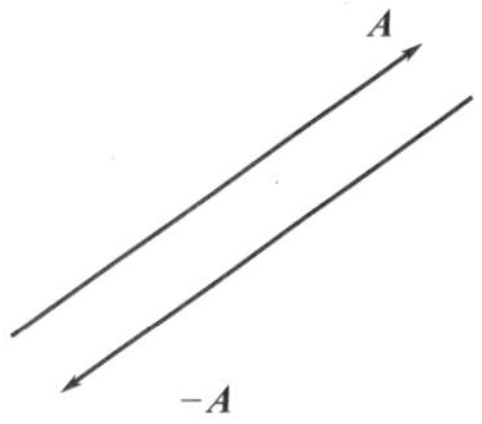

图 2　$-\boldsymbol{A}$ 矢量的表示

二、 矢量合成的几何法

1. 矢量相加

下面介绍几个矢量相加的法则，三角形法则、平行四边形法则和多变形法则。

设有两个矢量 $\boldsymbol{a}$ 和 $\boldsymbol{b}$，如图 3 所示，求 $\boldsymbol{a}$ 和 $\boldsymbol{b}$ 的矢量和，我们用字母 $\boldsymbol{c}$ 来表示 $\boldsymbol{a}$ 和 $\boldsymbol{b}$ 的矢量和，即

$$\boldsymbol{c}=\boldsymbol{a}+\boldsymbol{b} \tag{1}$$

要求 $\boldsymbol{a}$ 和 $\boldsymbol{b}$ 的矢量和可以在矢量 $\boldsymbol{a}$ 的末端画出矢量 $\boldsymbol{b}$，则合矢量 $\boldsymbol{c}$ 为自矢量 $\boldsymbol{a}$ 的始端到矢量 $\boldsymbol{b}$ 的末端的有向线段 $\boldsymbol{c}$，这就是矢量相加的三角形法则。

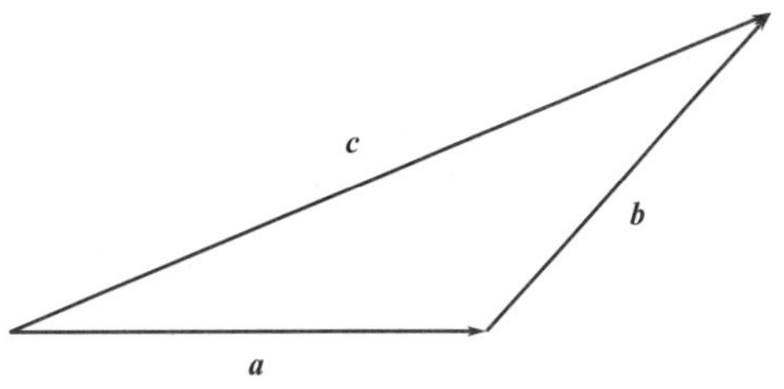

图 3　两矢量合成的三角形法则

我们还可以利用矢量平移不变性，如图 4 将矢量 $\boldsymbol{a}$、$\boldsymbol{b}$ 对应的有向线段起点交于一点，然后以矢量 $\boldsymbol{a}$ 和矢量 $\boldsymbol{b}$ 作为邻边做平行四边形，从两个矢量相交起点开始的平行四边形对角线对应的矢量 $\boldsymbol{c}$ 即为矢量 $\boldsymbol{a}$ 和 $\boldsymbol{b}$ 的矢量和。关系式可表示为 $\boldsymbol{c}=\boldsymbol{a}+\boldsymbol{b}$。$\boldsymbol{c}$ 为 $\boldsymbol{a}$ 和 $\boldsymbol{b}$ 的合矢量，$\boldsymbol{a}$、$\boldsymbol{b}$ 为合矢量 $\boldsymbol{c}$ 的分矢量。这种利用平

行四边形求合矢量的方法就称为矢量相加的平行四边形法则。

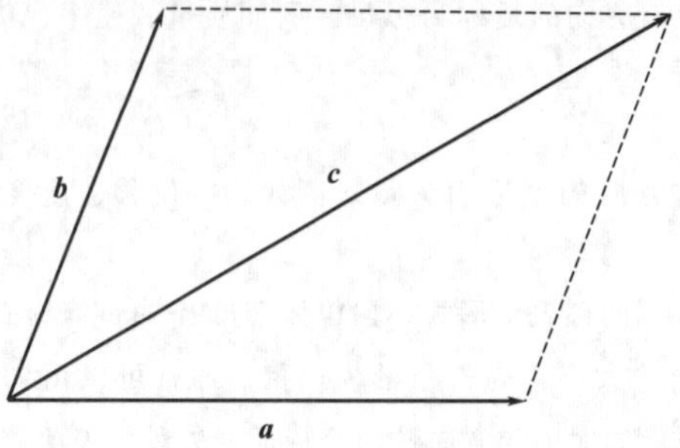

图 4 两矢量合成的平行四边形法则

当在同一平面内多个矢量进行合成时，可以逐次采用三角形法则进行叠加，应用多矢量合成时的多边形法则。如果要求如图 5 所示四个矢量 $\boldsymbol{a}$、$\boldsymbol{b}$、$\boldsymbol{c}$、$\boldsymbol{d}$ 的合矢量，我们可以如图 6 所示，把所有的矢量首尾相连，然后画出由第一个矢量起点至最后一个矢量末端的矢量 $\boldsymbol{F}$，$\boldsymbol{F}$ 矢量即为 $\boldsymbol{a}$、$\boldsymbol{b}$、$\boldsymbol{c}$、$\boldsymbol{d}$ 四个矢量的合矢量。

$$\boldsymbol{F}=\boldsymbol{a}+\boldsymbol{b}+\boldsymbol{c}+\boldsymbol{d} \tag{2}$$

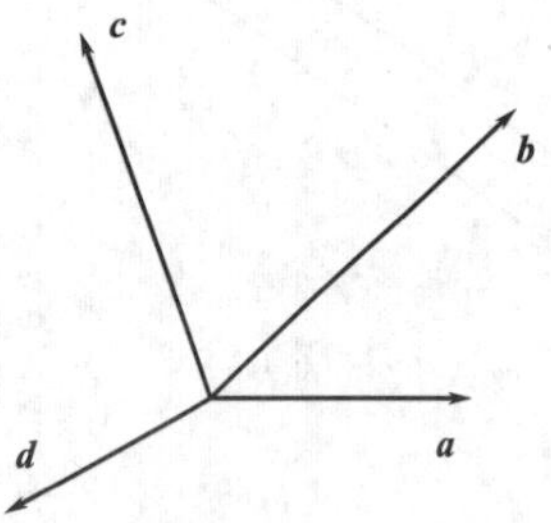

图 5 同平面内的多矢量

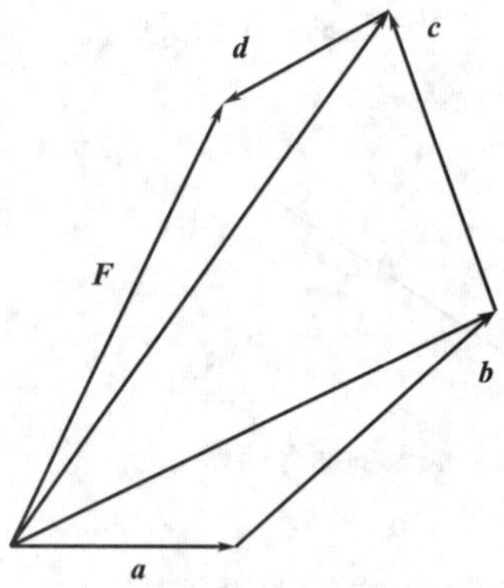

图 6 矢量合成的多边形法则

2. **矢量相减**

两个矢量 $\boldsymbol{a}$ 与 $\boldsymbol{b}$ 的差也是一个矢量，把它写为矢量 $\boldsymbol{c}$，则

$$\boldsymbol{c}=\boldsymbol{a}-\boldsymbol{b} \tag{3}$$

矢量 $\boldsymbol{a}$ 与 $\boldsymbol{b}$ 之差可写成矢量 $\boldsymbol{a}$ 与矢量 $-\boldsymbol{b}$ 的矢量和。于是两矢量相减即转化为两矢量相加的形式，应用平行四边形法则即可求得合矢量 $\boldsymbol{c}$，如图 7（a）。

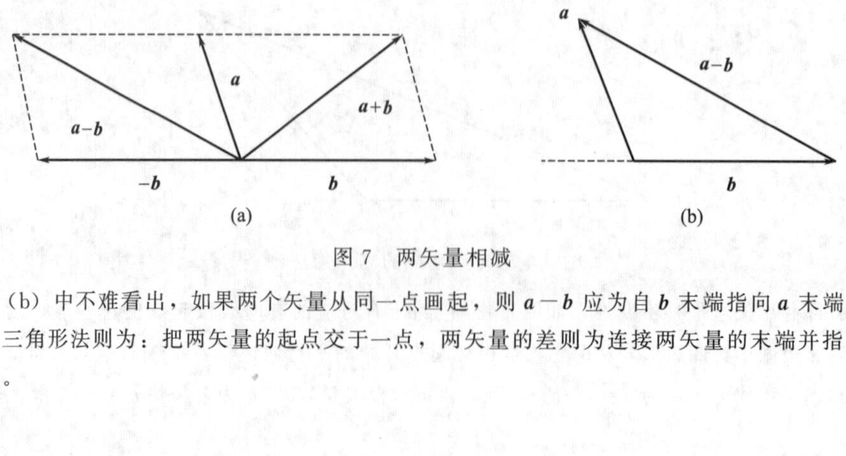

图 7 两矢量相减

从图 7（b）中不难看出，如果两个矢量从同一点画起，则 $\boldsymbol{a}-\boldsymbol{b}$ 应为自 $\boldsymbol{b}$ 末端指向 $\boldsymbol{a}$ 末端的矢量，即矢量减法的三角形法则为：把两矢量的起点交于一点，两矢量的差则为连接两矢量的末端并指向被减矢量末端的矢量。

三、矢量合成的解析法

1. 矢量的坐标表示

前面讲述了多矢量的合成，给出了多个矢量可以合成为一个矢量，那么相反地，一个矢量也可以分解为多个矢量。在很多实际应用问题中，常常把一个矢量设定在直角坐标系中进行分解。例如，把一个矢量 $\boldsymbol{A}$ 设定在空间的某个三维直角坐标系 $Oxyz$ 中，进行矢量的分解。如图 8 所示，矢量 $\boldsymbol{A}$ 可表示为

$$\boldsymbol{A}=\boldsymbol{A}_x\boldsymbol{i}+\boldsymbol{A}_y\boldsymbol{j}+\boldsymbol{A}_z\boldsymbol{k} \tag{4}$$

式中，$\boldsymbol{A}_x$，$\boldsymbol{A}_y$，$\boldsymbol{A}_z$ 分别为矢量 $\boldsymbol{A}$ 在直角坐标系 $\boldsymbol{x}$，$\boldsymbol{y}$，$\boldsymbol{z}$ 三个坐标轴上的投影；$\boldsymbol{i}$，$\boldsymbol{j}$，$\boldsymbol{k}$ 分别为三个坐标轴方向上的单位矢量。由图 8 可知，矢量 $\boldsymbol{A}$ 的模即矢量 $\boldsymbol{A}$ 的大小为

$$\boldsymbol{A}=|\boldsymbol{A}|=\sqrt{A_x^2+A_y^2+A_z^2}$$

矢量 $\boldsymbol{A}$ 的方向可由矢量 $\boldsymbol{A}$ 与三个坐标轴夹角的方向余弦来确定

$$\cos\alpha=\frac{A_x}{A},\quad \cos\beta=\frac{A_y}{A},\quad \cos\gamma==\frac{A_z}{A}$$

在实际应用中，只需给出其中的两个即可，根据余弦定理有

$$\sqrt{\cos^2\alpha+\cos^2\beta+\cos^2\gamma}=1$$

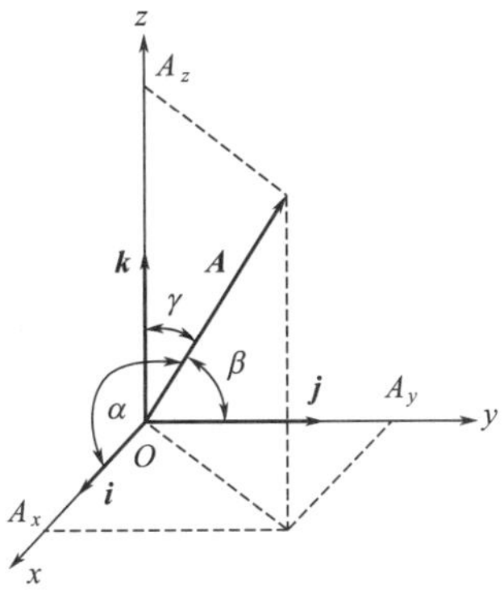

图 8　矢量的坐标表示

2. 矢量合成的解析法

应用上面我们讨论的矢量在直角坐标系中的表示法，可以使矢量的加减运算得到大大的简化。设在三维直角坐标系中，有两矢量 $\boldsymbol{A}$ 和 $\boldsymbol{B}$，它们与 x，y，z 轴的夹角分别为 α，β，γ。

两个矢量

$$\boldsymbol{A}=A_x\boldsymbol{i}+A_y\boldsymbol{j}+A_z\boldsymbol{k}$$

$$\boldsymbol{B}=B_x\boldsymbol{i}+B_y\boldsymbol{j}+B_z\boldsymbol{k}$$

则合矢量 $\boldsymbol{C}=\boldsymbol{A}+\boldsymbol{B}$，可以得到

$$C_x=A_x+B_x,\quad C_y=A_y+B_y,\quad C_z=A_z+B_z$$

$$\boldsymbol{C}=C_x\boldsymbol{i}+C_y\boldsymbol{j}+C_z\boldsymbol{k} \tag{5}$$

$$C=\sqrt{C_x^2+C_y^2+C_z^2}$$

四、矢量的乘法

1. 矢量的数乘

一个数 n 与一个矢量 $\boldsymbol{A}$ 相乘的结果仍然是一个矢量，关系表达式为

$$\boldsymbol{C}=n\boldsymbol{A} \tag{6}$$

矢量 $\boldsymbol{C}$ 的大小为 $\boldsymbol{C}=n\boldsymbol{A}$，若 $n>0$，矢量 $\boldsymbol{C}$ 的方向与矢量 $\boldsymbol{A}$ 的方向相同；反之，若 $n<0$，则矢量 $\boldsymbol{C}$ 与 $\boldsymbol{A}$ 反向。

2. 矢量的标积（点乘）

矢量乘积常见的有两种：一种为标积，一种为矢积。结果为标量的称为矢量的标积，也称点乘，表示为 $\boldsymbol{A}\cdot\boldsymbol{B}$；结果为矢量的称为矢量的矢积，又称为叉乘，表示为 $\boldsymbol{A}\times\boldsymbol{B}$。

两个矢量点乘结果为标量。其大小为两个矢量的大小及两矢量夹角余弦的乘积。如图 9 所示，两个矢量标积定义为

$$\boldsymbol{A}\cdot\boldsymbol{B}=AB\cos\theta \tag{7}$$

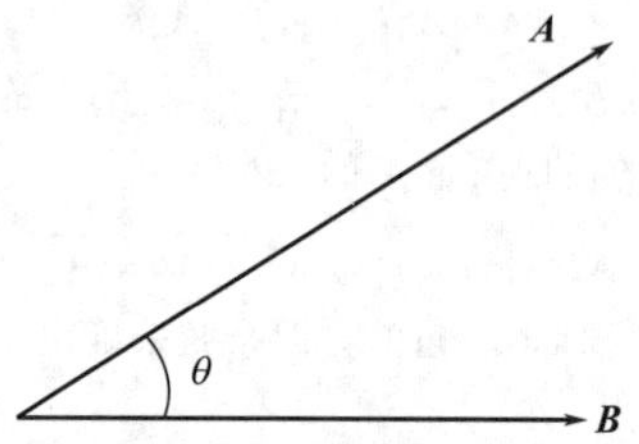

图 9　矢量的标积

式中，θ 为矢量 $\boldsymbol{A}$ 和 $\boldsymbol{B}$ 的正向夹角。如果 $0°\leqslant\theta<90°$，$\boldsymbol{A}\cdot\boldsymbol{B}$ 为正；如果 $\theta=90°$，$\boldsymbol{A}\cdot\boldsymbol{B}$ 结果为 0；如果 $90°<\theta\leqslant180°$，$\boldsymbol{A}\cdot\boldsymbol{B}$ 结果为负值。

若矢量利用直角坐标分量表示形式

$$\boldsymbol{A}=A_x\boldsymbol{i}+A_y\boldsymbol{j}+A_z\boldsymbol{k}$$
$$\boldsymbol{B}=B_x\boldsymbol{i}+B_y\boldsymbol{j}+B_z\boldsymbol{k}$$

则

$$\begin{aligned}\boldsymbol{A}\cdot\boldsymbol{B}&=(A_x\boldsymbol{i}+A_y\boldsymbol{j}+A_z\boldsymbol{k})\cdot(B_x\boldsymbol{i}+B_y\boldsymbol{j}+B_z\boldsymbol{k})\\&=A_xB_x+A_yB_y+A_zB_z\end{aligned} \tag{8}$$

矢量标积具有以下性质。

(1) 标积遵守交换律

$$\boldsymbol{A}\cdot\boldsymbol{B}=AB\cos\theta=BA\cos\theta=\boldsymbol{B}\cdot\boldsymbol{A}$$

(2) 标积遵守分配律

$$(\boldsymbol{A}+\boldsymbol{B})\cdot\boldsymbol{C}=\boldsymbol{A}\cdot\boldsymbol{C}+\boldsymbol{B}\cdot\boldsymbol{C}$$

3. 矢量矢积（叉乘）

两矢量矢积，即叉乘定义为：

$$\boldsymbol{A}\times\boldsymbol{B}=\boldsymbol{C} \tag{9}$$

其叉乘后的结果为矢量，其大小等于两个矢量的大小及两个矢量夹角正弦的乘积

$$|\boldsymbol{C}|=|\boldsymbol{A}\times\boldsymbol{B}|=AB\sin\theta \tag{10}$$

方向为与 $\boldsymbol{A}$、$\boldsymbol{B}$ 成右手螺旋关系。右手四指指向矢量 $\boldsymbol{A}$，经小于 180°的角转向矢量 $\boldsymbol{B}$，大拇指的方向即为 $\boldsymbol{A}\times\boldsymbol{B}$ 的方向，如图 10 所示。

若两矢量用直角坐标系分量来表示，则两矢量叉乘也可用下列行列式来表示

$$\boldsymbol{A}\times\boldsymbol{B}=\begin{vmatrix}\boldsymbol{i}&\boldsymbol{j}&\boldsymbol{k}\\A_x&A_y&A_z\\B_x&B_y&B_z\end{vmatrix} \tag{11}$$

矢量矢积具有以下性质。

(1) 矢积不遵守交换律

由于 $\boldsymbol{A}\times\boldsymbol{B}$ 和 $\boldsymbol{B}\times\boldsymbol{A}$ 的大小分别为 $\boldsymbol{A}\times\boldsymbol{B}=AB\sin\theta$ 与 $\boldsymbol{B}\times\boldsymbol{A}=BA\sin\theta$，它们大小相等，但是 $\boldsymbol{A}\times\boldsymbol{B}$ 和 $\boldsymbol{B}\times\boldsymbol{A}$的方向相反，

$$\boldsymbol{A}\times\boldsymbol{B}=-\boldsymbol{B}\times\boldsymbol{A}$$

(2) 矢积遵守分配律

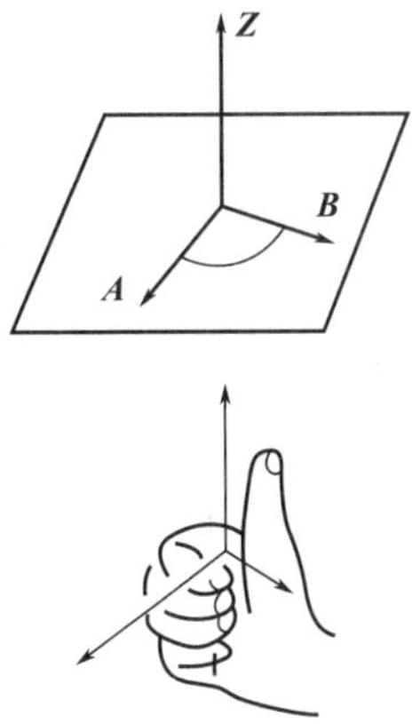

图 10　矢量的矢积

$$\boldsymbol{C}\times(\boldsymbol{A}+\boldsymbol{B})=\boldsymbol{C}\times\boldsymbol{A}+\boldsymbol{C}\times\boldsymbol{B}$$

利用 $\boldsymbol{i}\times\boldsymbol{j}=\boldsymbol{k}$，$\boldsymbol{i}\times\boldsymbol{k}=-\boldsymbol{j}$，$\boldsymbol{i}\times\boldsymbol{i}=\boldsymbol{0}$，及相关项，可得

$$\begin{aligned}\boldsymbol{A}\times\boldsymbol{B}&=(A_x\boldsymbol{i}+A_y\boldsymbol{j}+A_z\boldsymbol{k})\times(B_x\boldsymbol{i}+B_y\boldsymbol{j}+B_z\boldsymbol{k})\\&=(A_yB_z-A_zB_y)\boldsymbol{i}+(A_zB_x-A_xB_z)\boldsymbol{j}+(A_xB_y-A_yB_x)\boldsymbol{k}\end{aligned}$$

五、 矢量的导数和积分

在基础物理学中，常遇到的矢量并不是常量，而是随时间变化的物理量。矢量是以时间 t 为参量的函数 $\boldsymbol{A}(t)$。在直角坐标系中，矢量函数 $\boldsymbol{A}(t)$ 表示为

$$\boldsymbol{A}(t)=A_x(t)\boldsymbol{i}+A_y(t)\boldsymbol{j}+A_z(t)\boldsymbol{k} \tag{12}$$

式中，$\boldsymbol{i}$,$\boldsymbol{j}$,$\boldsymbol{k}$ 分别为 x,y,z 三个坐标轴的单位矢量；$A_x(t)$,$A_y(t)$,$A_z(t)$分别为 $\boldsymbol{A}(t)$在三个坐标轴上的分量，是时间的函数。

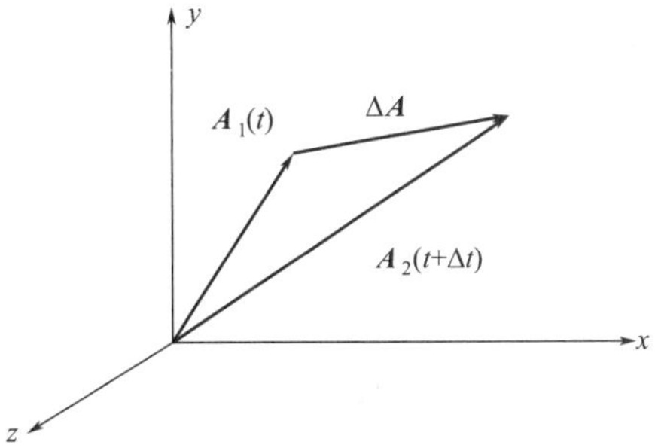

图 11　矢量的导数

1. 矢量函数的导数

如图 11 所示，在直角坐标系中有一个矢量 $\boldsymbol{A}$，它仅仅是时间的函数，也就是说，随着时间的推移，矢量 $\boldsymbol{A}$ 的大小和方向都在发生变化。设在某 t 时刻，矢量为 $\boldsymbol{A}_1$（t），在 $t+\Delta t$ 时刻，矢量为 $\boldsymbol{A}_2(t+\Delta t)$，在 Δt 时间间隔内，矢量 $\boldsymbol{A}$ 的增量为

$$\Delta\boldsymbol{A}=\boldsymbol{A}_2(t+\Delta t)-\boldsymbol{A}_1(t)$$

当 $\Delta t\to 0$ 时，$\Delta\boldsymbol{A}/\Delta t$ 的极限值为

$$\lim_{\Delta t\to 0}\frac{\Delta\boldsymbol{A}}{\Delta t}=\frac{\mathrm{d}\boldsymbol{A}}{\mathrm{d}t} \tag{13}$$

在直角坐标系中，矢量 $\boldsymbol{A}_1$ 和 $\boldsymbol{A}_2$ 可分别表示为

$$\boldsymbol{A}_1=A_{1x}\boldsymbol{i}+A_{1y}\boldsymbol{j}+A_{1z}\boldsymbol{k}$$

$$\boldsymbol{A}_2=B_{2x}\boldsymbol{i}+B_{2y}\boldsymbol{j}+B_{2z}\boldsymbol{k}$$

于是

$$\Delta\boldsymbol{A}=(\boldsymbol{A}_{2x}-\boldsymbol{A}_{1x})\boldsymbol{i}+(\boldsymbol{A}_{2y}-\boldsymbol{A}_{1y})\boldsymbol{j}+(\boldsymbol{A}_{2z}-\boldsymbol{A}_{1z})\boldsymbol{k}$$

有

$$\Delta\boldsymbol{A}=\Delta A_x\boldsymbol{i}+\Delta A_y\boldsymbol{j}+\Delta A_z\boldsymbol{k}$$

$$\frac{\mathrm{d}\boldsymbol{A}}{\mathrm{d}t}=\lim_{\Delta t\to 0}\frac{\Delta A_x}{\Delta t}\boldsymbol{i}+\lim_{\Delta t\to 0}\frac{\Delta A_y}{\Delta t}\boldsymbol{j}+\lim_{\Delta t\to 0}\frac{\Delta A_z}{\Delta t}\boldsymbol{k}$$

$$\frac{\mathrm{d}\boldsymbol{A}}{\mathrm{d}t}=\frac{\mathrm{d}A_x}{\Delta t}\boldsymbol{i}+\frac{\mathrm{d}A_y}{\Delta t}\boldsymbol{j}+\frac{\mathrm{d}A_z}{\Delta t}\boldsymbol{k} \tag{14}$$

矢量导数在物理学中应用广泛，例如已知运动方程求解速度表达式时，要对运动方程求一阶导数；再如已知运动方程要求解加速度表达式时，要对运动方程求二阶导数。矢量函数对时间求二阶导数的表达式为

$$\frac{\mathrm{d}^2\boldsymbol{A}}{\mathrm{d}t}=\frac{\mathrm{d}^2A_x}{\mathrm{d}t}\boldsymbol{i}+\frac{\mathrm{d}^2A_y}{\mathrm{d}t}\boldsymbol{j}+\frac{\mathrm{d}^2A_z}{\mathrm{d}t}\boldsymbol{k}$$

利用矢量导数公式可证明以下公式

$$\frac{\mathrm{d}}{\mathrm{d}t}(\boldsymbol{A}+\boldsymbol{B})=\frac{\mathrm{d}\boldsymbol{A}}{\mathrm{d}t}+\frac{\mathrm{d}\boldsymbol{B}}{\mathrm{d}t}$$

$$\frac{\mathrm{d}(C\boldsymbol{A})}{\mathrm{d}t}=C\frac{\mathrm{d}\boldsymbol{A}}{\mathrm{d}t}(C\text{ 为常数})$$

$$\frac{\mathrm{d}(\boldsymbol{A}\cdot\boldsymbol{B})}{\mathrm{d}t}=\boldsymbol{A}\cdot\frac{\mathrm{d}\boldsymbol{B}}{\mathrm{d}t}+\boldsymbol{B}\cdot\frac{\mathrm{d}\boldsymbol{A}}{\mathrm{d}t}$$

$$\frac{\mathrm{d}(\boldsymbol{A}\times\boldsymbol{B})}{\mathrm{d}t}=\boldsymbol{A}\times\frac{\mathrm{d}\boldsymbol{B}}{\mathrm{d}t}+\frac{\mathrm{d}\boldsymbol{A}}{\mathrm{d}t}\times\boldsymbol{B}$$

2. 矢量的积分

已知一个矢量函数对时间的导数，$\boldsymbol{A}(t)=\dfrac{\mathrm{d}\boldsymbol{B}(t)}{\mathrm{d}t}$，则矢量 $\boldsymbol{B}(t)$可以通过对 $\boldsymbol{A}(t)$ 积分得到。

$$\boldsymbol{B}(t)=\int_0^t\boldsymbol{A}(t)\mathrm{d}t=\int_0^t A_x(t)\mathrm{d}t\boldsymbol{i}+\int_0^t A_y(t)\mathrm{d}t\boldsymbol{j}+\int_0^t A_z(t)\mathrm{d}t\boldsymbol{k} \tag{15}$$

矢量函数积分后仍然是矢量。矢量积分在物理学中有广泛的应用。例如已知速度表达式，求运动方程；已知加速度表达式，求解速度表达式，只需分别对加速度和速度表达式进行积分即可。

下面给出一个关于矢量积分的简单例子，变力做功。若矢量 $\boldsymbol{F}$ 代表变力，沿着如图 12 所示的曲线变化，$\mathrm{d}\boldsymbol{r}$ 代表位移元，那么 $\int\boldsymbol{F}\cdot\mathrm{d}\boldsymbol{r}$ 为这个矢量沿着这条曲线的积分，即为变力做的功，由于

$$\boldsymbol{F}=F_x\boldsymbol{i}+F_y\boldsymbol{j}+F_z\boldsymbol{k}$$

$$\mathrm{d}\boldsymbol{r}=\mathrm{d}x\boldsymbol{i}+\mathrm{d}y\boldsymbol{j}+\mathrm{d}z\boldsymbol{k}$$

所以变力做功表达式为

$$A=\int\boldsymbol{F}\cdot\mathrm{d}\boldsymbol{r}=\int(F_x\boldsymbol{i}+F_y\boldsymbol{j}+F_z\boldsymbol{k})\cdot(\mathrm{d}x\boldsymbol{i}+\mathrm{d}y\boldsymbol{j}+\mathrm{d}z\boldsymbol{k})$$

由于 $\boldsymbol{i}\cdot\boldsymbol{i}=\boldsymbol{j}\cdot\boldsymbol{j}=\boldsymbol{k}\cdot\boldsymbol{k}=\boldsymbol{1}$，$\boldsymbol{i}\cdot\boldsymbol{j}=\boldsymbol{j}\cdot\boldsymbol{k}=\boldsymbol{k}\cdot\boldsymbol{i}=\boldsymbol{0}$，得到

$$\int\boldsymbol{F}\cdot\mathrm{d}\boldsymbol{r}=\int F_x\mathrm{d}x+F_y\mathrm{d}y+F_z\mathrm{d}z$$

上式即为变力做功计算式。

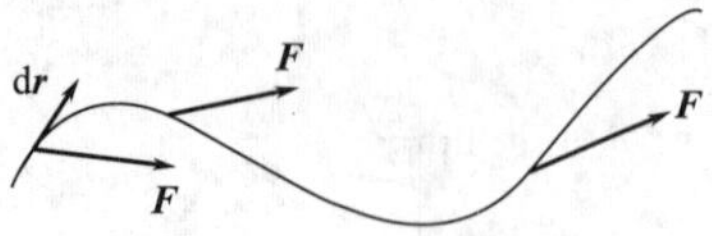

图 12 矢量的线积分

附录三　常用数学公式

一、 三角函数公式

$\sin(\alpha \pm \beta) = \sin\alpha\cos\beta \pm \sin\beta\cos\alpha$

$\cos(\alpha \pm \beta) = \cos\alpha\cos\beta \mp \sin\alpha\sin\beta$

$\sin 2\alpha = 2\sin\alpha\cos\alpha$

$\cos 2\alpha = \cos^2\alpha - \sin^2\alpha = 1 - 2\sin^2\alpha$

$\cos 2\alpha = \cos^2\alpha - \sin^2\alpha = 2\cos^2\alpha - 1$

$\tan(\alpha \pm \beta) = \dfrac{\tan\alpha \pm \tan\beta}{1 \mp \tan\alpha\tan\beta}$

$\tan 2\alpha = \dfrac{2\tan\alpha}{1 - \tan^2\alpha}$

$2\sin\alpha\cos\beta = \sin(\alpha + \beta) + \sin(\alpha - \beta)$

$2\cos\alpha\cos\beta = \cos(\alpha + \beta) + \cos(\alpha - \beta)$

$2\sin\alpha\sin\beta = \cos(\alpha - \beta) - \cos(\alpha + \beta)$

$\sin\alpha \pm \sin\beta = 2\sin\dfrac{\alpha \pm \beta}{2}\cos\dfrac{\alpha \mp \beta}{2}$

$\cos\alpha + \cos\beta = 2\cos\dfrac{\alpha + \beta}{2}\cos\dfrac{\alpha - \beta}{2}$

$\cos\alpha - \cos\beta = -2\sin\dfrac{\alpha + \beta}{2}\sin\dfrac{\alpha - \beta}{2}$

$\sin^2\left(\dfrac{\alpha}{2}\right) = \dfrac{1}{2}(1 - \cos\alpha)$

$\cos^2\left(\dfrac{\alpha}{2}\right) = \dfrac{1}{2}(1 + \cos\alpha)$

二、级数公式

$\sin\theta = \theta - \dfrac{\theta^3}{3!} + \dfrac{\theta^5}{5!} - \cdots$

$\cos\theta = \theta - \dfrac{\theta^2}{2!} + \dfrac{\theta^4}{4!} - \cdots$

$\dfrac{1}{1+x} = 1 - x + x^2 - x^3 + x^4 - \cdots$

$(1+x)^n = 1 + nx + \dfrac{n(n-1)}{2!}x^2 + \cdots (|x| < 1)$

$\ln(1+x) = x - \dfrac{1}{2}x^2 + \dfrac{1}{3}x^3 - \cdots (x < 1)$

$e^x = 1 + x + \dfrac{x^2}{2!} + \dfrac{x^3}{3!} + \cdots$

泰勒级数

$$f(x) = f(x_0) + \frac{f'(x_0)}{1!}(x - x_0) + \frac{f''(x_0)}{2!}(x - x_0)^2 + \cdots + \frac{f^n(x_0)}{n!}(x - x_0)^n + \cdots$$

三、基本导数公式

$\dfrac{d}{dx}(ax^n) = nax^{n-1}, \dfrac{d}{dx}a^{nx} = na^x \ln a$

$$\frac{d}{dx}e^{ax}=a e^{ax},\frac{d}{dx}\ln ax=\frac{1}{x}$$

$$\frac{d}{dx}(\sin ax)=a\cos ax,\frac{d}{dx}(\arcsin ax)=\frac{a}{\sqrt{1-a^2x^2}}$$

$$\frac{d}{dx}(\cos ax)=-a\sin ax,\frac{d}{dx}(\arccos ax)=-\frac{a}{\sqrt{1-a^2x^2}}$$

$$\frac{d}{dx}(\tan ax)=a\sec^2 ax,\frac{d}{dx}(\arctan ax)=\frac{a}{1+a^2x^2}$$

四、基本积分公式

$$\int u\,dv = uv-\int v\,du$$

$$\int x^n\,dx = \frac{1}{n+1}x^{n+1}+C \qquad (n\neq 1)$$

$$\int \frac{dx}{x} = \ln x + C$$

$$\int \frac{dx}{a+bx} = \frac{1}{b}\ln(a+bx)+C$$

$$\int \frac{x\,dx}{a+bx^2} = \frac{1}{2b}\ln(a+bx^2)+C$$

$$\int x e^{ax}\,dx = \frac{e^{ax}}{a^2}(ax-1)+C$$

$$\int \ln ax\,dx = x\ln ax - x + C$$

$$\int \sin ax\,dx = -\frac{\cos ax}{a}+C$$

$$\int \cos ax\,dx = \frac{\sin ax}{a}+C$$

$$\int \sin^2 x\,dx = \frac{x}{2}-\frac{\sin 2x}{4}+C$$

$$\int \cos^2 x\,dx = \frac{x}{2}+\frac{\sin 2x}{4}+C$$

$$\int \tan^2 x\,dx = \tan x - x + C$$

$$\int_0^\infty \frac{dx}{1+e^{ax}} = \frac{1}{a}\ln 2 \quad (a>0)$$

$$\int_0^\infty x e^{-ax^2}\,dx = \frac{1}{2a}$$

$$\int_0^\infty x^2 e^{-ax^2}\,dx = \frac{1}{4}\sqrt{\frac{\pi}{a^3}}$$

$$\int_0^\infty x^4 e^{-a^2x^2}\,dx = \frac{3}{8}\sqrt{\frac{\pi}{a^5}}$$

REFERENCE

参考文献

[1] 张三慧．大学基础物理学．第2版．北京：清华大学出版社，2010.

[2] 余虹．大学物理学．第3版．北京：科学出版社，2015.

[3] 程守洙，江之永．普通物理学．第6版．北京：高等教育出版社，2006.

[4] 上海交通大学物理教研室．大学物理学．第4版．上海：上海交通大学出版社，2011.

[5] 母继荣．如何学习大学物理．大连：大连理工大学出版社，2011.

[6] 马文蔚．物理学教程．第2版．北京：高等教育出版社，2006.

[7] 陈信义．大学物理教程．第2版．北京：清华大学出版社，2008.

[8] 吴百诗．大学物理．北京：科学出版社，2006.

[9] 邓铁如等．西尔斯当代大学物理．北京：机械工业出版社，2009.

[10] 夏兆阳，王雪梅．大学物理教程习题分析与解答．北京：高等教育出版社，2011.